网络工程师
实用培训教程系列

丛书主编 刘晓辉 张运凯 李福亮

Windows Server 2008
服务器搭建与管理

○ 李书满　杜卫国　等编著

清华大学出版社
北京

内 容 简 介

本书全面而深入地介绍 Windows Server 2008 操作系统中各种服务的搭建与配置,包括活动目录服务、DNS 服务、DHCP 服务、文件服务、打印服务、电子证书服务、Web 服务、FTP 服务、邮件服务、信息共享服务、Windows 部署服务、远程桌面服务、VPN 服务、系统更新服务、Hyper-V 服务等一系列的高级网络服务,从而深入挖掘服务器和网络的潜力,提高网络的实用性、安全性和可管理性。本书以实践为主,可操作性强,语言表述流畅准确,理论讲解深入浅出,案例丰富实用,能够迅速提高读者的动手能力和技术水平。

本书既可作为培养 21 世纪计算机网络工程师的学习教材,同时也适用于中小型网络管理员和安全规划师,以及所有准备从事网络管理的网络爱好者。

图书在版编目(CIP)数据

Windows Server 2008 服务器搭建与管理/李书满,杜卫国等编著.—北京:清华大学出版社,2010.7
(2024.1重印)
(网络工程师实用培训教程系列)
ISBN 978-7-302-22469-3

Ⅰ. ①W… Ⅱ. ①李… ②杜… Ⅲ. ①服务器—操作系统(软件),Windows Server 2008—技术培训—教材 Ⅳ. ①TP316.86

中国版本图书馆 CIP 数据核字(2010)第 066979 号

责任编辑:孟毅新
责任校对:李 梅
责任印制:杨 艳

出版发行:清华大学出版社
　　　　网　　　址:https://www.tup.com.cn,https://www.wqxuetang.com
　　　　地　　　址:北京清华大学学研大厦 A 座　　　　　邮　　编:100084
　　　　社 总 机:010 83470000　　　　　　　　　　　　邮　　购:010-62786544
　　　　投稿与读者服务:010-62776969,c-service@tup.tsinghua.edu.cn
　　　　质量反馈:010-62772015,zhiliang@tup.tsinghua.edu.cn
印 装 者:三河市君旺印务有限公司
经　　销:全国新华书店
开　　本:185mm×260mm　　　　印　　张:20.5　　　　字　　数:468 千字
版　　次:2010 年 7 月第 1 版　　　　　　　　　　印　　次:2024 年 1 月第 18 次印刷
定　　价:59.00 元

产品编号:034325-02

近年来,计算机网络在我国已经得到了较快的发展。许多企业、事业单位、行政机关、司法机构和金融系统构建了高速的办公专用网。各种类型的计算机网络高达数十万个,计算机网络已经深入到我们工作、生活和学习的方方面面。

毫无疑问,大量的网络必然需要大量的网络管理人才。初步估计,到目前为止,仅我国每年需要的网络管理人才就达十余万人。随着网络应用的日益深入以及网络所承载的业务量和数据量的不断增长,网络的重要性和安全性也将与日俱增,对网络管理人员的需求也将随之不断地增长。由此可见,网络管理是一个稳定且前途远大的职业。

综观现有的网络技术培养教材,大多将网络技术进行条块分割,按章节、分模块独立讲授,人为地将紧密联系在一起的各种理论和技术分裂开来。这样所带来的问题就是,学生必须将所学的知识和理论全部融会贯通之后,才能初步掌握作为一个网络技术人员所必须具备的一些基本技能,显然这不符合学生的学习规律,也不符合现实的网络管理实际,同时,也是导致许多网络爱好者望而却步的重要原因。

本丛书具有以下特点。

(1) 案例贯穿。本丛书从最常见、最典型的网络应用情境和需求入手,围绕统一的网络环境、统一的网络规划、统一的网络拓扑、统一的资源分配、统一的网络用户和统一的网络需求,提供全面的网络解决方案,以及实用、够用的网络技术,为网络,工程师提供宝典级别的现场技术手册。

(2) 项目驱动。本丛书由情境导入需求,以项目进行教学,再由实训实现强化,进而达到培养技能的目的,最终使学生顺利就业。按照网络构建的工作过程系统化课程开发,以真实的网络管理过程为导向规划课程内容,使读者能够真正掌握网络构建与管理的知识和技能,独立完成相关的网络技术项目。

(3) 贴近实战。本丛书突出"先做后学,边做边学"的主旨,通过"练中求学、学中求练、练学结合、边练边学"的教学内容安排,实现"学得会,用得上"的最终目的。由于全书围绕统一的典型网络工程展开,因此,读者能够非常方便地将教学案例移植到真实的网络项目中,学为所用,学以致用。

(4) 内容全面。本丛书涵盖了作为初、中级网络管理员必须掌握的所有理论和技术,以网络管理的实际需求为导向,以培养基本技能为目的,将枯燥的理论融于实际操作中,从而使学生学得会、记得住、用得上。

(5) 兴趣教学。本丛书设计的教学内容按照"案例情景→需求分析→解决方案→技术操作→理论背景"的结构进行组织,有实际案例、有动手操作、有理论分析,可以激发读者的学习兴趣和学习的主动性,培养读者解决实际问题的能力,提高读者的综合实战水平。

(6) 注重动手。本丛书加大了动手操作的比重,减弱了理论知识的介绍,以适应特定的读者群,体现"做中学"的宗旨。借助大量的网络实验,可以使读者迅速提高技术和技能。

(7) 涵盖认证。本丛书充分考虑到了网络管理员的职业需求及职业资格认证要求,在内容安排和习题设置上与相关认证紧密结合,基本涵盖了国内认证(网络管理员、网络工程师)和国际认证(MCSE、CCNA)所涉及的理论和知识技能,以帮助学生获取"双证书"——学历证书和职业资格证书,增强学生的就业竞争力。

(8) 资深作者。本丛书作者全部来源于网络教学、网络管理和网络工程第一线,具有非常丰富的网络设计、施工和管理经验,既掌握理论技术,又通晓实际操作。作者们做了大量的技术需求和人才需求调研,多次修改提纲以使其更加符合网络搭建和管理实际。

(9) 深度支持。本丛书不仅提供优秀的纸质教材,还为教师提供了电子课件和全方位的技术支持,同时设置有 QQ 群在线答疑、E-mail 离线交流和 BBS 论坛互动平台,并为读者提供网络构建方案和配置技术咨询,形成一个让师生更加方便、更加自主学习的教学环境,有效地提升了教师授课和学生学习的能力。

本丛书删繁就简,围绕一个典型的网络工程展开理论和技术讲解,囊括了网络布线、网络搭建、网络管理、网络服务、网络安全、数据存储等各种组网、管网和用网技术。因此,读者学完本套丛书后,可以直接将其应用至自己的工作实践。即使是初学者,只要熟悉 Windows 的一般操作,就能非常容易地上手,迅速成长为一名合格的网络管理员。

刘晓辉

2010 年 6 月

随着信息化进程的推进,几乎所有的企事业单位都有自己的网络,而由此产生的网络管理人才的需求缺口正在逐年扩大。据相关部门统计,2009 年网络管理人才缺口达到 13.5 万,许多企业不惜重金,招募一名出色的网络管理人员。随着网络应用的不断拓展,企业发展对计算机网络的依赖性将越来越强,而掌握大量精尖网络技术的人才也会变得越来越受欢迎。为什么在如此光明的就业形势下,却经常听到网络管理员的工资只有几百元呢? 原因很简单,企业真正需要的网络管理员,是能够独当一面、不需不断培训的专业人员。向网络工程师晋升,是摆在网络管理员面前的唯一出路。

本套丛书作为网络工程师培训教材,以实际的公司网络为案例,以打造实用的网络工程师为目标,以实用和技能为主,摒弃了复杂的原理,以简明的操作为引导,通俗易懂,上手容易。读者只须按照书中的操作来学习,就能掌握相应的技能,学完全套书之后,即可掌握大部分的网络知识。

本书根据一个现有的网络案例编写而成,结合了作者十几年来在网络管理工作方面的经验,以及组建多个网络的心得体会。以微软最新的服务器操作系统 Windows Server 2008 作为网络平台,从操作系统提供的基础服务到各种高级网络服务都有涉猎,与实际应用相结合,引导读者独立完成网络服务的搭建。

本书共分 17 章,全面而详细地介绍各种网络服务的规划设计、配置与管理,根据现有的一套网络系统解决方案而编写,紧密结合实际应用。第 1 章 Windows Server 2008 服务器规划,对整个网络中服务器的使用情况进行规划。第 2 章安装 Windows Server 2008,介绍 Windows Server 2008 的安装和基本配置。第 3 章安装 AD DS 域服务,介绍如何使用 Active Directory 服务管理网络用户和资源。第 4 章安装 DNS 服务,介绍如何安装和配置 DNS 服务器。第 5 章安装 DHCP 服务,介绍如何安装 DHCP 服务和配置作用域。第 6 章安装文件服务,介绍 DFS 文件系统的安装和配置,以及文件共享的配置。第 7 章安装打印服务,介绍打印服务的安装和网络打印机的管理。第 8 章安装电子证书服务,介绍企业证书服务器的安装和配置。第 9 章安装 WWW 服务,介绍 Web 服务器的安装以及静态 Web 网站和动态 Web 网站的配置。第 10 章安装 FTP 服务,介绍 FTP 服务的安装和 FTP 站点的管理。第 11 章安装 E-mail 服务,介绍利用 Exchange Server 2007 来搭建邮件服务器并进行管理。第 12 章安装 WSS 服务,介绍利用 WSS 3.0 SP2 配置 WSS 网站。第 13 章安装 Hyper-V 虚拟服务,介绍 Hyper-V 服务器的安装和 Hyper-V 虚拟机的管理。第 14 章安装 WSUS 服务,介绍 WSUS 3.0 的安装和配置,以及客户端的使用。第 15 章安装 WDS 服务,介绍 WDS 服务的安装,以及

Windows XP 和 Windows Vista 操作系统的部署。第 16 章安装 TS 服务,介绍终端服务器的安装,以及远程桌面和虚拟应用程序的管理。第 17 章安装 VPN 服务,介绍 VPN 服务器的安装和 VPN 强制的配置。每种服务都参照现有的实际案例讲解,使读者既能真正应用,又可透彻了解网络服务,从而提高读者分析问题和解决问题的能力。

为了让读者更深入地了解所学的知识,在每章的最后还配备了习题和实验,从而可以起到复习和测验的作用,能使读者尽快迈进网络工程师的行列。

本书适合作为大中专院校计算机网络专业的教材,也可作为中小型网络管理员、网络工程技术人员和网络爱好者的参考书。

本丛书由刘晓辉、张运凯、李福亮主编。本书由李书满、杜卫国等编著,具体分工如下:李书满编写了第 1～3 章,杜卫国编写了第 4～7 章,赵卫东编写了第 8 章,刘淑梅编写了第 9～12 章,马倩编写了第 13～15 章,杨伏龙编写了第 16～17 章。编者长期从事系统维护和网络管理工作,具有较高的理论水平和丰富的实践经验,本书作为对一段工作的总结与回顾,希望能对大家的系统维护和网络管理工作有所帮助。

由于编者水平有限,书中难免有不足之处,恳请广大读者批评指正。

编　者

2010 年 4 月

CONTENTS 目 录

第 1 章 chapter 1

Windows Server 2008服务器规划

服务器是网络的基础,网络中的大部分服务都是由服务器提供的。因此,要保障网络的正常运行,并且使用户可以安全稳定地使用网络中的各种服务,必须规划好服务器。目前,常用的服务器操作系统有 Windows、Linux 和 UNIX,其中,Windows 系统以其简单易用的特点,受到广大中小型企业的青睐,广泛应用于中小型网络。

1.1 项目背景

某高新产品研发企业拥有员工 2000 余人,公司总部坐落在省会城市高新技术开发区,拥有 4 个生产车间和两栋职工宿舍楼,产品展示、技术开发与企业办公均在智能大厦中进行。该企业在外地另开设有两家分公司,由总公司进行统一管理和部署。目前,该企业网络的拓扑结构如图 1-1 所示,基本情况如下。

(1) 在当前网络中,所有的网络设备使用的均为 Cisco 的产品,接入层交换机为 Cisco Catalyst 2960,汇聚层交换机为 Cisco Catalyst 3750,核心层交换机为 Cisco Catalyst 6509,防火墙为 Cisco ASA 5540。

(2) 服务器所使用的操作系统平台为 Windows Server 2003 和 Windows Server 2008,其中网络服务主要由 Windows Server 2008 提供,部分 Windows Server 2003 作为管理服务器。

(3) 接入 Internet 方式采用 100M 光纤方式。现有接入用户数量为 500 个,客户端均使用私有 IP 地址,通过路由器地址转换接入 Internet。部分服务器 IP 地址为公有 IP 地址。

(4) 局域网覆盖整个厂区,中心机房位于智能大厦的第 3 层(共 15 层),职工宿舍楼和生产车间均有网络覆盖。

(5) 客户端操作系统采用 Windows XP Professional 和 Windows Vista,其中以 Windows XP Professional 操作系统为主。除部分客户端需要连接 Internet 外,其他客户端均只在局域网内通信使用。

(6) 会议室、产品展示大厅等公共场所部署无线接入点,实现随时随地无线漫游接入。

(7) 企业分支结构通过 VPN 方式远程接入总部局域网,并且可以访问内部网络中各计算机的共享资源。

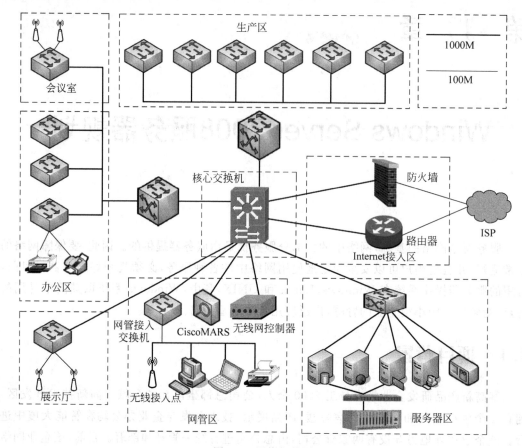

图 1-1   网络拓扑图

1.2   项目需求

该公司的主要业务为高新产品的开发和生产,因此,除了本公司产品以外,还要对其他公司的产品有较多的了解,与其他公司企业进行交流,同时也要大力宣传本公司产品,这样才能提高公司效益。

1. 产品宣传

任何公司都会把效益排在第一位,如果无收益,公司就无法运作。而收益的来源主要靠产品的出售,其中产品的宣传是一个极其重要的工作,只有更多的人了解自己的产品,才会有更多的人购买。虽然在各电台、路牌、各大网站做广告可以有较大的宣传效果,但价格却是不菲的。提高公司效益的一个方面,就是不放过任何可以利用的地方。而网站作为当前最流行的网络宣传方法之一,必然不能被忽视,网络宣传、论坛交流、网站广告、网上订单等都要在 Web 网站来实现。搭建 Web 网站是每个公司都需要做的事情。

2. 信息共享

公司内平时需要处理的事情较多,经常会发布各种通知、任务计划等。而由于公司人员多,有些部门之间距离较远,很多信息不能及时传达,因此,信息共享是公司网络所必需的功能,这可通过搭建信息共享网站、文件服务器来实现,使得处于任何地域的员工都可以通过

Web 网站或者文件共享的方式,查看公司通知公告信息,并共享自己的数据,从而提高工作效率。

3. 信息交流

当前世界的发展在于交流,任何人都不能闭门造车。无论是本公司的员工与员工之间,还是本公司与其他公司之间,都需要经常交流,取彼之长,补己之短,这样才能不断发展进步。交流的方式有很多种,如即时消息、BBS 论坛、电子邮件及开交流会等。本着投资少、见效快的原则,这些都需要利用现有的网络来实现。

4. 远程访问

无论是员工出差,还是 SOHO,都需要及时和公司保持交流。这就需要允许员工访问本公司的内部网络,使用各种资料,而又不允许其他用户也窥视本公司的秘密,因此,VPN成为用户远程连接公司的必需功能。而如今大多都使用宽带,网速也不再是问题。

5. 计算机维护

计算机虽然成为当前社会很普通的工具,但大多数人只懂得简单的操作,非专业人士不能熟悉它。而公司计算机数量较多,普通用户的计算机又主要使用 Windows 系统,会经常被人发展各种漏洞,并利用各种漏洞对网络和计算机进行攻击、传播病毒,这就需要让各计算机能够及时安装补丁程序、杀毒软件,并且在计算机瘫痪后能够及时修复或者重装操作系统,同时又能配置好系统,连接网络,而不必每次都找管理员解决。所以,系统更新服务器、DHCP 服务器、病毒服务器及 Windows 部署服务器等,能够使公司安全、稳定地运行,不至于产生后顾之忧。

1.3　项目分析

了解网络的应用需求,就需要根据公司现在的场地、人员、设备等情况,分析网络建设所需要的内容,做出一份网络分析报告,递交给相关决策人员和网络建设人员,以便对当前网络搭建做出相应规划。

网络服务是网络运行和应用的基础,在本公司中,所需要用到的网络服务如下。

(1) Active Directory 域服务和 DNS 服务:这是网络中的基础服务,与 DNS 服务共同安装。用户访问各种服务时的身份验证、部署用户策略等都需要域服务。网站域名以及用户访问 Internet 中的网站,则需要 DNS 服务器进行解析。

(2) DHCP 服务:这也是网络中的基础服务,用于为计算机配置 IP 地址,使用户不必手动设置,减少因配置错误而导致的网络故障。

(3) 文件服务:在局域网中,文件共享的使用非常普遍,几乎所有的文件传输都会通过文件共享来实现。而用户一些重要的资料数据,也要保存在文件服务器上。因此,文件服务器需要配置大容量的硬盘,并配置高速网络连接。由于文件服务器负荷较大,需要与其他服务器一起配置成群集,以减轻负担。

(4) 电子证书服务:网络安全是每个公司都非常重视的事情,因为一旦网络资料泄露、传输信息被截获,将会造成极大的损失,有时会因产品在上市之前泄露而被对手抢先占领市场。因此,电子证书服务是网络中必需的,它可以对用户的传输信息进行加密,即使信息被人截获也不会泄露。

(5)打印服务：文档打印是办公区所必不可少的功能。由于经常要打印大量文档，容易出现多个用户等待一台打印机的情况，而延误工作。使用打印服务，可以对网络中的打印机进行管理，及时调整打印任务，加快打印时间。

(6)Web 和 FTP 服务：毫无疑问，Web 几乎是每个网站的必备功能，其重要性不言而喻。而网站的内容也需要时常更新，在局域网中，可以利用文件共享等文件来更新网页数据，而在 Internet 中，则可利用 FTP 服务来更新网站。同时，FTP 服务可以用来在 Internet 中上传或下载文件。

(7)邮件服务：公司员工和员工之间、本公司与外公司之间的交流要利用邮件服务来实现。Exchange Server 无疑是搭建邮件服务器的首选，同时还具有信息共享功能，是一套良好的信息服务器软件。

(8)Windows 部署服务和系统更新服务：安装操作系统对专业计算机人员来说是小菜一碟，但对于非专业人员可就一筹莫展了。而利用 Windows 部署服务，用户不需了解详细的安装步骤，只需轻轻一按，即可重新安装一个全新的操作系统，不必进行各种设置。而系统更新服务则可保证用户的计算机能够及时安装各种更新，不会因系统漏洞而出现各种故障。

(9)Windows SharePoint Services：为了提高公司内部人员之间的交流，使用户及时了解公司领导所发布的通知、任务，并使职工之间能够共享信息，Windows SharePoint Services 作为微软推出的一套信息共享系统，是一个不错的选择。

(10)虚拟机服务：充分发挥网络设备的功能，甚至将一台服务器当做几台服务器来用，这样既可以提高网络效率，也是公司领导最乐意看到的。为了实现这种功能，可利用 Hyper-V 服务，在一台物理计算机上创建多个虚拟机，分别执行不同的任务，就可真正地像计算机一样运行。

(11)终端服务：成本是每个公司都很重视的，成本越低，投入越少，越能为公司节省资金。而如今的办公软件等应用程序，价格都比较高，尤其是公司内需要使用的计算机又多，导致很多公司都不愿意花大价格去购买正版软件。而利用终端服务，可以将一套软件发布到网络中，使所有用户都可以使用。

(12)VPN 服务：为了使员工处于外网时，也能够访问公司网络中的服务器，就需要配置 VPN 服务器，在 Internet 中创建一条链路，与内部网络安全连接。

1.4　项目规划

结合公司状况和需求，通过对网络项目的分析，需要规划出一份网络蓝图，对网络中服务器及网络服务的分布做出合理的规划。

1.4.1　域名和结构规划

为了便于对用户进行身份验证，公司采用域结构，安装一台域控制器和一台额外域控制器，并为网络中的每个用户都创建一个用户账户。

网络中的所有服务器都加入域，接受域的统一管理。而客户端不加入域，只有当用户在访问某台服务器或者访问某个网络服务时，才要求使用域用户账户进行验证。

要使用域和 DNS 服务,必须设置一个 DNS 域名。由于网络中的 Web 网站、邮件服务器等需要发布到 Internet,因此,必须使用一个在 Internet 上有效的域名。在该网络中,向域名注册机构注册一个 DNS 域名 coolpen.net,在域中使用该域名。

1.4.2 管理权限规划

对于网络安全来说,大部分隐患都是因为权限设置不合理所致。由于网络的无定向性,任何用户都可能连接并访问公司网络,尤其是有些服务是要向网络匿名开放的。权限设置不当,不仅容易造成普通用户能够随意访问公司秘密资料,还可能会造成公共账户被用来入侵网络。因此,对于管理权限要慎重分配。

通常,公司网络分配的权限包括网络管理员、公司主要领导、部门领导和普通用户。为了便于管理和维护网络,网络管理员要分配完全控制权限,允许登录并更改网络服务器系统和一些应用程序设置,但不允许访问重要资料;对于公司领导,则根据所管辖的项目不同,分别赋予相应项目的完全控制权限,但不允许更改系统和网络设置;普通用户则根据其职务,只授予读取权限即可。

另外,根据每个用户的工作不同,要对其所负责的工作授予相应权限,而用户未涉及的工作,则一律设置为只读或者拒绝权限。

1.4.3 IP 地址规划

IP 地址是网络中的计算机必不可少的,只有正确分配了 IP 地址,计算机之间才能够实现通信。IP 地址可分为适用于 Internet 的公网 IP 地址和适用于局域网络的私有 IP 地址两种。公网 IP 地址通常由 ISP(网络运营商)提供,而私有 IP 地址在任意局域网络中设置。常用的私有 IP 地址分为 3 类,分别适用于不同的网络环境,如表 1-1 所示。

表 1-1 私有 IP 地址

类	IP 地址范围	适用网络类型
A	10.0.0.0～10.255.255.255	适用于超大规模的网络
B	172.16.0.0～172.31.255.255	适用于大中型规模的网络
C	192.168.0.0～192.168.255.255	适用于小型网络

注:各个 IP 地址段中的 0 和 255 被用来作为广播地址,不能指定为主机地址。

由于公网 IP 地址非常少,一个网络只能分到一个或几个公网 IP 地址,因此,局域网中一般只使用私有 IP 地址,只有在路由器等网关设备或者个别特殊的服务器上才使用公网 IP 地址。当局域网通过路由设备与广域网连接时,路由设备会自动将私有 IP 地址隔离在局域网内部,因此,即使本地局域网中使用的 IP 地址和其他网络相同,也不会造成冲突。而且,同一个局域网中可以使用不同类型的 IP 地址段,但不同 IP 地址段需要通过路由器才能实现彼此之间的通信。

在本网络中,网络设备和计算机的 IP 地址规划如下。

(1) 网络服务器使用的 IP 地址段为:192.168.100.1/26。

(2) 网络设备使用的 IP 地址段为:211.82.216.＊和 172.16.100.＊。

(3) 客户端 IP 地址段为:192.168.1.1/24～192.168.16.1/24。

（4）VPN 使用的 IP 地址段为：192.168.17.1/26。

（5）受限网络的 IP 地址段为：192.168.18.1/26。

其中，网络设备和网络服务器均使用静态 IP 地址，由管理员手动指定；而客户端计算机则使用动态 IP 地址，自动从 DHCP 服务器获取 IP 地址。

1.4.4　服务器硬件规划

在本网络中，共有 20 台左右的服务器，硬件配置不尽相同，分别用来安装不同的网络服务，为网络提供服务。为了服务器的安全和稳定，统一采购品牌服务器，并且原来的旧服务器也继续利用。由于有些服务器承担的任务较重，就采用主服务器和辅助服务器共同分担网络任务，或者采用群集和负载平衡的方式；有的网络服务使用较少，对服务器资源占用较少，故而多个网络服务安装在同一台服务器上。

各服务器的网络服务情况分布如下。

（1）主域控制器和证书服务器：由于证书服务使用较少，对服务器资源占用较少，因此，安装在主域控制器上。

（2）额外域控制器和 DHCP 服务：客户端计算机需要经常向 DHCP 服务器获取 IP 地址，需要 DHCP 服务器稳定运行，但 DHCP 服务对服务器资源占用并不多，因此，与额外域控制器安装在一起。

（3）Web 服务和 FTP 服务：由于 Web 网站的访问量较大，要求 Internet 带宽较大，因此，将两台服务器均安装 Web 服务以设置网络负载平衡。而为了方便 Web 网站的内容更新，故将 FTP 服务安装在 Web 服务器上。

（4）防毒：防毒服务器主要用来分发杀毒软件安装程序，并且负责下载和分发病毒库更新，对服务器资源占用不高，因此将其独立安装在一台配置稍低的服务器上。

（5）文件服务器：文件服务器保存了网络中大量的数据文件，也是局域网用户访问量最大的服务。当同时有大量用户和文件服务器传输文件时，可能因资源使用较多而造成服务器无响应，因此，将两台硬盘比较大的服务器做成群集，并且为文件服务器设置 RAID，以提高数据的安全性，并提高网络传输效率。

（6）NAP 服务器：NAP 服务器上部署网络访问策略服务和 VPN 服务，前者用于验证来访计算机的健康状态，防止带有安全隐患的计算机接入网络而传输病毒；后者用于供远程计算机拨入公司内部网络。

（7）邮件服务器：在邮件服务器上安装 Exchange Server 2007 SP1，用来供用户收发自己的电子邮件。

（8）信息共享服务器：服务器安装 WSS 服务，实现网络信息共享。

（9）系统更新和 Windows 部署服务器：前者用来下载 Windows 更新以供局域网计算机使用；后者用来远程安装操作系统。这两种网络服务对服务器的资源要求都不高，因此，将其安装在同一台服务器上。

（10）打印服务器：为了管理办公区的打印机，可以部署一台打印服务器，主要用来连接和管理网络中的打印机。

（11）终端服务器和 AD RMS 服务器：前者用于安装应用程序，并发布到网络，使用户不必安装相应的软件即可使用；后者用来设置权限保护，以保护公司的重要文档不会被非法访问。将这两个服务安装在同一台服务器上。

（12）Hyper-V 服务器：用于在一台服务器上安装多个虚拟机，将一台服务器作为多台服务器使用。由于每个虚拟机都要占用一定量的内存和硬盘空间，因此，将其安装在内存比较大的服务器上，并且安装 64 位的 Windows Server 2008 操作系统。

（13）管理服务器：用于安装 CiscoWorks LMS 和 MOM 等管理软件，来管理网络中的网络设备和服务器。其中，一台管理服务器安装 Windows Server 2003，一台安装 Windows Server 2008。

（14）只读域控制器：该服务器部署在子部门中，可以查看域中的用户及设置，但不允许更改用户。

（15）ISA 服务器：该服务器部署在网络中的网关位置，作为代理服务器和网关服务器，用于发布局域网中的服务，并供客户端计算机代理上网，同时也启用 Web 缓存功能，加快局域网计算机访问 Internet 的速度。

1.4.5 服务器虚拟规划

在本网络中部署 Hyper-V 服务器，用来创建虚拟机。由于虚拟机中可以安装操作系统，并且物理机没有区别，因此，安装部分虚拟机来充当物理服务器为网络提供服务。另外，也安装几个不同操作系统的虚拟机用来做实验。对于一些系统更新、应用程序等，如果不确定是否可以安装在计算机上，可以先安装在虚拟机中试运行，如果运行正常即可安装在物理机上，否则就需要再行调试。而虚拟机的关闭、删除都不会影响物理机。

安装Windows Server 2008

　　网络中的服务是由服务器提供的,而服务器的正常运行离不开操作系统的支持。操作系统是服务器的"灵魂",用来为网络提供各种各样的服务,并控制着网络的运行。目前,常用的服务器操作系统有 Windows、Linux 和 UNIX。本章介绍 Windows Server 2008 的安装。

2.1　Windows Server 2008 安装前提与过程

　　Windows Server 2008 是微软推出的新一款服务器操作系统,安装时对服务器的配置要求并不算高,而是随着应用的提高,对服务器配置的要求逐渐提高的。不过,由于服务器在网络中有着重要的作用,因此,在安装前必须要做好一系列的准备工作,避免使用过程中出现故障而频繁重装,影响网络的使用。

2.1.1　案例情景

　　在该网络中,包含了多个部门,每个部门都有专门的机房,而且不同机房中服务器的作用和数量也不同,整个网络暂定为 20 台服务器,分别安装不同的网络服务,基本做到自给自足,不依靠外部网络的服务。

2.1.2　项目需求

　　为了实现网络服务,首先就要为服务器选择安装网络操作系统。Windows Server 2008 推出以后,在市场上取得了极大的好评,由于其具有对服务器要求不高、资源占用低、运行效率高、便于管理等优点,逐渐代替原来的 Windows Server 2003。因此,本网络中的大部分服务器采用 Windows Server 2008 操作系统。不过,由于操作系统有很多版本,不同版本的价格和功能均不同,需要选择最适合于本网络使用的系统。

2.1.3　解决方案

　　Windows Server 2008 可以采用多种方式安装,不同的安装方式分别适用于不同的环境,选择合适的安装方式,可以更加顺利地安装好系统。具体解决方案如下。

1. 安装方式

对于新购买的服务器,采用全新安装方式安装系统。对于品牌服务器,采用随机附带的引导盘引导,自动安装驱动程序及操作系统。而兼容服务器则在操作系统安装完成后再安装相应的驱动程序。

对于原来安装了 Windows Server 2003 系统的服务器,采用升级安装方式,在保留原有数据的同时升级到 Windows Server 2008。不过,操作系统升级时只能升级到相同版本类型的 Windows Server 2008。例如,Windows Server 2003 企业版只能升级到 Windows Server 2008 企业版,不能升级到 Windows Server 2008 数据中心版。

2. 设置 RAID

为了保护服务器中数据的安全,并加快速度读取速度,在服务器的 BIOS 中为磁盘都划分 RAID。而没有安装 RAID 卡的服务器,则在 Windows Server 2008 的"磁盘管理"中划分 RAID 级别。

为了保护系统的安全,安装有 RAID 卡的服务器都创建两个 RAID,第一个 RAID 划分为 40～80GB,作为系统磁盘,仅安装操作系统;剩余的磁盘空间划分为第二个 RAID,用来存储网络中的数据。这样,即使系统分区损坏,需要重新分区格式化并重新安装操作系统,也不会对数据区产生任何影响。

3. 设置计算机名

在操作系统安装完成后,为了更好地管理网络,服务器名称设置为与所提供的网络服务相关的名称,例如,两台域控制器的名称设置为 AD1、AD2,Web 服务器名称设置为 Web 等,也便于用户的记忆和访问。

2.2 选择 Windows Server 2008 版本

微软公司发布了 9 种不同的 Windows Server 2008 版本,包括 Windows Server 2008 标准版、Windows Server 2008 企业版、Windows Server 2008 数据中心版、Windows Web Server 2008、Windows Server 2008 安腾版、Windows Server 2008 标准版(无 Hyper-V)、Windows Server 2008 企业版(无 Hyper-V)、Windows Server 2008 数据中心版(无 Hyper-V)和 Windows HPC Server 2008,用户可以根据需要选择。

2.2.1 Windows Server 2008 的版本

1. Windows Server 2008 标准版

Windows Server 2008 标准版是至今较为稳固的 Windows 服务器操作系统,内建了强化 Web 和虚拟化功能,是专为增加服务器基础架构的可靠性和弹性而设计的,也可节省时间以及降低成本。此版本利用功能强大的工具,拥有更佳的服务器控制能力,可简化设定和管理工作,而增强的安全性功能则可强化操作系统,以协助保护数据和网络,并可为企业提供扎实且可高度信赖的基础服务架构。

2. Windows Server 2008 企业版

Windows Server 2008 企业版为满足各种规模的企业的一般用途而设计,可以部署业务关键性的应用程序。其所具备的丛集和热新增(Hot-Add)处理器功能,可协助改善可用性,而整合的身份识别管理功能,可协助改善安全性,利用虚拟化授权权限整合应用程序,则可减少基础架构的成本,因此 Windows Server 2008 企业版能为高度动态、可扩充的 IT 基础架构,提供良好的基础。

Windows Server 2008 企业版在功能类型上与标准版基本相同,但提供了对更高硬件系统的支持,以及更加优良的可伸缩性和可用性,并且在原基础上添加了企业技术,例如 Failover Clustering 与活动目录联合服务等。

3. Windows Server 2008 数据中心版

Windows Server 2008 数据中心版是为运行企业和任务所倚重的应用程序而设计的,可在小型和大型服务器上部署具有业务关键性的应用程序及大规模的虚拟化。其所具备的丛集和动态硬件分割功能,可改善可用性,支持虚拟化授权权限整合而成的应用程序,从而减少基础架构的成本。另外,Windows Server 2008 数据中心版还可以提供无限量的虚拟镜像应用。

4. Windows Web Server 2008

Windows Web Server 2008 专门为单一用途 Web 服务器而设计,而且是建立在 Web 基础架构功能基础上的,整合了重新设计架构的 IIS 7.0、ASP.NET 和 Microsoft .NET Framework,以便能够使任何企业快速部署网页、网站、Web 应用程序和 Web 服务。

5. Windows Server 2008 安腾版

Windows Server 2008 安腾版专为 Intel Itanium 64 位处理器而设计,针对大型数据库、各种企业和自定义应用程序进行优化,可提供高可用性和扩充性,能符合高要求且具关键性的解决方案之需求。

6. Windows HPC Server 2008

Windows HPC Server 2008 具备的高效能运算(HPC)特性提供企业级的工具,建立高生产力的 HPC 环境。由于其建立于 Windows Server 2008 及 64 位技术上,因此,可有效地扩充至数以千计的处理核心,并可提供管理控制台,协助管理员主动监督和维护系统健康状况及稳定性。其所具备的互操作性和弹性,可让 Windows 和 Linux 的 HPC 平台间进行整合,也可支持批次作业以及服务导向架构(SOA)工作负载,而增强的生产力以及可扩充的效能等特色,使 Windows HPC Server 2008 成为同级中最佳的 Windows 环境。

7. Windows Server 2008 Without Hyper-V

针对不需要虚拟化功能的客户,Windows Server 2008 提供了 3 种不支持虚拟化的版本: Windows Server 2008 标准版(无 Hyper-V)、Windows Server 2008 企业版(无 Hyper-V)、Windows Server 2008 数据中心版(无 Hyper-V)。

2.2.2　版本比较

在 Windows Server 2008 的各个版本中,支持虚拟化技术的共有 6 种: Windows Server 2008 标准版、Windows Server 2008 企业版、Windows Server 2008 数据中心版、Windows Web Server 2008、Windows HPC Server 2008 和 Windows Server 2008 安腾版。而且除 Windows Server 2008 安腾版外,其他几个版本均支持 Server Core 安装技术。不过,不同版本的 Server Core 所支持的服务器功能也有些区别。表 2-1 列出了不同版本的 Server Core 所支持的服务器角色与功能。

表 2-1　不同版本的 Server Core 所支持的服务器角色与功能

服务器角色	企业版	数据中心版	标准版	Web 版	安腾版
Web 服务（IIS）	◍	◍	◍	◍	○
打印服务	✔	✔	✔	○	○
Hyper-V	✔	✔	✔	○	○
Active Directory 域服务	✔	✔	✔	○	○
Active Directory 轻型目录服务	✔	✔	✔	○	○
DHCP 服务	✔	✔	✔	○	○
DNS 服务	✔	✔	✔	○	○
档案服务	✔	✔	◍	○	○

注：○＝不包含该功能，◍＝部分/有限支持，✔＝完整支持。

说明：所有版本的 Server Core 安装选项均不提供 ASP.NET。

Windows Server 2008 Without Hyper-V 版本除了不支持虚拟化功能以外，其他大部分功能与支持虚拟化的版本相同。这里列出了 Windows Server 2008 Without Hyper-V 版本所支持的服务器角色，如表 2-2 所示。

表 2-2　Windows Server 2008 Without Hyper-V 版支持的服务器角色比较

服务器角色	企业版 （无 Hyper-V）	数据中心版 （无 Hyper-V）	标准版 （无 Hyper-V）
Web 服务（IIS）	✔	✔	✔
应用程序服务	✔	✔	✔
打印服务	✔	✔	✔
Hyper-V1	○	○	○
Active Directory 域服务	✔	✔	✔
Active Directory 轻型目录服务	✔	✔	✔
Active Directory Rights Management Services	✔	✔	✔
DHCP 服务	✔	✔	✔
DNS 服务	✔	✔	✔
传真服务	✔	✔	✔
UDDI 服务	✔	✔	✔
Windows 扩展服务	✔	✔	✔
Active Directory 证书服务	✔	✔	✔
档案服务	✔	✔	◍
网络策略和访问服务	✔	✔	◍
终端服务	✔	✔	◍
Active Directory 联合身份验证服务	✔	✔	○

注：○＝不包含该功能，◍＝部分/有限支持，✔＝完整支持。

不同版本的 Windows Server 2008 操作系统，对不同架构的硬件的支持也不同。表 2-3 中列出了不同版本的 Windows Server 2008 对硬件的支持。

表 2-3　不同版本的 Windows Server 2008 对硬件的支持

规　格	标准版	企业版	Web 版	数据中心版	安腾版
CPU 数量(X86)	4	8	4	32	—
CPU 数量(X64)	4	8	4	64	—
CPU 数量(IA64)	—	—	—	—	64
最大内存(X86)	4GB	64GB	4GB	64GB	—
最大内存(X64)	32GB	2TB	32GB	2TB	—
最大内存(IA64)	—	—	—	—	2TB

2.2.3　系统和硬件设备要求

不同版本的 Windows Server 2008 系统对计算机硬件配置的要求也不一样,表 2-4 中列出了各个不同版本的基本系统需求。同时,其他的硬件配置如显示设备、网络适配器、光驱软驱、键盘鼠标等,均要保证与 Windows Server 2008 系统相兼容。

表 2-4　不同版本的 Windows Server 2008 系统的需求

需　求	标准版	企业版	数据中心版	安腾版
CPU 最低速率	32 位:1GHz 64 位:1.4GHz	32 位:1GHz 64 位:1.4GHz	32 位:1GHz 64 位:1.4GHz	Itanium:Itanium 2
CPU 推荐速率	2GHz 或更高	2GHz 或更高	2GHz 或更高	2GHz 或更高
内存最小容量	512MB	512MB	1GB	1GB
内存推荐容量	2GB	3GB	2GB	2GB
支持的 CPU 个数	1~4	1~8	8~32	1~64
所需硬盘空间	最小 10GB 推荐 40GB 或更大	最小 10GB 推荐 40GB 或更大	最小 10GB 推荐 40GB 或更大	最小 10GB 推荐 40GB 或更大
群集节点数	无	最多 8 个	最多 8 个	
显示器	支持 800×600 或更高分辨率	支持 800×600 或更高分辨率	支持 800×600 或更高分辨率	支持 800×600 或更高分辨率

注:当服务器内存大于 16GB 时,需要更多的磁盘空间用来存储页面文件、休眠文件和转储文件。

需要注意的是,除安腾版外,Windows Server 2008 64 位系统都必须安装经过数字签名的核心模式驱动程序,否则会被拒绝或导致运行错误。要禁用数字签名驱动功能,可以在系统启动的时候按 F8 键,然后选择"高级启动"选项,再选择"禁用驱动签名检查"即可。

2.3　安装 Windows Server 2008 前的准备工作

2.3.1　安装前的准备工作

为了保证 Windows Server 2008 的顺利安装,在开始安装之前必须做好准备工作,包括检查日志错误、备份文件、断开网络、断开非必要的硬件连接等。另外,Windows Server 2008 对硬盘空间要求比较大,系统分区至少为 10GB。不过,为了保证系统更好地运行,以及为安装更新或其他软件做准备,建议设置为 40GB 或更大。

1. 检查系统日志寻找错误

如果在计算机中已安装有其他操作系统,建议使用"事件查看器"查看系统日志,找出可能在升级期间引发问题的最新错误或重复发生的错误。

2. 检查硬件和软件兼容性

如果要将 Windows 2000 Server 或 Windows Server 2003 升级到 Windows Server 2008，为了保证应用程序的兼容性，可以使用"Microsoft 应用程序兼容性工具包"进行检测。不过，该工具包主要用于提供网络应用程序的兼容性信息，下载地址为 http://go.microsoft.com/fwlink/?LinkID=29880。

3. 备份数据

如果服务器中已安装有其他系统，为了避免丢失重要数据，建议在升级前备份有用的数据，包括计算机运行所需的全部数据和配置信息，以及所有的用户和相关数据，尤其是一些提供网络服务数据（例如 DHCP 数据等）。建议将文件备份到各种不同的媒体，例如，磁带驱动器或网络上其他计算机的硬盘，尽量不要保存在本地计算机的磁盘中。

4. 切断与硬件设备的连接

如果计算机正与打印机、扫描仪、不间断电源（UPS）卡等非必要的外设连接，那么，应在运行安装程序之前将其断开，避免安装程序在自动检测这类设备时出现问题。

5. 断开网络连接

网络中可能会有病毒在传播，因此，如果不是通过网络安装操作系统，在安装之前就应拔下网线，以免新安装的系统又被感染上病毒。

6. 加载驱动程序

由于服务器中往往安装有 RAID 卡等设备，而这些设备可能无法被 Windows 系统所识别，因此，必须在安装之前就加载相应的驱动程序。大多数品牌服务器出厂时就已经配备了引导光盘，用来加载各种驱动程序并引导安装 Windows Server 2003。因此，建议使用引导光盘安装。如果没有引导光盘，那么，安装操作系统之前可以只加载 RAID 控制器的驱动程序，否则，无法安装操作系统。至于其他设备的驱动程序，可以在系统安装完成后再安装。

7. 使用 DVD 光驱

由于 Windows Server 2008 安装程序比较大，安装光盘采用的是 DVD 格式，因此，服务器必须配备 DVD 光驱，VCD 光驱无法读取。

2.3.2 RAID 卡设置

服务器通常都配备了多块硬盘，以提高磁盘容量。而为了提高磁盘的安全性和性能，就会组成磁盘阵列（RAID）。但由于 IDE 接口硬盘的传输速率太低，因此，服务器硬盘一般都采用 SCSI 硬盘或者 SATA 硬盘来组成不同的 RAID。

这里以 Dell PowerEdge 2650 为例，介绍服务器 RAID 的设置方法。不同 RAID 卡的设置方式有所区别，应注意查看 RAID 卡的使用手册。

（1）打开计算机电源，在屏幕刚刚显示 BIOS 信息时，按 Ctrl+M 键，进入 RAID 卡设置页面，如图 2-1 所示。使用光标键，依次选择 Configure→Easy Configuration 命令，按 Enter 键，实现 RAID 卡的快速配置。

提示：如果该计算机以前配置了 RAID，那么，在配置新的 RAID 之前，应当先使用 Clear Configuration 命

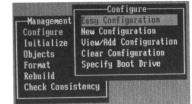

图 2-1　RAID 卡的快速配置

令删除。不过,删除 RAID 后,硬盘中原来的所有数据将全部丢失。

(2) RAID 卡搜索并显示该计算机中安装的所有硬盘,如图 2-2 所示。

(3) 使用光标键选择欲添加至 RAID 的磁盘,按空格键选中,将该硬盘添加至 RAID 阵列,如图 2-3 所示。

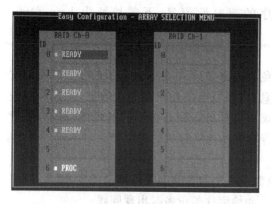

图 2-2　计算机中的所有硬盘

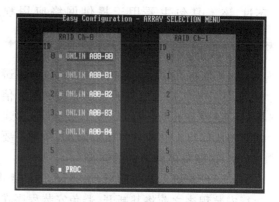

图 2-3　将硬盘添加至 RAID 阵列

提示:如果欲设置 RAID 5,为了最大限度地利用磁盘空间利用率,应当将所有的磁盘都加入至 RAID。若欲设置 RAID 1,则需要添加两块硬盘。

(4) 按 Enter 键,然后使用光标键选择欲配置的阵列。如果只使用了一个通道,那么,应当选择 Span-1 命令。如图 2-4 所示。

(5) 按 F10 键,即可选择欲使用的 RAID 级别。当计算机安装有 3 块以上硬盘时,系统默认为 RAID 5 级别,如图 2-5 所示。

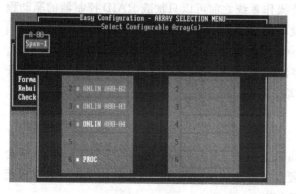

图 2-4　选择阵列

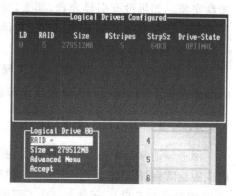

图 2-5　选择 RAID 级别

而当服务器只安装有两块硬盘时,则系统默认级别为 RAID 1,如图 2-6 所示。

提示:如果欲设置为其他级别,可以使用光标键使"RAID＝"反亮显示,然后进行修改。

(6) 移动光标使"Accept"反亮显示,并按 Enter 键,系统提示是否保存设置。移动光标使"YES"反亮显示并按 Enter 键,即可完成 RAID 卡的设置,如图 2-7 所示。

(7) 根据系统提示,重新引导计算机,即可将全部硬盘视为一块硬盘进行管理。

提示:RAID 卡的设置应当在操作系统安装之前进行。当重新设置 RAID 时,将删除所有硬盘中的全部内容。

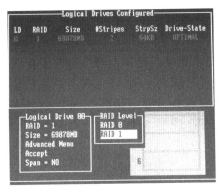

图 2-6　RAID 1 级别

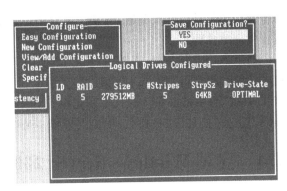

图 2-7　完成 RAID 卡的设置

2.3.3　知识链接：RAID 类型与适用范围

RAID 技术分为多个级别,分别适用于不同的网络服务和环境。常用的 RAID 级别包括 RAID 0、RAID 1、RAID 0+1 和 RAID 5。不同 RAID 的区别如下。

(1) RAID 0 又称带区阵列,由两块以上磁盘实现,存取速度最快,磁盘利用率高,存储成本也最低,但不提供冗余数据,不能采用热备份技术。

(2) RAID 1 又称镜像阵列,由两块磁盘实现,当一个硬盘损坏时,另一个镜像盘将启用,因此,数据存储安全,而且读取速率较高。但写入速率较低,存储成本高,可用空间只是磁盘容量总和的一半,适合于保存关键性的重要数据。

(3) RAID 0+1 是由 4 块磁盘实现的冗余磁盘阵列,综合了 RAID 0 和 RAID 1 的特点,独立磁盘配置成 RAID 0,两套完整的 RAID 0 互相镜像,既具有出色的读写性能,又具有非常高的安全性。但成本投入较大,数据空间利用率较低,阵列存储容量只有磁盘总容量的 50%,适用于既有大量数据需要存取,同时又对数据安全性要求严格的领域,如银行、金融、商业超市、存储库房、各种档案管理等。

(4) RAID 5 是由至少 3 块磁盘实现的冗余磁盘阵列,将数据分布于不同的磁盘上,并在所有磁盘上交叉地存取数据及奇偶校验信息。采用 RAID 5 时,数据存储安全,读取速率较高,磁盘利用率较高,但写入速率较低。RADI 5 被广泛应用于各种类型的服务器,如文件服务器、数据库服务器、Web 服务器、E-mail 服务器等。

表 2-5 所示为不同等级 RAID 的特性比较。

表 2-5　不同等级 RAID 的特性一览表

RAID 等级	RAID 0	RAID 1	RAID 5
别名	条带	镜像	分布奇偶位条带
容错性	没有	有	有
冗余类型	没有	复制	奇偶位
热备盘选项	没有	有	有
需要的磁盘数	一块或多块	只需两块	3 块或更多
可用容量	总的磁盘的容量	只能用磁盘容量的 50%	$(n-1)/n$ 的总磁盘容量。其中 n 为磁盘数

2.3.4　系统光盘和驱动准备

要在服务器上安装 Windows Server 2008 操作系统,系统安装光盘和驱动程序光盘是必备的。如果是品牌服务器,通常厂商附带一张驱动程序引导盘和一张操作系统安装盘,不需要用户单独购买。

如果是兼容服务器,需要用户专门购买操作系统安装光盘。而驱动程序盘则是在购买相应配件时附带,不需专门购买。需要注意的是,由于 Windows Server 2008 安装光盘为 DVD 格式,服务器必须安装 DVD 光驱。如果是原有的服务器要升级到 Windows Server 2008,且光驱仍是 VCD 格式,则需要外接一个 DVD 光驱。

2.4　安装 Windows Server 2008

和以前的操作系统相比,Windows Server 2008 的安装方式大大简化,安装过程中不需要设置计算机名、用户账户等信息,而且全程只需 10 多分钟,大大缩短了安装所占用的时间。

2.4.1　品牌服务器的安装、升级与激活

服务器中往往配置了 RAID 等设备。虽然 Windows Server 2008 系统集成了大部分硬件设备的驱动程序,但对 RAID 卡等设备却并没有提供相应的驱动程序。因此,品牌服务器通常会随机附带一张引导盘,不仅集成了服务器的驱动程序,还可以在安装前加载设备的驱动程序,并引导管理员完成操作系统的安装。

1. 安装操作系统

安装操作系统的步骤如下。

(1) 利用厂商附送的引导光盘启动服务器,并自动安装硬件设备的驱动程序。不同品牌服务器的引导盘界面也不相同。

(2) 驱动程序加载完成以后,根据提示,插入 Windows Server 2008 安装光盘,进入安装界面。首先显示"安装 Windows"对话框,如图 2-8 所示。由于现在安装的是中文简体版,因此,语言、时间和货币、键盘和输入方法使用默认设置即可。

(3) 单击"下一步"按钮,提示将要开始安装,如图 2-9 所示。

图 2-8　Windows Server 2008 安装界面

图 2-9　准备安装

(4) 单击"现在安装"按钮,显示如图 2-10 所示的"选择要安装的操作系统"对话框。在"操作系统"列表框中列出了可以选择的操作系统版本。这里选择"Windows Server 2008 Enterprise (完全安装)"选项,安装 Windows Server 2008 企业版。

（5）单击"下一步"按钮，显示如图 2-11 所示的"请阅读许可条款"对话框。需要阅读许可条款，并且必须接受许可条款才可继续安装。

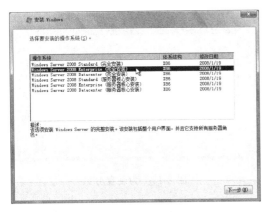

图 2-10　"选择要安装的操作系统"对话框　　　　图 2-11　"请阅读许可条款"对话框

（6）选中"我接受许可条款"复选框接受许可条款，单击"下一步"按钮，显示如图 2-12 所示的"您想进行何种类型的安装"对话框。其中，"升级"用于从 Windows Server 2003 升级到 Windows Server 2008，如果当前计算机没有安装操作系统，则该选项不可用；"自定义（高级）"选项则用于全新安装。

（7）选择"自定义（高级）"选项，显示如图 2-13 所示的"您想将 Windows 安装在何处"对话框，用于设置当前计算机上硬盘的分区信息。现在，该硬盘尚未分区。如果服务器上安装有多块硬盘，则会依次显示为磁盘 0、磁盘 1、磁盘 2 等。

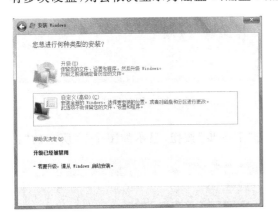

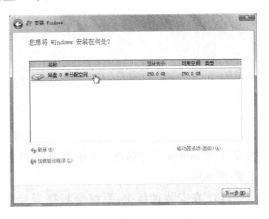

图 2-12　"您想进行何种类型的安装"对话框　　　图 2-13　"您想将 Windows 安装在何处"对话框

（8）单击"驱动器选项（高级）"链接，显示如图 2-14 所示，可以对硬盘进行分区、格式化及删除已有分区等操作。

（9）现在来对硬盘进行分区。单击"新建"按钮，在"大小"文本框中输入第一个分区的大小，例如 80000MB，如图 2-15 所示。

（10）单击"应用"按钮，第一个分区完成，如图 2-16 所示。

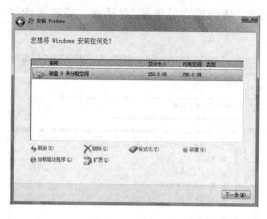

图 2-14   硬盘信息

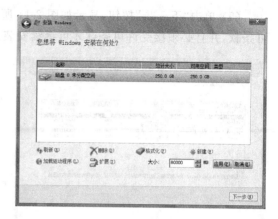

图 2-15   为硬盘分区

　　(11) 选择"磁盘 0 未分配空间"选项,并单击"新建"按钮,将剩余空间再划分为其他分区,如图 2-17 所示。按照此方法划分的分区,默认将全部为主分区。也可以将已划分的分区再进行分区、格式化等操作。

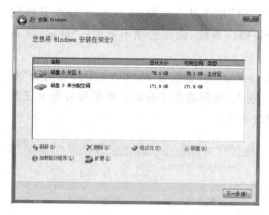

图 2-16   第一个分区完成

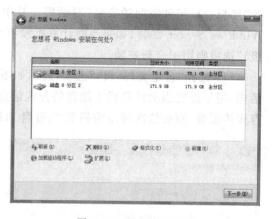

图 2-17   所有分区完成

　　(12) 选择第一个分区来安装操作系统,单击"下一步"按钮,显示如图 2-18 所示的"正在安装 Windows"对话框,开始复制文件并安装 Windows。

　　(13) 在安装过程中,系统会根据需要自动重新启动。安装完成后,显示如图 2-19 所示界面,要求第一次登录之前必须更改密码。

　　(14) 单击"确定"按钮,显示如图 2-20 所示界面,用来设置密码。

　　(15) 在"新密码"和"确认密码"文本框中输入密码,然后按 Enter 键,密码更改成功,如图 2-21 所示。

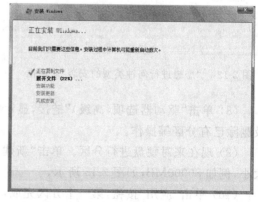

图 2-18   "正在安装 Windows"对话框

图 2-19　提示更改密码

图 2-20　更改密码

提示：在 Windows 2000/2003 的非域环境中，仍允许为用户账户设置简单密码；而 Windows Server 2008 系统无论是否处于域中，都必须设置强密码，否则将提示"无法更新密码。为新密码提供的值不符合字符域的长度、复杂性或历史要求"，如图 2-22 所示。

图 2-21　密码更改成功

图 2-22　提示信息

（16）单击"确定"按钮，显示如图 2-23 所示，需要用刚刚设置的密码登录系统。

（17）在"密码"文本框中输入密码，按 Enter 键，即可登录到 Windows Server 2008 系统桌面，并默认自动启动"初始配置任务"窗口，如图 2-24 所示。

图 2-23　登录界面

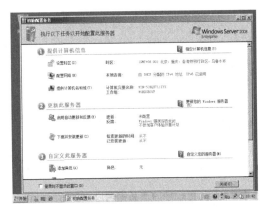

图 2-24　"初始配置任务"窗口

至此，Windows Server 2008 操作系统安装完成。

2．激活操作系统

由于品牌服务器的操作系统安装光盘都是随机赠送，并且会自动激活的，因此，安装完成后不需用户专门去激活即可正式使用。

2.4.2　兼容服务器的安装、升级与激活

兼容服务器由于大多由服务器自行组装而成，因此，不会带有引导盘，管理员需要在操作系统的安装过程中，或者安装完成以后安装硬件设备的驱动程序。由于兼容服务器不会自动激活，因此，需要在安装完成后手动输入序列号并激活。

1．兼容服务器的安装

兼容服务器由于没有厂商制作的引导盘，因此，只能使用 Windows Server 2008 安装光盘启动，并运行安装程序。其安装过程和品牌服务器安装操作系统时在插入系统安装盘后的过程完全相同，可参见前面相关内容，这里不再赘述。

2．激活操作系统

激活操作系统的步骤如下。

（1）打开"开始"菜单，右击"计算机"并选择快捷菜单中的"属性"选项，打开"系统"窗口。在"Windows 激活"区域中，可以看到剩余的激活时间，如图 2-25 所示。

（2）单击"更改产品密钥"链接，运行"Windows 激活"向导，显示"更改您的产品密钥以便激活"对话框。在"产品密钥"文本框中输入 Windows Server 2008 的产品密钥，如图 2-26 所示。

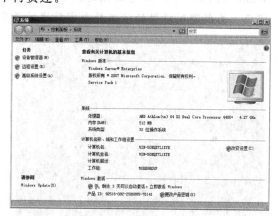

图 2-25　"系统"窗口

（3）单击"下一步"按钮，显示如图 2-27 所示的"正在激活 Windows"对话框，开始连接微软网站并激活 Windows，激活过程需要几分钟的时间。

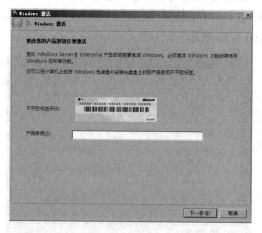

图 2-26　"更改您的产品密钥以便激活"对话框

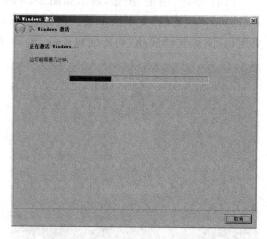

图 2-27　"正在激活 Windows"对话框

（4）当激活成功后，即显示如图 2-28 所示的"激活成功"对话框，并提示已得到正版授权。

（5）单击"关闭"按钮，激活完成。在"系统"窗口的"Windows 激活"区域中，显示为"Windows 已激活"，同时也显示一个"正版授权"的标志，如图 2-29 所示。

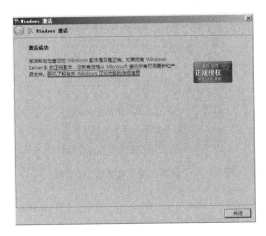

图 2-28　"激活成功"对话框

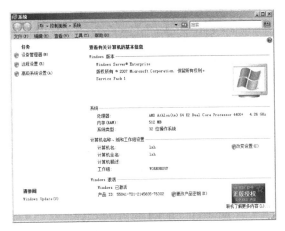

图 2-29　Windows 已激活

至此，Windows Server 2008 激活成功，即可无限期地作用了。

2.5　Windows Server 2008 的基本配置

Windows Server 2008 在安装过程中无须设置计算机名、系统组件及网络连接等信息，这些都需要在安装完成后设置。不过，Windows Server 2008 自带了初始配置功能，所有的基本设置都可以在"初始配置任务"窗口中完成，也可以在"服务器管理器"中配置。

2.5.1　更改计算机名

更改计算机名的步骤如下。

（1）在"初始配置任务"窗口中，单击"提供计算机名和域"链接，显示如图 2-30 所示的"系统属性"对话框。

（2）单击"更改"按钮，显示"计算机名/域更改"对话框，在"计算机名"文本框中输入一个新的计算机名，如图 2-31 所示。

提示：如果"服务器管理器"已被关闭，可依次选择"开始"→"管理工具"→"服务器管理器"选项重新打开。

（3）单击"确定"按钮，显示如图 2-32 所示的"计算机名/域更改"提示对话框，提示必须重新启动计算机才能应用更改。

（4）单击"确定"按钮，显示如图 2-33 所示的提示对话框，提示必须重新启动计算机以应用更改。

（5）单击"立即重新启动"按钮，即可重新启动系统并应用新的计算机名。

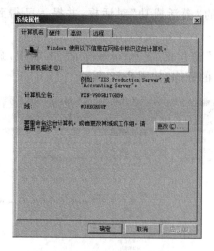

图 2-30 "系统属性"对话框

图 2-31 "计算机名/域更改"对话框

图 2-32 "计算机名/域更改"提示对话框

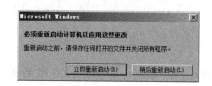

图 2-33 "立即重新启动"提示对话框

2.5.2 设置 IP 地址

如果网络中安装有 DHCP 服务器,使用默认的"自动获得 IP 地址"即可,否则,就需要手动指定 IP 地址,步骤如下。

(1) 在"初始配置任务"窗口中单击"配置网络"链接,显示如图 2-34 所示的"网络连接"窗口,可以看到本地计算机上已存在的连接。

提示:右击桌面状态栏托盘区域中的网络连接图标,选择快捷菜单中的"网络和共享中心"选项,显示如图 2-35 所示"网络和共享中心"窗口,在这里也可以配置网络连接。

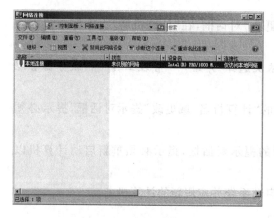

图 2-34 "网络连接"窗口

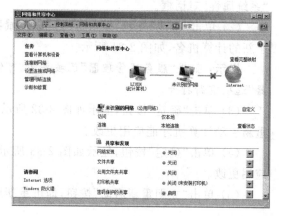

图 2-35 "网络和共享中心"窗口

（2）右击"本地连接"图标，选择快捷菜单中的"属性"选项，显示如图 2-36 所示的"本地连接 属性"对话框。

提示：由于现在主要使用的是 IPv4，而 IPv6 尚未正式使用，因此，建议取消选中"Internet 协议版本 6（TCP/IPv6）"复选框，只使用 IPv4 地址。

（3）选中"Internet 协议版本 4（TCP/IPv4）"复选框，单击"属性"按钮，显示如图 2-37 所示的"Internet 协议版本 4（TCP/IPv4）属性"对话框，默认自动获得 IP 地址。如果网络中配置有 DHCP 服务器，或者路由器启用了 DHCP 服务器功能，则可使用这种方式。

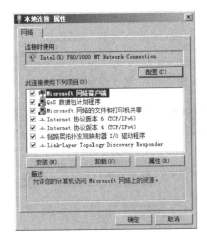

图 2-36 "本地连接 属性"对话框

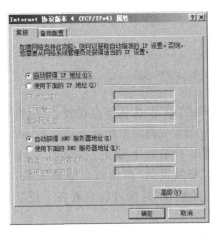

图 2-37 "Internet 协议版本 4（TCP/IPv4）属性"对话框一

（4）如果要手动指定 IP 地址，可选中"使用下面的 IP 地址"和"使用下面的 DNS 服务器地址"单选按钮，并输入 IP 地址、子网掩码、默认网关、首选 DNS 服务器和备用 DNS 服务器，如图 2-38 所示。

（5）单击"确定"按钮保存，IP 地址信息设置完成。

2.5.3 配置自动更新

为了保护 Windows 系统的安全，微软公司会不定期发布各种更新程序，以修补系统漏洞，提高系统性能。因此，系统更新是 Windows 系统必不可少的功能。在 Windows Server 2008 服务器中，为了避免因漏洞而造成故障，必须启用自动更新功能，并配置

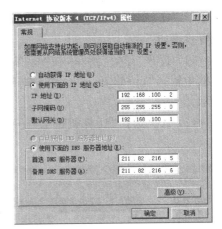

图 2-38 "Internet 协议版本 4(TCP/IPv4)属性"对话框二

系统定时或自动下载安装更新程序。具体操作步骤如下。

（1）依次选择"开始"→"控制面板"→Windows Update 选项，或者在"服务器管理器"窗口的"安全信息"区域中单击"配置更新"超链接，显示如图 2-39 所示的 Windows Update 窗口。Windows Server 2008 安装完成后，默认没有配置自动更新。

（2）单击"更改设置"链接，显示如图 2-40 所示"更改设置"窗口。在这里可以选择 Windows 安装更新的方法。如果选中"从不检查更新（不推荐）"单选按钮，则禁用自动更新功能。

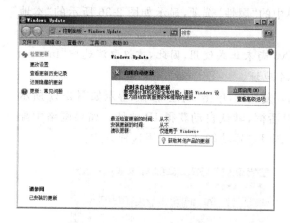

图 2-39　Windows Update 窗口

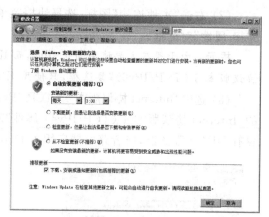

图 2-40　"更改设置"窗口

（3）单击"确定"按钮保存设置。Windows Server 2008 就会根据所做配置自动从 Windows Update 网站检测并下载更新，如图 2-41 所示。单击"安装更新"按钮可以立即安装，单击"查看可用更新"链接可以查看各个更新的详细信息。

如果网络中配置有 WSUS 服务器，那么，Windows Server 2008 就可以从 WSUS 服务器上下载更新，而不必连接微软更新服务器。配置步骤如下。

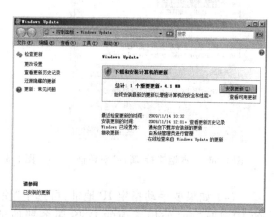

图 2-41　安装更新

（1）打开"开始"菜单，在"所有程序"文本框中输入"gpedit. msc"命令，按 Enter 键，打开"本地组策略编辑器"窗口，如图 2-42 所示。

（2）依次选择"计算机配置"→"管理模板"→"Windows 组件"选项，显示如图 2-43 所示。

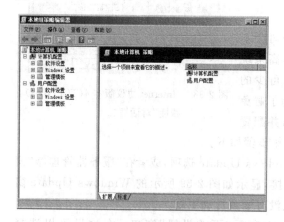

图 2-42　"本地组策略编辑器"窗口一

图 2-43　"本地组策略编辑器"窗口二

（3）双击"配置自动更新"选项，显示"配置自动更新 属性"对话框。选中"已启用"单选按钮，并在"配置自动更新"下拉列表框中选择下载更新的方式，如图 2-44 所示。单击"确定"按钮保存配置。

（4）双击"指定 Intranet Microsoft 更新服务位置"选项，显示"指定 Intranet Microsoft 更新服务位置 属性"对话框。选中"已启用"单选按钮，并在"设置检测更新的 Intranet 更新服务"和"设置 Intranet 统计服务器"文本框中输入 WSUS 服务器的地址即可，如图 2-45 所示。单击"确定"按钮保存。

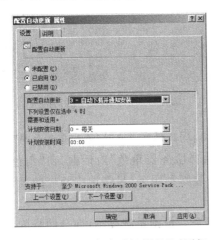

图 2-44 "配置自动更新 属性"对话框

图 2-45 "指定 Intranet Microsoft 更新服务位置 属性"对话框

经过这样的设置，Windows Server 2008 就可以自动从 WSUS 服务器上检测并下载更新程序了。

2.6 安装 Windows Server 2008 角色与功能

服务器要向网络提供服务，必须先安装相应的服务器角色和功能。在 Windows Server 2008 系统中，所有的角色和功能都可以在"服务器管理器"控制台进行管理，甚至对于用户账户、磁盘及事件日志的管理都可以在这一个控制台完成。

2.6.1 安装服务器角色

在 Windows Server 2008 中，默认没有安装任何网络服务组件，所有的角色都可以通过"服务器管理器"窗口添加，而且在添加过程中可以选择详细组件，安装完成以后也可以再添加或者删除角色中的某个组件。

1. 添加服务器角色

（1）依次选择"开始"→"管理工具"→"服务器管理器"选项，或者选择"开始"→"服务器管理器"选项，显示如图 2-46 所示的"服务器管理器"窗口。

提示：当关闭"初始配置任务"窗口时，也会自动启动"服务器管理器"窗口。

（2）在"角色摘要"选项区域中，单击"添加角色"超链接，启动"添加角色向导"，首先显示如图 2-47 所示的"开始之前"对话框,列出可以完成的工作,以及操作之前的注意事项。

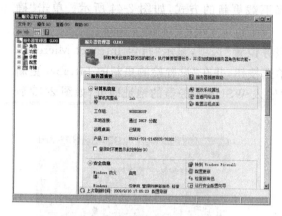

图 2-46　"服务器管理器"窗口

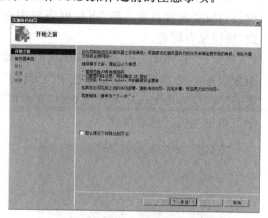

图 2-47　"开始之前"对话框

提示:在"初始配置任务"窗口中单击"添加角色"超链接,同样可以启动"添加角色向导"。

(3) 单击"下一步"按钮,显示如图 2-48 所示的"选择服务器角色"对话框,在"角色"列表框中列出了所有可以安装的网络服务。如果需要安装哪种服务,只需选中相应的复选框即可。

(4) 单击"下一步"按钮,即可开始安装所选择的服务。根据系统提示,部分网络服务安装过程中可能需要提供 Windows Server 2008 安装光盘。有些网络服务可能会在安装过程中调用配置向导,做一些简单的服务配置,但更详细的配置通常都借助于安装完成后的网络管理实现。

服务器角色安装完成后,可以在"服务器管理器"控制台中直接管理。展开"角色",并选择相应的服务器角色,即可查看并进行配置,如图 2-49 所示。

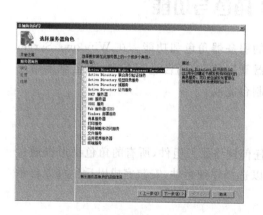

图 2-48　选择服务器角色

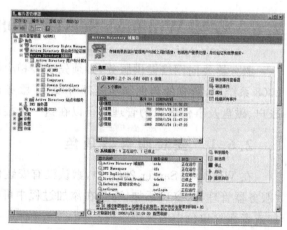

图 2-49　网络服务的管理

也可以单独在控制台中进行管理。以 Web 服务器为例。依次选择"开始"→"管理工具"→"Internet 信息服务(IIS)管理器"选项,打开如图 2-50 所示的"Internet 信息服务(IIS)管理器"窗口,可以配置 Web 网站。

2. 添加和删除组件

服务器角色的模块化是 Windows Server 2008 的一个突出特点。在安装某些角色时，还会安装一些扩展组件，在安装完成以后，用户也可以根据自己的需要再添加或者删除角色中的组件。

（1）打开"服务器管理器"窗口，在左侧树形目录中选择"角色"选项，可以看到当前已安装的角色服务，如图 2-51 所示。这里安装的是 Web 服务器。

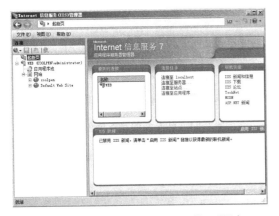

图 2-50　"Internet 信息服务(IIS)管理器"窗口

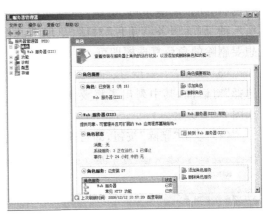

图 2-51　"服务器管理器"窗口

（2）在右侧的"角色"窗口中，单击欲添加的服务器角色选项区域中的"添加角色服务"链接，显示如图 2-52 所示的"添加角色服务"对话框，选中欲添加的组件复选框即可。其中，显示为灰色的选项表示已经安装，无法再选择。

（3）单击"下一步"或者"安装"按钮，即可开始安装所选择的组件。

如果要删除某个组件，可在"服务器管理器"的"角色"窗口中，单击欲删除的服务器角色选项区域中的"删除角色服务"链接，显示如图 2-53 所示的"删除角色服务"对话框。取消选中欲删除的组件复选框，然后单击"下一步"按钮或者"删除"按钮即可删除。

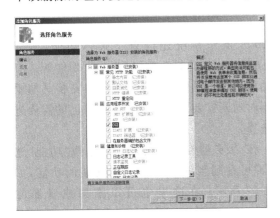

图 2-52　选择要添加的角色服务

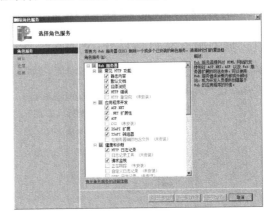

图 2-53　删除角色服务

3. 删除服务器角色

服务器角色的删除同样可以在"服务器管理器"窗口中完成，不过建议删除角色之前确认是否有其他网络服务或 Windows 功能需要调用当前服务，以免删除之后造成服务器瘫痪。

（1）在"服务器管理器"窗口中，选择"角色"选项，即可显示已经安装的服务角色，如图 2-54 所示。

（2）如果要删除哪个服务器角色，单击该角色右侧的"删除角色"链接，显示如图 2-55 所示的"删除服务器角色"对话框，取消选中想要删除的角色复选框即可。

（3）单击"下一步"按钮，显示"确认删除选择"对话框，其中列出了将要删除的角色，如图 2-56 所示。

（4）单击"删除"按钮，即可删除该角色。

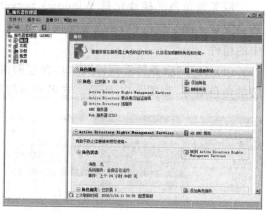

图 2-54　已安装的服务角色

图 2-55　删除服务器角色

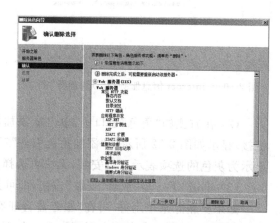

图 2-56　"确认删除选择"对话框

2.6.2　添加和删除功能

除了服务器角色以外，Windows Server 2008 操作系统还内置了很多功能，例如 Windows 服务器备份功能、Telnet 功能等。有些功能可以单独安装，有的则会在安装其他服务器时随同安装。用户可以根据自己的需要进行选择。

在"服务器管理器"窗口中，选择"功能"选项，即可看到当前服务器中已安装的功能，如图 2-57 所示。在这里也可以添加或者删除功能。

如果要添加某个功能，可单击"添加功能"链接，显示如图 2-58 所示的"添加功能向导"对话框。选中欲安装的功能复选框即可。如果有

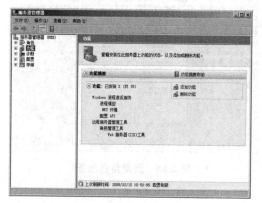

图 2-57　已安装的功能

的功能包含有子组件,可以将其展开并选择。最后,单击"安装"或"下一步"按钮即可开始安装。

    提示:也可以在"初始配置任务"窗口中,单击"配置此服务器"选项区域中的"添加功能"链接来添加功能。

    如果要删除功能,可单击"删除功能"链接,显示如图 2-59 所示的"删除功能向导"对话框。在"功能"列表框中取消选中欲删除的功能复选框,然后单击"下一步"或"删除"按钮即可删除。

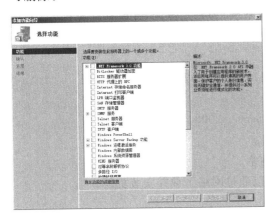
图 2-58 "添加功能向导"对话框

图 2-59 "删除功能向导"对话框(1)

    提示:有的功能是与某些角色联系在一起的,当取消选中欲删除的功能复选框时,可能会显示如图 2-60 所示的"删除功能向导"对话框,提示是否删除依存角色服务。在此处可确认是否要删除相应的角色服务。

图 2-60 "删除功能向导"对话框(2)

2.6.3 知识链接:角色和功能

    角色就是 Windows Server 2008 中集成的网络服务,包含 AD DS 域服务、DHCP 服务、DNS 服务等,每一种角色分别用来提供不同的服务,并且每种角色都包含不同数量的组件。当安装一种角色时,可以选择安装几种必需的组件,也可以安装所有组件。

    功能也就是 Windows Server 2008 中提供了某种应用程序组件。功能通常只包含有一种组件,而且也不像角色一样可以提供更强大的服务。但是,在安装某种角色时,往往需要某个功能的帮助。

习题

1. 简述 Windows Server 2008 的版本分类。
2. RAID 有哪几种级别?
3. 安装 Windows Server 2008 之前应做好哪些准备工作?
4. 品牌服务器和兼容服务器在安装时有什么区别?

5. 什么是服务器角色？

实验：Windows Server 2008 的安装与基本配置

实验目的：

熟悉并掌握 Windows Server 2008 的安装和基本配置。

实验内容：

在计算机上安装 Windows Server 2008 操作系统，为磁盘分区，并设置计算机名、IP 地址、启用自动更新。

实验步骤：

(1) 使用 Windows Server 2008 安装光盘启动计算机并安装操作系统。

(2) 在安装过程中，为磁盘划分多个分区。

(3) 安装完成后设置密码并登录 Windows Server 2008。

(4) 更改 Windows Server 2008 的计算机名。

(5) 为计算机配置 IP 地址，使其可以接入网络。

(6) 为计算机配置并启动自动更新功能，可以通过网络下载并安装更新。

第 3 章　chapter 3

安装AD DS域服务

　　活动目录即 Active Directory,是 Windows Server 2008 系统中重要的目录服务,用于管理网络中的用户和资源,如用户、计算机、打印机或应用程序等。Windows Server 2008 中的 Active Directory 域服务包含了早期 Windows 版本中的活动目录所没有的新特性,如 Active Directory RMS 服务、Active Directory 联合身份验证服务、Active Directory 轻型目录服务器和 Active Directory 证书服务等实用功能组件,使管理员能够更简单、更安全地部署各种服务,并更有效地进行管理。

3.1　AD DS 安装前提与过程

　　活动目录与许多协议和服务有着非常紧密的关系,并涉及整个操作系统的结构和安全。活动目录的安装并非和一般 Windows 组件那样简单,而必须在安装前完成一系列的规划、设计工作,以保证顺利安装并方便日后应用。

3.1.1　案例情景

　　在该项目网络中,配置有多台服务器,分别提供不同的服务,而且为了网络安全,每种服务都会设置用户验证,以禁止非法用户访问。但是,如果各个服务互相之间没有关联,就需要分别设置各自的验证账户,这样不仅难以管理,也非常烦琐。而用户访问时,就需要分别记住不同服务所设置的用户账户,从而给网络的使用带来许多麻烦。

3.1.2　项目需求

　　为了使用户只使用自己的一个账户即可访问所有的网络服务,并能够通过网络验证,就需要为所有的网络服务器设置统一用户验证。这可以利用 Active Directory 域服务来实现,使所有的服务器都能够通过域来设置,用户就可以很方便地访问所有服务了。另外,有很多网络服务如 Exchange Server 邮件服务、电子证书服务等,也都需要域服务的支持。

3.1.3　解决方案

　　活动目录可包含一个或多个域,只有合理地规划目录结构,才能充分发挥活动目录的优越性。选择根域最为关键,根域名字的选择可以有以下几种方案。

　　(1) 使用一个已经注册的 DNS 域名作为活动目的根域名,使得企业的公共网络和私有网络使用同样的 DNS 名字。由于使用活动目录的意义之一就在于使内、外部网络使用统一的目录服务,采用统一的命名方案,以方便网络管理和商务往来,因此,推荐采用该方案。

(2) 使用一个已经注册的 DNS 域名的子域名作为活动目录的根域名,如 coolpen. net。同时,为了确保向下兼容,每个域还应当有一个与 Windows 2000 以前版本相兼容的名称,如"coolpen"。

(3) 活动目录使用与已经注册的 DNS 域名完全不同的域名,使企业网络在内部和互联网上呈现出两种完全不同的命名结构。

3.2　安装域控制器

将 Windows Server 2008 系统升级为域控制器时,需要先安装 Active Directory 域服务,然后再运行 dcpromo 命令启动"Active Directory 安装向导"安装活动目录。当然,也可以直接运行 dcpromo 命令升级为域控制器,系统会自动安装 Active Directory 域服务。

3.2.1　安装主域控制器

活动目录必须安装在 NTFS 分区,因此,在安装 Active Directory 服务器之前,要求 Windows Server 2008 系统所在的分区采用 NTFS 文件系统。同时,必须正确安装了网卡驱动程序,安装和启用了 TCP/IP 协议,并记录计算机的相关参数,如 IP 地址和计算机名等。

1. 安装 Active Directory 域服务

安装 Active Directory 域服务的步骤如下。

(1) 在"初始配置任务"或者"服务器管理器"窗口中,单击"添加角色"超链接,打开"添加角色向导"对话框。

(2) 单击"下一步"按钮,显示"选择服务器角色"对话框。在"角色"列表框中选中"Active Directory 域服务"复选框,如图 3-1 所示。

(3) 单击"下一步"按钮,显示如图 3-2 所示的"Active Directory 域服务"对话框,简要介绍了域服务的作用及注意事项。

(4) 单击"下一步"按钮,显示如图 3-3 所示的"确认安装选择"对话框,确认要安装的服务。

(5) 单击"安装"按钮,即可开始安装域

图 3-1　"选择服务器角色"对话框

服务。安装完成后,显示如图 3-4 所示的"安装结果"对话框,提示域服务已安装成功。

(6) 单击"关闭"按钮,Active Directory 域服务安装完成,并返回"服务器管理器"窗口。展开"角色",可以看到 Active Directory 域服务已安装,并提示需运行 dcpromo. exe 来安装域控制器,如图 3-5 所示。

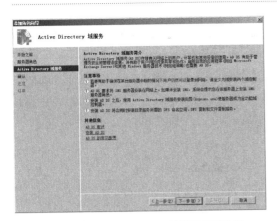

图 3-2 "Active Directory 域服务"对话框

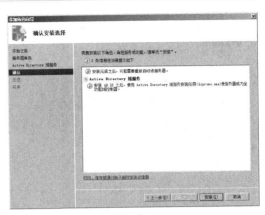

图 3-3 "确认安装选择"对话框

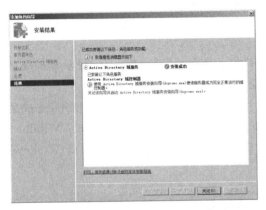

图 3-4 "安装结果"对话框

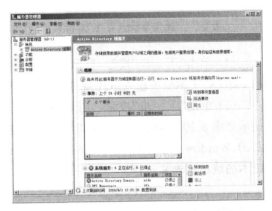

图 3-5 Active Directory 域服务已安装

提示：如果计算机将要升级到 Active Directory 服务器，"首选 DNS 服务器"必须设置为本地计算机的 IP 地址，并且必须是一个静态地址。

2. 安装域

安装域的步骤如下。

(1) 打开"开始"菜单，在"开始搜索"文本框中输入 dcpromo.exe 命令，按 Enter 键，启动"Active Directory 域服务安装向导"，如图 3-6 所示。

(2) 单击"下一步"按钮，显示如图 3-7 所示的"操作系统兼容性"对话框，介绍了 Windows Server 2008 中改进的安全设置对旧版 Windows 的影响。

(3) 单击"下一步"按钮，显示如图 3-8 所示的"选择某一部署配置"对话框时，由于该服务器将是网络中的第一台域控制器，因此，选择"在新林中新建域"单选按钮。

图 3-6 Active Directory 域服务安装向导

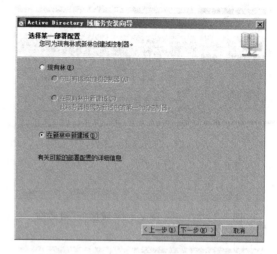

图 3-7 "操作系统兼容性"对话框   图 3-8 "选择某一部署配置"对话框

（4）单击"下一步"按钮，显示如图 3-9 所示的"命名林根域"对话框。在"目录林根级域的 FQDN"文本框中输入事先规划好的 DNS 域名 coolpen.net。

（5）单击"下一步"按钮，开始检查该域名及 NetBIOS 名是否已在网络中使用，完成后显示如图 3-10 所示的"设置林功能级别"对话框。安装向导提供了 3 种模式：Windows 2000、Windows Server 2003 和 Windows Server 2008，应根据网络中存在的最低 Windows 版本的域控制器来选择。

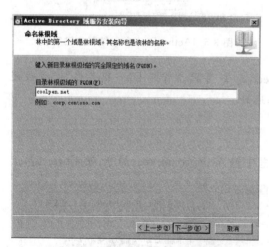
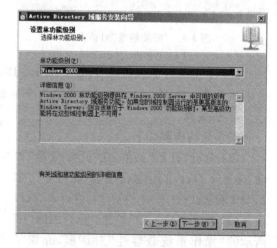

图 3-9 "命名林根域"对话框   图 3-10 "设置林功能级别"对话框

（6）单击"下一步"按钮，显示如图 3-11 所示的"设置域功能级别"对话框，需要在"域功能级别"下拉列表中选择相应的域功能级别。同样，也要根据网络中存在的最低 Windows Server 版本来选择。

（7）单击"下一步"按钮，开始检查 DNS 配置，并显示如图 3-12 所示的"其他域控制器选项"对话框，默认选中"DNS 服务器"和"全局编录"复选框，将 DNS 服务器安装在该域控制器上，并且域中的第一个域控制器必须是全局编录服务器。

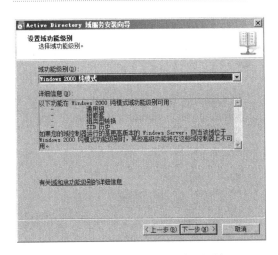

图 3-11 "设置域功能级别"对话框

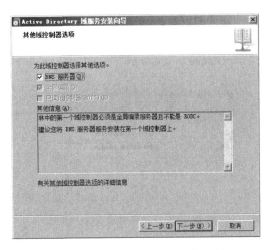

图 3-12 "其他域控制器选项"对话框

提示：如果当前服务器启用了 IPv6 协议但没有分配地址，那么，在单击"下一步"按钮后就会显示如图 3-13 所示的"静态 IP 分配"对话框，提示此计算机具有动态 IP 地址。单击"是，该计算机将使用动态分配的 IP 地址（不推荐）"按钮即可。建议禁用 IPv6 协议。

（8）单击"下一步"按钮，开始检查 DNS 配置，并显示如图 3-14 所示的警告框，提示没有找到父域，无法创建 DNS 服务器委派。

图 3-13 "静态 IP 分配"对话框

图 3-14 警告框

（9）单击"是"按钮，显示如图 3-15 所示的"数据库、日志文件和 SYSVOL 的位置"对话框。为了提高系统性能，并便于日后出现故障时恢复，建议将数据库、日志文件和 SYSVOL 文件夹指定为非系统分区。

（10）单击"下一步"按钮，显示如图 3-16 所示的"目录服务还原模式的 Administrator 密码"对话框，用于设置登录"目录还原模式"的管理员账户密码。该密码必须设置，否则无法继续安装。

（11）单击"下一步"按钮，显示如图 3-17 所示的"摘要"对话框，列出了前面所做的配置信

图 3-15 "数据库、日志文件和 SYSVOL 的位置"对话框

息。如果需要更改,可单击"上一步"按钮返回。

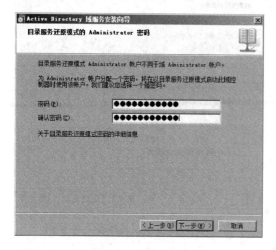

图3-16　"目录服务还原模式的 Administrator
　　　　　密码"对话框

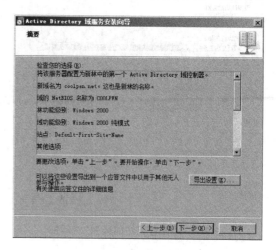

图3-17　"摘要"对话框

提示:如果想创建无人值守安装文件,可单击"导出设置"按钮,将当前配置导出成应答文件,然后简单地修改域名、NetBIOS 名等信息即可使用。

(12)单击"下一步"按钮,安装向导开始配置 Active Directory 域服务,如图3-18所示,此过程可能需要几分钟到几小时。如果选中"完成后重新启动"复选框,安装完成后系统会自动重新启动。

(13)配置完成后,显示"完成 Active Directory 域服务安装向导"对话框,提示 Active Directory 域服务安装完成。单击"完成"按钮,显示如图3-19所示的提示对话框,提示必须重新启动计算机。

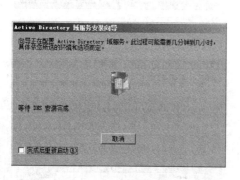

图3-18　正在配置域服务

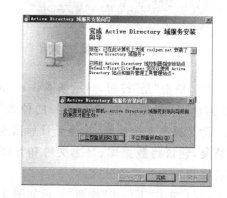

图3-19　安装完成

(14)单击"立即重新启动"按钮,重新启动计算机。当显示到登录界面时,需要使用"域名\账户名"的格式登录到域,如图3-20所示。

(15)登录到系统以后,依次选择"开始"→"管理工具"→"Active Directory 用户和计算机"选项,显示如图3-21所示的"Active Directory 用户和计算机"窗口,可以管理域中的所有用户账户与计算机。

图 3-20 登录域

图 3-21 "Active Directory 用户和计算机"窗口

至此,活动目录安装完成,即可为网络中的用户或计算机创建相应的用户账户了。

3.2.2 知识链接:域控制器与活动目录

活动目录中存储了所有用户的信息,并负责目录数据库的保存、新建、删除、修改与查询等服务,可以让用户很容易地在目录内寻找所需要的数据,从而简化管理员的管理,并增加网络的性能、安全性及可靠性。而域控制器就是指安装了 Active Directory 域服务的 Windows Server 2008 服务器,它保存了活动目录信息的副本。域控制器管理目录信息的变化,并可把这些变化复制到同一个域中的其他域控制器上,使各域控制器上的目录信息保持同步。域控制器也负责用户的登录过程以及其他与域有关的操作,如身份验证、目录信息查找等。一个域中可以有多个域控制器,通常,主域控制器用于身份验证等实际应用,而辅助域控制器则通常用于容错性检查。

在域中还可以包含有站点,站点由一个或多个 IP 子网组成,这些子网通过高速网络设备连接在一起。站点往往由企业的物理位置分布情况决定,可以依据站点结构配置活动目录的访问和复制拓扑关系,这样能使得网络更有效地连接,并且可使复制策略更合理,用户登录更快速。活动目录中的站点与域是两个完全独立的概念,一个站点中可以有多个域,多个站点也可以位于同一域中。

3.2.3 安装辅助域控制器

为了保证网络正常、稳定地运行,避免域控制器故障而导致网络瘫痪,现在再安装一台辅助域控制器,即额外域控制器。同样可利用"Active Directory 安装向导"来完成。

(1) 使用管理员账户登录到辅助域控制器,将"DNS 服务器"地址设置为主域控制器的 IP 地址。

(2) 运行 dcpromo 命令,打开"Active Directory 域服务安装向导"对话框。单击"下一步"按钮,显示如图 3-22 所示的"操作系统兼容性"对话框。

(3) 单击"下一步"按钮,显示"选择某一部署配置"对话框。选择"现有林"单选按钮,并选择"向现有域添加域控制器"单选按钮,如图 3-23 所示。

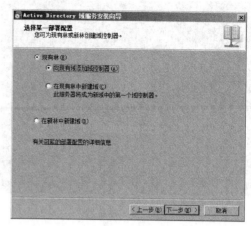

图 3-22　"操作系统兼容性"对话框　　　　图 3-23　"选择某一部署配置"对话框

（4）单击"下一步"按钮，显示"网络凭据"对话框。在"键入位于计划安装此域控制器的林中任何域的名称"文本框中输入主域的 DNS 域名，如图 3-24 所示。

（5）单击"设置"按钮，显示"网络凭据"对话框，输入主域控制器中的管理员账户和密码，如图 3-25 所示。单击"确定"按钮。

图 3-24　"网络凭据"对话框(1)　　　　图 3-25　"网络凭据"对话框(2)

提示：如果当前计算机已经加入域并且使用管理员账户登录，则可选择"我的当前登录凭据"单选按钮。如果没加入域，则该项不可选。

（6）单击"下一步"按钮，显示"选择一个域"对话框。在"域"列表框中选择主域名称，如图 3-26 所示。

（7）单击"下一步"按钮，显示如图 3-27 所示的"请选择一个站点"对话框，为辅助域控制器选择一个站点。

（8）单击"下一步"按钮，显示如图 3-28 所示的"其他域控制器选项"对话框，使用默认设置即可。

（9）连续单击"下一步"按钮，即可开始安装辅助域控制器，如图 3-29 所示。

安装完成后重新启动系统即可。后面的操作步骤和安装域控制器一样，这里不再赘述。

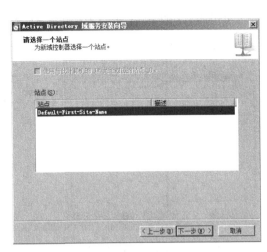

图 3-26 "选择一个域"对话框　　　　　　　　图 3-27 "请选择一个站点"对话框

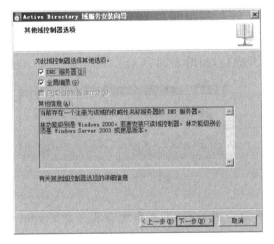

图 3-28 "其他域控制器选项"对话框　　　　　图 3-29 安装额外域控制器

3.2.4 知识链接：辅助域控制器的意义

辅助域控制器即额外域控制器，起冗余、备份的作用，并可分担主域控制器的工作。当主域控制器出现故障时，额外域控制器能接管主域控制器的工作，继续为网络提供服务，维护网络的正常运行。同时，域控制器上的用户数据会自动同步到额外域控制器上，因此，还可以起到备份数据的作用。

3.2.5 安装只读域控制器

安装只读域控制器的步骤如下。

（1）在域控制器上，依次选择"开始"→"管理工具"→"Active Directory 域和信任关系"选项，打开如图 3-30 所示的"Active Directory 域和信任关系"窗口。

（2）右击"Active Directory 域和信任关系"选项并选择快捷菜单中的"提升林功能级别"选项，打开"提升林功能级别"对话框，查看当前林功能级别。如果是 Windows 2000，则在"选择一个可用的林功能级别"下拉列表中选择"Windows Server 2003"选项,如图 3-31 所示。

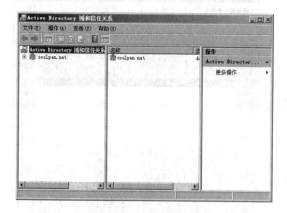

图 3-30　"Active Directory 域和信任关系"窗口

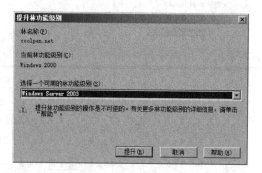

图 3-31　林功能级别

(3) 单击"提升"按钮,显示如图 3-32 所示的警告框,提示此更改将影响到整个林。

提示:如果要在网络中配置只读域控制器,则域控制器上的林功能级别必须至少为 Windows Server 2003,否则无法安装。

(4) 单击"确定"按钮即可,林功能级别提升成功,如图 3-33 所示。

图 3-32　警告框

图 3-33　提升成功

(5) 在域控制器上执行准备林操作。打开命令提示符,进入系统安装光盘的 sources\ adprep 目录,运行如下命令:

```
Adprep /rodcprep
```

运行后的结果如图 3-34 所示。

(6) 登录到只读域控制器,设置 IP 地址信息,将 DNS 服务器设置为域控制器的 IP 地址。

(7) 运行 dcpromo 命令,打开"Active Directory 域服务安装向导"对话框。连续单击 "下一步"按钮,当显示如图 3-35 所示的"选择某一部署配置"对话框时,选择"现有林"单选 按钮,并选择"向现有域添加域控制器"选项。

(8) 单击"下一步"按钮,显示如图 3-36 所示的"网络凭据"对话框。在"键入位于计划 安装此域控制器的林中任何域的名称"文本框中输入域名 coolpen.net。

(9) 在"备用凭据"选项区域中,单击"设置"按钮,显示如图 3-37 所示的"网络凭据"对 话框,输入管理员账户和密码。单击"确定"按钮返回。

(10) 单击"下一步"按钮,显示如图 3-38 所示的"选择一个域"对话框,在"域"列表框中 列出了查找到的 coolpen.net 域。

图 3-34 准备林

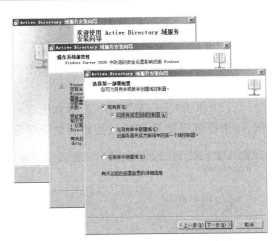

图 3-35 "选择某一部署配置"对话框

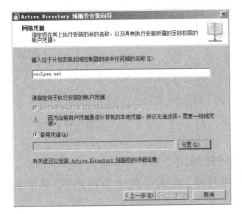

图 3-36 设置网络凭据

图 3-37 "网络凭据"对话框

(11) 单击"下一步"按钮,显示如图 3-39 所示的"请选择一个站点"对话框。为 RODC 选择一个站点,在本例中使用的是默认站点且只有一个站点,选择即可。

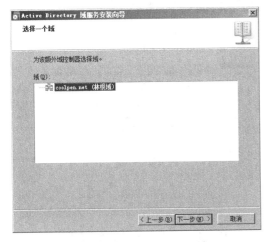

图 3-38 "选择一个域"对话框

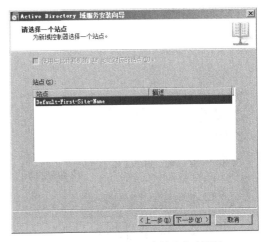

图 3-39 "请选择一个站点"对话框

（12）单击"下一步"按钮，显示如图 3-40 所示的"其他域控制器选项"对话框。选中"DNS 服务器"、"全局编录"和"只读域控制器"复选框。

提示：如果域控制器的林功能级别为 Windows 2000，则"只读域控制器"复选框为不可选状态。

（13）单击"下一步"按钮，显示如图 3-41 所示的"用于 RODC 安装和管理的委派"对话框，用于设置管理 RODC 域控制器的管理账户。

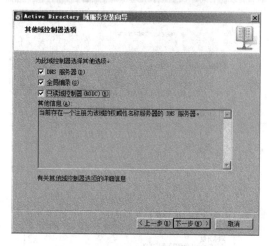

图 3-40 "其他域控制器选项"对话框

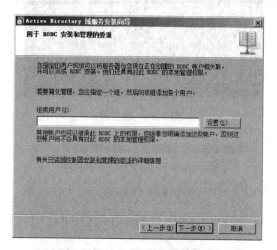

图 3-41 为 RODC 委派用户权限

单击"设置"按钮，添加准备授予 RODC 管理权限的域用户账户，如图 3-42 所示。

提示：如果多人具备对 RODC 域控制器的管理权限，建议创建一个用户组，赋予用户组管理 RODC 域控制器的权限。

（14）单击"下一步"按钮，在"数据库、日志文件和 SYSVOL 的位置"对话框中设置数据库、日志文件和 SYSVOL 文件夹的存储位置，建议分别保存在不同磁盘中。在"目录服务还原模式的 Administrator 密码"对话框中，设置目录服务还原密码，如图 3-43 所示。

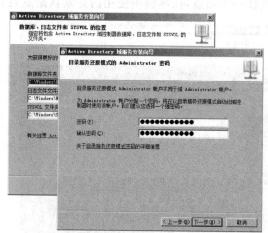

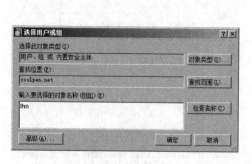

图 3-42 添加用户账户

图 3-43 设置目录服务还原密码

（15）单击"下一步"按钮，显示"摘要"对话框，显示了 RODC 配置信息。单击"下一步"按钮，开始安装只读域控制器，如图 3-44 所示。

（16）安装完成，显示"完成 Active Directory 域服务安装向导"对话框。单击"完成"按钮，关闭安装向导，并显示如图 3-45 所示的"Active Directory 域服务安装向导"对话框，提示管理员需要重新启动计算机。

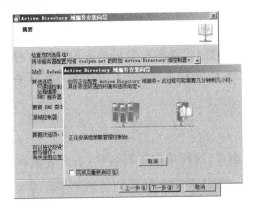

图 3-44　安装只读域控制器

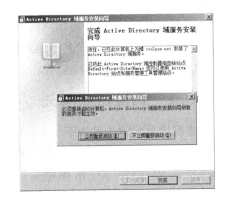

图 3-45　安装完成

（17）单击"立即重新启动"按钮，重新启动计算机，只读域控制器安装成功。

重新启动以后，可以使用非域管理员的域用户账户登录只读域控制器，并且可以打开"Active Directory 用户和计算机"控制台，查看用户账户信息，如图 3-46 所示。

不过，只能查看用户账户信息，而不能更改，如图 3-47 所示。

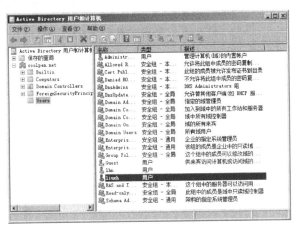

图 3-46　Active Directory 用户和计算机

图 3-47　查看用户账户信息

3.2.6　知识链接：只读域控制器的特点与适用

只读域控制器（RODC）是在 Windows Server 2008 系统提供的新型域控制器，可以帮助用户在物理安全得不到保证的情况下，部署域控制器并确保其安全性，例如该企业网络中的分公司网络。RODC 包含了活动目录数据库的只读部分，在 RODC 中可查看域控制器上的用户数据库，但是不能更改。域控制器是分支机构中最薄弱的环节。使用 RODC 可以将可写域控制器移到合适的数据中心,使用 RODC 替代分支机构中的可写域控制器,从而降低安全风险,帮助用户确保网络环境安全。

3.3　创建组织单元、用户组和用户

在 Active Directory 域服务中,最重要的就是对用户账户的管理,无论是登录域还是使用域中的资源,都必须使用域用户账户进行验证。但网络中的用户比较多,而且职能也各有不同,为了便于管理,可以将多个用户添加到组中,对组设置的权限同样适用于组中的所有用户,从而实现对用户的集中管理。而利用组织单元,可以为所有用户和组配置组策略。

3.3.1　创建组织单元

创建组织单元的步骤如下。

（1）打开“Active Directory 用户和计算机”窗口,选择域控制器名称,右击并依次选择快捷菜单中的“新建”→“组织单位”选项,显示如图 3-48 所示的“新建对象-组织单位”对话框。

提示：选中“防止容器被意外删除”复选框,可防止意外删除该容器。不过,也将无法删除该 OU,当删除时就会提示没有足够权限,如图 3-49 所示。

（2）在“名称”文本框中输入合适的 OU 名称后,单击“确定”按钮,一个新的组织单位创建完成,如图 3-50 所示。

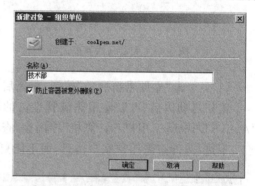

图 3-48　“新建对象-组织单位”对话框

图 3-49　Active Directory 域服务

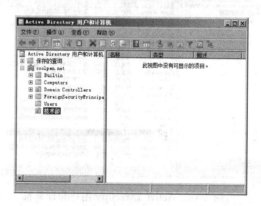

图 3-50　组织单位

按照同样的步骤,分别为不同的部门创建组织单元,用于添加相应部门的用户账户。

3.3.2　知识链接：组织单元简介

组织单位又称组织单元（OU）,是一个容器对象,可以把域中的对象组织成逻辑组,以简化管理工作。组织单元可以包含各种对象,如用户、组、计算机、打印机等,甚至可以包括其他组织单元。对于企业来讲,可以按部门把所有的用户和设备组成一个组织单元,也可以按地理位置组成组织单元,还可以按功能和权限分成多个组织单元。为了方便管理,通常先为不同部门创建相应名称的组织单元,然后在其中创建相应的用户和组,并通过为组织单元创建组策略,来配置用户和组。

3.3.3 创建用户组

(1) 打开"Active Directory 用户和计算机"窗口,在左侧树形列表中右击 Users,选择快捷菜单中的"新建"→"组"选项,显示如图 3-51 所示的"新建对象-组"对话框。在"组名"文本框中输入新组的名称。在"组作用域"选项区域中选择组的作用域。

① 本地域:可以添加其他域的账户,但是只能访问此类组所在域的资源。

② 全局:只能添加该类组所在域的用户账户,不能添加其他域的账户,但是可以访问其他域的资源对象。

③ 通用:可以添加任何域的用户账户,可以访问任何域的资源对象。

在"组类型"选项区域中选择组的类型。

① 安全组:用于与对象权限分配有关的场合。

② 通讯组:用于与安全无关的场合。

(2) 单击"确定"按钮,一个用户组创建完成。选择新创建的用户组,右击并选择快捷菜单中的"属性"选项,即可打开组属性对话框。默认显示"常规"选项卡,可以更改组名、组作用域和组类型等,如图 3-52 所示。

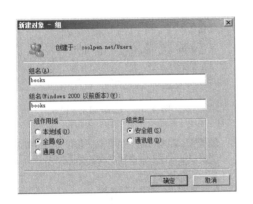

图 3-51 "新建对象-组"对话框

图 3-52 "常规"选项卡

(3) 选择"成员"选项卡,可以向组中添加用户账户,如图 3-53 所示。

(4) 单击"添加"按钮,显示如图 3-54 所示的"选择用户、联系人、计算机或组"对话框,可以查找添加用户。

(5) 单击"高级"按钮,并单击"立即查找"按钮,即可列出域中的所有用户账户。并可借助 Ctrl 键或 Shift 键选择欲添加到组中的多个账户,如图 3-55 所示。

(6) 依次单击"确定"按钮,所选择的用户即可被添加到该组中,如图 3-56 所示。

(7) 单击"应用"按钮保存设置即可。

图 3-53　"成员"选项卡

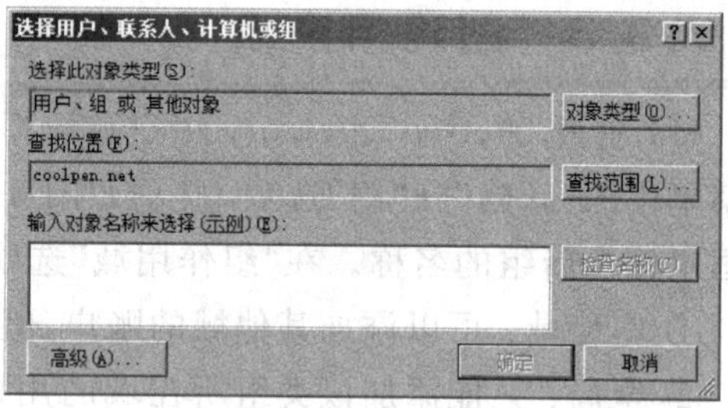

图 3-54　"选择用户、联系人、计算机或组"对话框

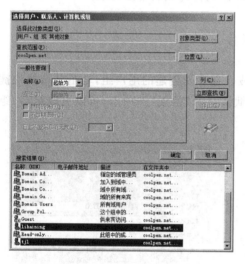

图 3-55　选择多个用户

图 3-56　已添加的用户

在"Active Directory 用户和计算机"控制台中,可以将用户组添加到组织单位中,以便设置统一的组策略。选择用户组,用鼠标拖动到组织单位名称上,会显示如图 3-57 所示的提示对话框,单击"是"按钮即可添加到组织单位中。

图 3-57　提示对话框

3.3.4　创建和修改用户

1. 创建用户

创建用户的步骤如下。

(1) 在"Active Directory 用户和计算机"窗口中,选择 Users 选项,右击并依次选择快捷菜单中的"新建"→"用户"选项,显示如图 3-58 所示的"新建对象-用户"对话框。输入用户的姓、名,并在"用户登录名"文本框中设置用户登录名,为便于记忆,通常使用姓名的拼音

简写。如果网络中有多个域,还需要在下拉列表中选择用户所在的域。

（2）单击"下一步"按钮,显示如图 3-59 所示的对话框,在"密码"和"确认密码"文本框中为用户账户设置密码,并根据需要选择如下选项。

图 3-58 "新建对象-用户"对话框

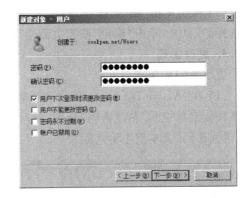

图 3-59 设置密码

① 用户下次登录时须更改密码:第一次使用该用户账户登录时,必须更改密码。

② 用户不能更改密码:用户能使用该账户登录,但不能自行更改密码。

③ 密码永不过期:永远不会提示用户需更改密码。

④ 账户已禁用:账户创建后禁止使用。

提示:如果选中了"用户下次登录时须更改密码"复选框,则"用户不能更改密码"和"密码永不过期"复选框将不能被选中。

（3）单击"下一步"按钮,显示如图 3-60 所示的对话框,显示了用户设置的摘要信息。

（4）单击"完成"按钮,用户账户添加完成。按照同样的操作,可以继续添加多个用户账户。

2. 添加到用户组

添加到用户组的步骤如下。

（1）在"Active Directory 用户和计算机"窗口中,选择欲添加到组的用户账户,右击并选择快捷菜单中的"添加到组"选项,显示如图 3-61 所示的"选择组"对话框,在"输入对象名称来选择"文本框中可以输入欲加入的用户组名称。

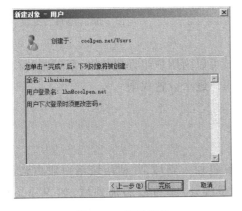

图 3-60 摘要信息

图 3-61 "选择组"对话框

（2）如果不知道用户组的确切名称，可单击"高级"按钮，再单击"立即查找"按钮，即可列出域中所有的用户组（图 3-62），选择欲加入的组即可。

提示：如果要同时添加到多个组，可借助 Ctrl 键和 Shift 键来选择欲加入的组。

（3）依次单击"确定"按钮，显示如图 3-63 所示的提示对话框，该用户账户即可添加到所选择的组中。单击"确定"按钮关闭即可。

3. 更改密码

更改密码的步骤如下。

（1）在"Active Directory 用户和计算机"窗口中，选择欲更改密码的用户账户，右击并选择快捷菜单中的"更改密码"选项，显示如图 3-64 所示的"重置密码"对话框。在"新密码"和"确认密码"文本框中输入新密码。

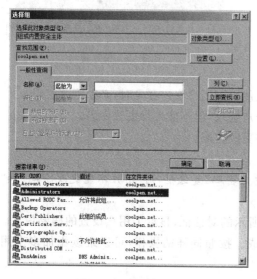

图 3-62　选择用户组

图 3-63　添加到组

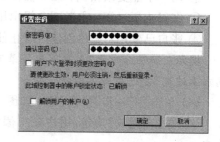

图 3-64　"重置密码"对话框

提示：如果当前账户已被锁定，也可以在该对话框中选中"解锁用户的账户"复选框来解除账户的锁定。

（2）单击"确定"按钮，显示如图 3-65 所示的提示对话框，提示密码已更改成功。单击"确定"按钮即可。

图 3-65　密码已更改

3.3.5　知识链接：用户组简介

用户组是可以包含有多个用户账户的组，管理员可以为用户组设置权限，所设置的权限会自动应用于该组中的所有用户账户，而不必再为用户逐个设置权限。

3.4　Windows 客户端加入域

用户要使用域中的资源，就必须先将客户端计算机加入到域，并使用域用户账户登录。目前的 Windows 操作系统中，除 Home 版的操作系统外，都可以添加到域，如 Windows 2000、Windows XP Professional、Windows Vista、Windows Server 2003/2008 等。需要注意的是,在加入域之前,应该将客户端计算机的 DNS 地址设置为域控制器的 IP 地址。

3.4.1 Windows Vista/2008 加入域

由于 Windows Vista 和 Windows Server 2008 加入域的方法相同,这里以 Windows Vista 为例进行介绍。

(1) 使用管理员账户登录 Windows Vista 系统,将计算机的"DNS 服务器"地址设置为域控制器的 IP 地址。

(2) 打开"开始"菜单,右击"计算机"并从快捷菜单中选择"属性"选项,打开"系统"窗口,如图 3-66 所示。

(3) 在"计算机名称、域和工作组"区域中,单击"改变设置"链接,显示如图 3-67 所示的"系统属性"对话框。

图 3-66 "系统"窗口

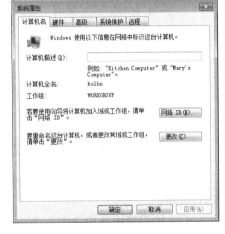

图 3-67 "系统属性"对话框

(4) 单击"更改"按钮,显示"计算机名/域更改"对话框。选择"域"单选按钮,并输入欲加入的域名,如图 3-68 所示。

(5) 单击"确定"按钮,显示如图 3-69 所示的"Windows 安全"对话框,要求输入具有加入域权限的用户名和密码。

图 3-68 "计算机名/域更改"对话框

图 3-69 "Windows 安全"对话框

（6）单击"确定"按钮，提示加入域成功，如图 3-70 所示。单击"确定"按钮，根据系统提示重新启动计算机即可。

提示：操作过程中，如果加入域失败，建议关闭本地计算机的各种防火墙软件。

（7）重新启动以后，在登录界面单击"切换用户"按钮，显示选择用户界面。单击"其他用户"按钮，显示如图 3-71 所示的登录界面，在"用户名"文本框中输入欲登录的域用户账户，例如 coolpen\lhn，并在"密码"文本框中输入账户密码，按 Enter 键，即可登录到域。

图 3-70　加入域成功

图 3-71　登录域

3.4.2　Windows XP/2003 加入域

Windows Server 2003 和 Windows XP 加入域的方式相同，这里以 Windows XP 为例进行介绍。

（1）使用管理员用户登录 Windows XP 系统，将计算机的"DNS 服务器"地址设置为域控制器的 IP 地址。

（2）右击"我的电脑"图标，从快捷菜单中选择"属性"选项，显示"系统属性"对话框。选择"计算机名"选项卡，如图 3-72 所示。

（3）单击"更改"按钮，显示如图 3-73 所示的"计算机名称更改"对话框。选择"域"单选按钮，并输入域控制器名称。

图 3-72　"系统属性"对话框

图 3-73　"计算机名称更改"对话框

（4）单击"确定"按钮，显示如图 3-74 所示的登录对话框，要求输入具有加入域权限的用户名和密码。

（5）在"用户名"和"密码"文本框中分别输入域用户管理员或委派的具有将计算机添加到域权限的用户账户和密码，单击"确定"按钮，显示如图 3-75 所示的对话框，提示加入域成功。

图 3-74　登录对话框

图 3-75　加入域成功

（6）单击"确定"按钮，显示如图 3-76 所示的提示对话框，单击"确定"按钮重新启动计算机，即可将计算机添加到 Active Directory 域中。

（7）重新启动计算机以后，根据系统提示，按 Ctrl＋Alt＋Del 键，显示如图 3-77 所示的"登录到 Windows"窗口。单击"选项"按钮，并在"登录到"下拉列表中选择当前计算机所加入到的域，在"用户名"和"密码"文本框中分别输入域用户名和密码。

图 3-76　单击"确定"按钮

图 3-77　登录域

（8）单击"确定"按钮即可登录域。

习题

1. 活动目录的作用是什么？
2. 辅助域控制器有什么作用？
3. 只读域控制器有什么作用？
4. 用户组包含哪些内容？

实验：设置域控制器

实验目的：

掌握活动目录的配置。

实验内容：

将 Windows Server 2008 服务器升级为域控制器，并配置用户账户和客户端计算机，将客户端计算机加入域。

实验步骤：

（1）将 Windows Server 2008 服务器升级为域控制器。

（2）在域控制器上创建用户账户和组，并将用户添加到组中。

（3）将客户端计算机加入域并登录。

第 4 章　chapter 4

安装DNS服务

计算机之间是通过 IP 地址建立连接并通信的,但在访问 Internet 中的网站时,通常是使用域名来访问的。实际上,域名是通过 DNS 服务器解析成 IP 地址,然后才定位到服务器的。这样,用户就不必记忆复杂冗长的 IP 地址数字,由 DNS 服务将 IP 地址与形象易记的域名一一对应起来,从而方便用户的使用。如今,大部分发布到 Internet 中的服务器,如 Web、FTP、E-mail 等网站都是使用 DNS 域名的。

4.1　DNS 服务安装前提与过程

DNS 即域名系统(Domain Name System),用于实现名称与 IP 地址的转换。DNS 广泛用于局域网、广域网以及 Internet 等 TCP/IP 网络中。DNS 服务具有两种解析模式,既可以将域名解析成 IP 地址,也可以将 IP 地址解析成域名,便于用户的记忆并访问网络服务器。

4.1.1　案例情景

在该项目网络中,无论对于公司内部还是 Internet 上的用户,在访问一台公司服务器时,记忆 DNS 域名远比 IP 地址更为方便。尤其是使用最多的 Web 网站,为了让更多的用户了解其信息,更是需要方便易记的名称。而局域网中使用域服务时,域用户的登录、验证也必须要使用一个 DNS 域名来实现。

4.1.2　项目需求

为了使用域服务来验证用户,并管理网络资源,在安装域服务时,必须设置一个 DNS 域名。由于公司网络中要向 Internet 发布 Web 网站,必须采用正式注册的 DNS 域名。因此,可以在域服务器上利用 DNS 服务器来实现域名解析、用户的登录验证。并且利用 DNS 域名来创建二级域名,为不同的网络服务、不同的部门提供域名服务。

4.1.3　解决方案

本章介绍 Windows Server 2008 中的 DNS 服务器,以及利用 DNS 服务器解析域名。在本网络中,DNS 服务的解决方案如下。

（1）向域名服务商申请 DNS 域名，并将域名和所使用的 IP 地址注册到域名机构。

（2）由于网络中使用了 AD DS 域服务，因此，将 DNS 服务和域服务安装在同一台服务器上。

（3）为 DNS 服务器设置 DNS 转发，使用户可以解析 Internet 上的域名。

（4）网络中申请了多个域名，将这些域名均添加到 DNS 服务器上，实现域名解析。

（5）由于不同部门也使用了不同的二级域名，因此，在 DNS 服务器上创建主机记录，分别指向相应的服务器。

（6）设置 DNS 转发器，用于将 DNS 域名解析转发到 ISP 提供的 DNS 服务器。

4.2 安装和配置 DNS 服务

如果网络中部署了活动目录，那么就可以将活动目录和 DNS 共同安装，以节省服务器资源，否则，就需要单独安装 DNS 服务器。在 Windows Server 2008 系统中安装 DNS 服务时，并不会自动运行配置向导来配置 DNS 区域，而是需要安装完成后手动添加。同时，为了能够稳定地向网络提供 DNS 服务，通常需要安装辅助 DNS 服务器。

4.2.1 知识链接：DNS 与顶级域名

DNS 服务器主要用来提供域名服务，并为网络中的用户实现域名解析。不过，DNS 服务通常和 Active Directory 服务配合使用，因此，如果网络中要使用 Active Directory 服务来实现用户验证、资源管理等功能，可以将 DNS 服务和 Active Directory 服务安装在同一种服务器上。

在安装 DNS 服务器之前，必须先规划 DNS 域名。如果需要将域名应用于 Internet，就必须先向域名服务商（如万网 http://www.net.cn 和新网 http://www.xinnet.com/）申请合法的域名，并在 DNS 服务器上设置相应的域名解析。不同的顶级域名适用于不同的用途，如表 4-1 所示。

表 4-1 不同顶级域名的用途

顶级域名	用　　途	顶级域名	用　　途
com	供商业组织使用	net	供提供 Internet 或电话服务的组织使用
edu	供教育机构使用	org	供非商业非赢利单位使用
gov	供政府机构使用	cn	代表中国
mil	供军事机构使用		

顶级域名又可分为国际顶级域名和国家顶级域名。国际顶级域名是指向国际域名管理机构申请的、可以在国际上使用的域名类型，如 com、net、org 等，而国家顶级域名则是指在本国内申请使用的域名，大多数国家都按照国家代码分配了不同的顶级域名。例如，我国在国际上的代码为 cn，可以使用的域名有 cn、com.cn、net.cn、edu.cn、gov.cn 等。

4.2.2 安装和配置主 DNS 服务器

DNS 服务器之所以能够将 DNS 域名解析为 IP 地址，是因为在 DNS 服务器上添加了

DNS 域名及各种 DNS 记录,当客户端向 DNS 服务器查询某条记录时,DNS 服务器就会将所对应的 IP 地址返回到客户端。因此,DNS 服务器安装完成后,需要添加相应的正、反向查找区域及各种主机记录,从而为网络提供解析服务。

1. 安装 DNS 服务器

如果网络中不需要使用域服务,那么,就可以配置单独的 DNS 服务器,为网络中的计算机提供 DNS 域名解析和 DNS 转发。在 Windows Server 2008 中安装 DNS 服务时,仅安装 DNS 服务则不会运行配置向导,需在安装完成后再添加 DNS 区域,并配置 DNS 记录。

(1)使用管理员账户登录到 Windows Server 2008 服务器,运行"添加角色向导"。在"选择服务器角色"对话框中,从"角色"列表框中选中"DNS 服务器"复选框,如图 4-1 所示。

(2)单击"下一步"按钮,显示如图 4-2 所示的"DNS 服务器"对话框,显示了 DNS 服务器的概述信息。

图 4-1 "选择服务器角色"对话框

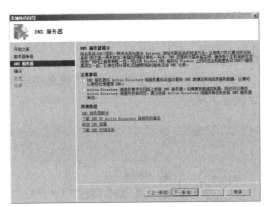

图 4-2 "DNS 服务器"对话框

(3)单击"下一步"按钮,显示"确认安装选择"对话框,显示了将要安装的角色,如图 4-3 所示。

(4)单击"安装"按钮,即可开始安装 DNS 服务。完成后显示如图 4-4 所示的"安装结果"对话框,提示 DNS 服务器已经安装成功。

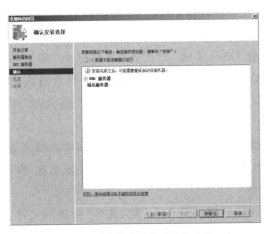

图 4-3 "确认安装选择"对话框

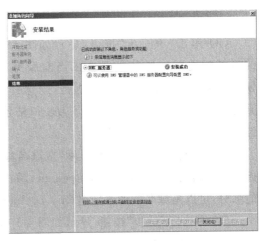

图 4-4 安装完成

（5）单击"关闭"按钮，返回"初始配置任务"窗口。依次选择"开始"→"管理工具"→DNS选项，显示"DNS管理器"控制台窗口，如图4-5所示。

至此，DNS服务器安装完成，即可配置DNS域名了。

2. 添加正向查找区域

正向查找区域的功能是将DNS域名解析成IP地址，这也是最常用的功能。为了使服务器中的域名能够被网络中的用户所解析，就需要在DNS服务器上添加正向查找区域。一

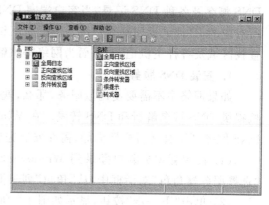

图4-5　"DNS管理器"窗口

台DNS服务器可以添加多个正向查找区域，同时为多个域名提供解析服务。

（1）打开"DNS管理器"控制台，展开左侧目录树，选择"正向查找区域"选项，显示尚未添加区域，如图4-6所示。

（2）右击"正向查找区域"并选择快捷菜单中的"新建区域"选项，运行"新建区域向导"，如图4-7所示。

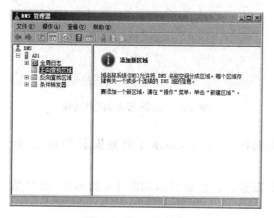

图4-6　DNS控制台

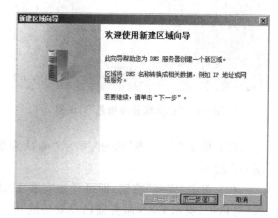

图4-7　新建区域向导

（3）单击"下一步"按钮，显示如图4-8所示的"区域类型"对话框，用来选择要创建的区域的类型。如果要直接在当前服务器创建DNS区域，则选择"主要区域"单选按钮；如果要在其他服务器上创建，则选择"辅助区域"单选按钮；如果创建只含有名称服务器（NS）、起始授权机构（SOA）和粘连主机（A）记录的区域，则选择"存根区域"单选按钮。

（4）单击"下一步"按钮，显示"区域名称"对话框，在"区域名称"文本框中输入在域名服务机构申请的正式域名，如 coolpen.net，如图4-9所示。区域名称用于指定DNS名称空间的部分，可以是域名或者子域名（hs.coolpen.net）。

（5）单击"下一步"按钮，显示如图4-10所示的"区域文件"对话框，选择"创建新文件，文件名为"单选按钮，创建一个新的区域文件，文件名使用默认即可。如果要从另一个DNS

服务器将记录文件复制到本地计算机,则可选择"使用此现存文件"单选按钮并输入现存文件的路径。

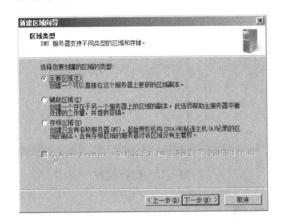 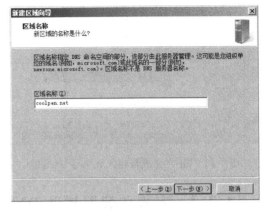

图4-8 "区域类型"对话框　　　　　　　图4-9 "区域名称"对话框

（6）单击"下一步"按钮,显示如图4-11所示的"动态更新"对话框,选择动态更新方式。

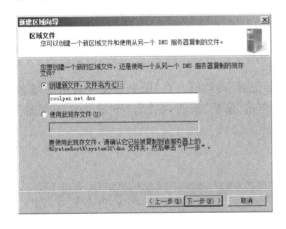 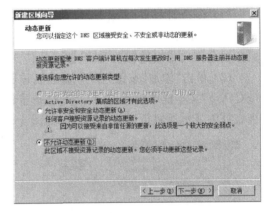

图4-10 "区域文件"对话框　　　　　　　图4-11 "动态更新"对话框

① 只允许安全的动态更新（适合 Active Directory 使用）：只有在安装了 Active Directory 的区域才能使用该项。

② 允许非安全和安全动态更新：选择该项,使任何客户端都可接受资源记录的动态更新,但由于也可接受来自非信任源的更新,所以可能会不安全。

③ 不允许动态更新：可使此区域不接受资源记录的动态更新,使用此项比较安全。

（7）单击"下一步"按钮,显示如图4-12所示的"正在完成新建区域向导"对话框,显示了前面所做的设置。

（8）单击"完成"按钮完成向导,coolpen.net 区域创建完成,如图4-13所示。

重复上述操作过程,可以添加多个 DNS 区域,分别指定不同的域名称,从而为多个 DNS 域名提供解析。

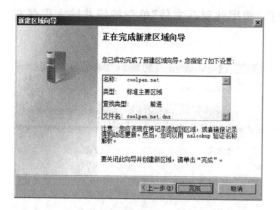

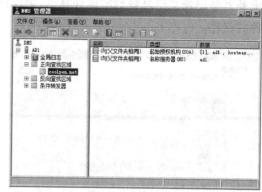

图 4-12　"正在完成新建区域向导"对话框　　　　图 4-13　DNS 区域

4.2.3　安装和配置辅助 DNS 服务器

1. 配置主 DNS 服务器

在设置 DNS 辅助服务器之前,应当先在主 DNS 服务器上添加允许传送的辅助 DNS 服务器地址,并设置"通知",使主 DNS 服务器能够自动通知辅助 DNS 服务器。具体操作步骤如下。

(1)登录到主 DNS 服务器,在 DNS 控制台中打开欲设置的 DNS 区域的属性对话框。选择"名称服务器"选项卡,如图 4-14 所示。需要在此处添加辅助 DNS 服务器,使主 DNS 服务器允许向指定的辅助 DNS 服务器传送数据。

(2)单击"添加"按钮,显示"新建名称服务器记录"对话框。在"服务器完全合格的域名(FQDN)"文本框中输入辅助 DNS 服务器名称,单击"解析"按钮,在"此 NS 记录的 IP 地址"列表框中显示所解析出的 IP 地址,如图 4-15 所示。

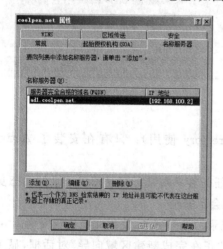

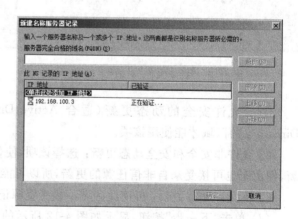

图 4-14　"名称服务器"选项卡　　　　图 4-15　"新建名称服务器记录"对话框

(3)单击"确定"按钮,名称服务器添加成功,显示在"名称服务器"列表框中,如图 4-16 所示。

(4)选择"区域传送"选项卡,如图 4-17 所示。默认选中"允许区域传送"复选框和"只有在'名称服务器'选项卡中列出的服务器"单选按钮,使用默认值即可。

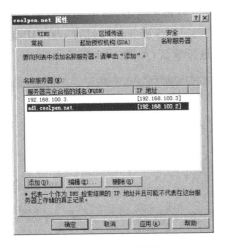

图 4-16 名称服务器添加成功

图 4-17 "区域传送"选项卡

提示:如果没有设置名称服务器,则可在此处选择"只允许到下列服务器"单选按钮,并添加辅助 DNS 服务器的 IP 地址。

(5)单击"通知"按钮,显示如图 4-18 所示的"通知"对话框。默认选中"自动通知"复选框和"在'名称服务器'选项卡上列出的服务器"单选按钮,使用默认值即可。也可选择"下列服务器"单选按钮,并添加辅助 DNS 服务器的计算机名或 IP 地址。

(6)依次单击"确定"按钮保存即可。

2. 安装辅助 DNS 服务器

登录到辅助 DNS 服务器上,执行如下操作,安装辅助 DNS 服务器。

(1)在辅助 DNS 服务器上安装 DNS 服务。

(2)打开"DNS 管理器"控制台,选择"正向查找区域"选项,右击并选择快捷菜单中的"新建区域"选项,运行"新建区域向导"。

(3)单击"下一步"按钮,显示如图 4-19 所示的"区域类型"对话框,选择"辅助区域"单选按钮,将该计算机设置为辅 DNS 服务器。

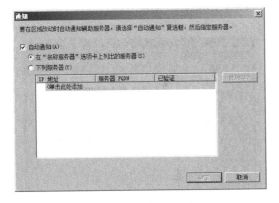

图 4-18 "通知"对话框

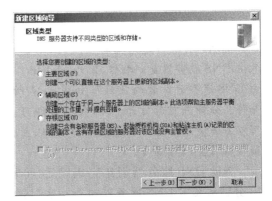

图 4-19 "区域类型"对话框

（4）单击"下一步"按钮，显示如图 4-20 所示的"区域名称"对话框，在"区域名称"文本框中输入创建辅助区域的域名，该名称应与主 DNS 服务器上的 DNS 域名相同。

（5）单击"下一步"按钮，显示如图 4-21 所示的"主 DNS 服务器"对话框，在"IP 地址"列表框中输入主 DNS 服务器的 IP 地址，按 Enter 键进行验证，如图 4-21 所示。

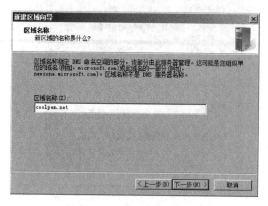
图 4-20 "区域名称"对话框

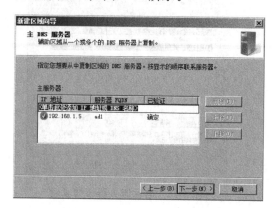
图 4-21 "主 DNS 服务器"对话框

（6）单击"下一步"按钮，显示"正在完成新建区域向导"对话框，如图 4-22 所示。

（7）单击"完成"按钮，辅助区域创建完成。打开 DNS 控制台，在辅助 DNS 服务器上就会显示从主 DNS 服务器加载的各种记录信息，如图 4-23 所示。

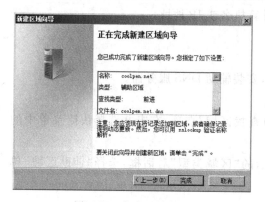
图 4-22 完成区域向导

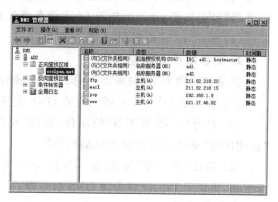
图 4-23 辅助 DNS 服务器

提示：刚刚创建完辅助区域时，不会立即从主 DNS 服务器复制数据，因此，会显示"不是由 DNS 服务器加载的区域"，如图 4-24 所示。等待几分钟并重新打开 DNS 控制台即可。也可以右击域名并选择快捷菜单中的"从主服务器传输"选项重新加载。

辅助 DNS 服务器创建完成以后，将每隔 15 分钟从其主 DNS 服务器执行一次"区域转送"操作，以保持辅助服务器中的数据与主 DNS 服务器一致。

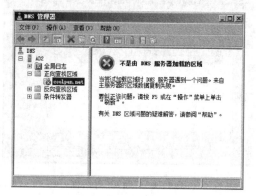
图 4-24 没有加载

4.2.4 配置 DNS 转发

在局域网中配置的 DNS 服务器,只能为本地网络中的 DNS 域名提供解析。如果客户端想要访问 Internet 中的 DNS 域名,本地 DNS 服务器就无法提供所需的数据,因此,需要将 DNS 服务器配置为 DNS 转发器,将查询转发到其他 DNS 服务器进行递归查询。而转发地址一般为 ISP 提供的 DNS 服务器,或者 Internet 中的 DNS 服务器。

(1) 在"DNS 管理器"窗口中,右击服务器名并选择快捷菜单中的"属性"选项,打开服务器属性对话框,选择"转发器"选项卡,如图 4-25 所示。

(2) 单击"编辑"按钮,显示"编辑转发器"对话框,在"<单击此处添加 IP 地址或 DNS 名称>"框中输入转发器的 IP 地址或 DNS 域名,按 Enter 键添加,系统会自动对该转发器地址进行验证,如图 4-26 所示。

(3) 如果所输入的转发器地址无误,能够通过验证,则单击"确定"按钮添加,如图 4-27 所示。

图 4-25 "转发器"选项卡

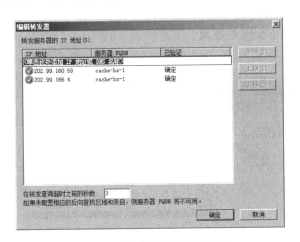

图 4-26 "编辑转发器"对话框

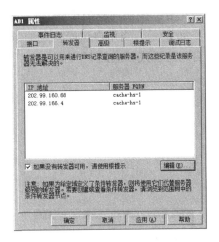

图 4-27 转发器添加成功

(4) 单击"确定"按钮,DNS 转发器设置成功。

这样,当网络中的 DNS 客户端需要访问 Internet 中的 DNS 域名时,DNS 服务器就会将请求发送到 DNS 转发器上进行查询。

4.2.5 知识链接:辅助 DNS 服务器的意义

为了避免由于 DNS 服务器故障导致 DNS 解析失败,通常可安装两台 DNS 服务器,一台作为主服务器,一台作为辅助服务器。当主 DNS 服务器正常运行时,辅助服务器只起备份作用,自动从主 DNS 服务器上获取 DNS 数据,而一旦主 DNS 服务器发生故障,辅助 DNS 服务器便立即承担起 DNS 解析服务,代替主 DNS 服务器的地位。

4.3 添加主机记录

DNS 服务器配置完成以后,要为所属的域(如 coolpen. net)提供域名解析服务,还必须先向 DNS 域中添加各种 DNS 记录,如 Web、FTP 等使用 DNS 域名的网站等,都需要添加 DNS 记录来实现域名解析。

4.3.1 添加 A 记录

添加 A 记录的步骤如下。

(1) 在 DNS 控制台中,选择要创建主机记录的区域,如 coolpen. net,右击并选择快捷菜单中的“新建主机”选项,显示“新建主机”对话框。在“名称”文本框中输入主机名称如“www”,同时在“完全合格的域名”文本框中显示完整的名称;在“IP 地址”文本框中输入主机对应的 IP 地址,如图 4-28 所示。

(2) 单击“添加主机”按钮,显示如图 4-29 所示的提示对话框,提示主机记录创建成功。

(3) 单击“确定”按钮,主机记录 www. coolpen. net 创建完成。按照同样的步骤,可以添加多个主机记录,如图 4-30 所示。当用户访问相应的域名时,DNS 服务器就会自动解析成相应的 IP 地址。

图 4-28 “新建主机”对话框

图 4-29 创建成功

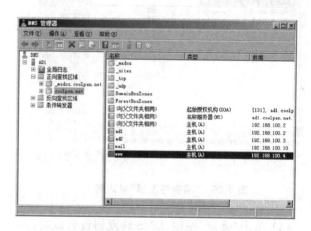

图 4-30 主机记录

4.3.2 添加 MX 记录

添加 MX 记录的步骤如下。

(1) 首先在“DNS 管理器”窗口中,为邮件服务器创建主机记录,如 pop. coolpen. net 和 smtp. coolpen. net。

(2) 选择正向查找区域中的 DNS 域名,右击并在快捷菜单中选择“新建邮件交换器(MX)”选项,显示如图 4-31 所示的“新建资源记录”对话框。

① 主机或子域：输入此邮件交换器（一般是指邮件服务器）记录的域名，如果想创建类似 @coolpen.net 的邮件服务器的 MX 记录，则此处保留为空。

② 邮件服务器的完全限定的域名：设置域中负责邮件发送或接收的邮件服务器的全称域名 FQDN（如 pop.coolpen.net），或单击"浏览"按钮选择。

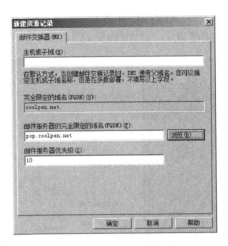

图 4-31　"新建资源记录"对话框

③ 邮件服务器优先级：当该区域内有多个邮件服务器时，就可以设置其优先级，数值越低则优先级越高（0 最高），范围为 0～65535。优先级高的邮件服务器会被优先选择。如果有两台以上的邮件服务器的优先级相同，则系统会随机选择。

提示：在大型邮件系统中，SMTP 服务器和 POP3 服务器通常位于不同的服务器上，因此，需要分别使用 SMTP 和 POP（或 POP3）的主机记录。而中小型系统中的 SMTP 服务器和 POP3 服务器通常位于同一台服务器，一般只创建一条主机记录即可，并且让 MX 记录指向该记录，当然，也可以创建名为 POP、POP3、SMTP 的主机记录，以满足大多数人的习惯。

（3）单击"确定"按钮，邮件交换器记录添加成功。

4.3.3　知识链接：A 记录

A 记录即主机记录，其作用是将主机名和对应的 IP 地址添加到 DNS 服务器中，这样，DNS 客户端就可以通过查询主机名或 IP 地址来访问相应的站点。Web、FTP 等服务器的域名就是一个主机记录，类似于 www.sohu.com、ftp.china.com 等。

4.3.4　知识链接：MX 记录

邮件交换器（MX）资源记录为电子邮件服务专用，用来表示所属邮件服务器的 IP 地址。用户在使用邮件程序发送邮件时，根据收信人地址后缀，向 DNS 服务器查询邮件交换器资源记录，从而定位到接收邮件服务器。例如，在 DNS 区域 coolpen.net 中有一个邮件服务器，向用户的邮箱 liuxh@coolpen.net 发送邮件时，系统就会检查邮件地址中的域名 coolen.net 的 MX 记录，并将邮件转发到相应的邮件服务器上。

4.4　Windows 客户端的设置

如果局域网中的客户端计算机想通过 DNS 服务器解析 IP 地址，那么，必须在网络设置中将 IP"DNS 服务器"设置为 DNS 服务器的 IP 地址。而对于 Internet 中的计算机，则需设置为当地 ISP 提供的 DNS 服务器地址。不过，如果网络中配置了 DHCP 服务器，则客户端不需设置 IP 地址，需要在 DHCP 服务器上为客户端设置 DNS 服务器地址，步骤如下。

（1）登录到 Windows Vista 系统以后，右击系统托盘中的网络连接图标，选择快捷菜单中的"网络和共享中心"选项，打开"网络和共享中心"窗口，如图 4-32 所示。

（2）单击"查看状态"链接，显示如图 4-33 所示的"本地连接 状态"对话框，显示了网络连接信息。

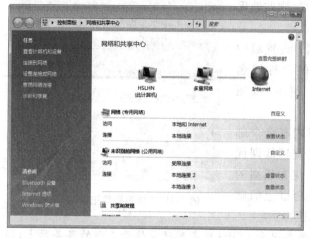

图 4-32　"网络和共享中心"窗口

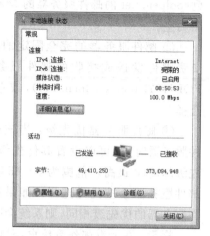

图 4-33　"本地连接 状态"对话框

（3）单击"属性"按钮，打开"本地连接 属性"对话框，如图 4-34 所示。

（4）选择"Internet 协议版本 4（TCP/IPv4）"选项，单击"属性"按钮，显示如图 4-35 所示的"Internet 协议版本 4（TCP/IPv4）属性"对话框，选择"使用下面的 IP 地址"和"使用下面的 DNS 服务器地址"单选按钮，并在"首选 DNS 服务器"和"备用 DNS 服务器"中分别设置为主 DNS 服务器和辅 DNS 服务器的 IP 地址即可。

图 4-34　"本地连接 属性"对话框

图 4-35　设置 DNS 服务器地址

（5）依次单击"确定"按钮保存即可。

习题

1. DNS 服务器的作用是什么？
2. DNS 域名由哪几部分组成？

3．主机记录有什么作用？

4．列举几种常用的顶级域名。

实验：DNS 服务器的搭建

实验目的：

掌握 DNS 服务器的搭建。

实验内容：

在 Windows Server 2008 服务器上安装 DNS 服务，并为网络中的服务器添加主机记录，使用户可以使用域名访问相应的服务器。

实验步骤：

（1）安装 DNS 服务器，并设置正向查找区域 coolpen. net。

（2）设置 DNS 转发器，使其转发到当地 ISP 提供的 DNS 服务器上。

（3）为各服务器添加主机记录，主机记录的 IP 为相应服务器的地址。

安装DHCP服务

IP 地址就相当于计算机的门牌号,标识着计算机在网络中的位置,因此,每台计算机都需要配置至少一个 IP 地址。当网络中只有少数几台计算机时,可以手动为每台计算机配置 IP 地址。但如果网络中有上百台计算机时,手动配置就会是一个非常繁重的工作,而且容易出现输入错误,影响网络正常通信。此时,通常会利用 DHCP 服务器,自动为网络中的计算机分配 IP 地址,使计算机均能自动获取,而且不会出错。

5.1 DHCP 安装前提与过程

DHCP 服务器的作用就是向网络中的客户端提供 IP 地址分配功能,因此,在安装 DHCP 服务器之前,需要先规划欲分配给客户端的 IP 地址段。不过,由于公网 IP 地址日趋紧张,因此,在局域网络中通常只能使用私有 IP 地址,也称内部 IP 地址,例如 192.168.1.100 等。不过,私有 IP 地址也有很多种类型,而且不同类型的地址适用于不同的网络,在使用前应规划好欲使用的 IP 地址段。

5.1.1 案例情景

在该项目网络中,除了服务器机房以外,还有生产区、办公区、展示厅、会议室等多个区域,不同区域都有几台到几十台数量不等的计算机。计算机接入网络需要分配 IP 地址,但这么多的计算机,配置起来将非常麻烦,而且如果配置错误或者重复,就会造成计算机不能正常联网。尤其是在会议室、展示厅等区域,由于很多外来的客户自带有笔记本电脑,使用无线上网,手动为其分配 IP 地址势必非常不方便。因此,网络中需要配置 DHCP 服务器,自动为计算机分配 IP 地址,解决 IP 地址分配问题。

5.1.2 项目需求

DHCP 服务是网络中分配 IP 地址的最好方法,可以为网络中的计算机分配 IP 地址、子网掩码、网关、DNS 服务器等信息。不过,由于网络中的计算机数量较多,并且位于不同的科室,因此,需要创建多个作用域,分别向不同的机房提供 IP 地址。不过,由于 DHCP 服务对系统资源占用不多,为了节省服务器资源,将 DHCP 服务安装在额外域控制器上。

5.1.3 解决方案

本章主要介绍如何配置 Windows Server 2008 的 DHCP 服务器,以及借助作用域为计算机提供 IP 地址信息,主要步骤如下。

(1)创建作用域。根据计算机数量的不同,为不同机房的计算机分别创建不同的作用域。

(2)配置保留 IP 地址。为服务器、特殊用途的计算机配置 IP 地址保留,此类 IP 地址不向网络中提供。

(3)在台式机较多的网络中,应将租约期限设置得相对较长一些,以减少网络广播。

(4)在笔记本电脑较多的网络中,应将租约期限设置得较短一些,以利于在新位置能及时获取新的 IP 地址。尤其是在划分 VLAN 较多的网络中,如果原有 VLAN 的 IP 地址得不到释放,那么移动用户就无法获取新的 IP 地址。

(5)将客户端配置为"自动获得 IP 地址",即可自动从 DHCP 服务器获得 IP 地址。

5.2 安装和配置 DHCP 服务

DHCP 服务器可以通过 Windows Server 2008 中的"添加角色向导"进行安装,并且在安装过程中即可创建一个作用域,用于为网络中的计算机提供 IP 地址。为了避免网络中有多台 DHCP 服务器而造成故障,还应对 DHCP 服务器进行授权。

5.2.1 安装和配置 DHCP 服务器

安装和配置 DHCP 服务器的步骤如下。

(1)打开"服务器管理"控制台,在"角色"窗口中单击"添加角色"链接,运行"添加角色向导"。当显示"选择服务器角色"对话框时,选中"DHCP 服务器"复选框,如图 5-1 所示。

(2)单击"下一步"按钮,显示如图 5-2 所示的"DHCP 服务器"对话框,显示了 DHCP 服务器简介信息及相关的注意事项。

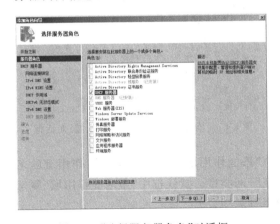
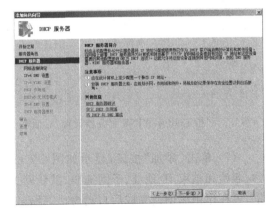

图 5-1 "选择服务器角色"对话框   图 5-2 "DHCP 服务器"对话框

(3)单击"下一步"按钮,显示"选择网络连接绑定"对话框,选择向客户端提供服务的网络连接,如图 5-3 所示。

（4）单击"下一步"按钮，显示"指定 IPv4 DNS 服务器设置"对话框，在"父域"文本框中输入当前域的域名，在"首选 DNS 服务器 IPv4 地址"和"备用 DNS 服务器 IPv4 地址"文本框中输入本地网络中所使用的 DNS 服务器的 IPv4 地址，如图 5-4 所示。

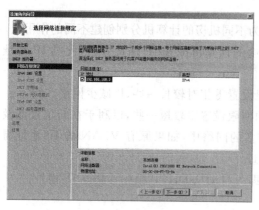

图 5-3　"选择网络连接绑定"对话框

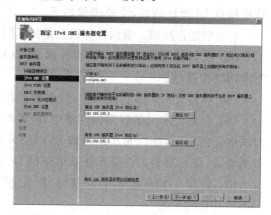

图 5-4　"指定 IPv4 DNS 服务器设置"对话框

提示：即使 DHCP 没有处于域环境中，如果设置 DNS 服务器地址，也必须同时设置父域名称。

（5）单击"下一步"按钮，显示"指定 IPv4 WINS 服务器设置"对话框，选择是否要使用 WINS 服务，如图 5-5 所示。

（6）单击"下一步"按钮，显示如图 5-6 所示的"添加或编辑 DHCP 作用域"对话框，可以添加 DHCP 作用域，设置向客户端分配的 IP 地址范围。

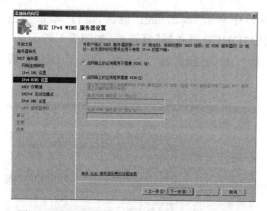

图 5-5　"指定 IPv4 WINS 服务器设置"对话框

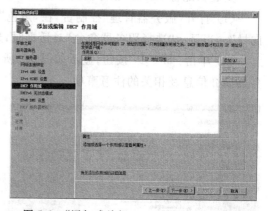

图 5-6　"添加或编辑 DHCP 作用域"对话框

（7）单击"添加"按钮，显示如图 5-7 所示的"添加作用域"对话框，设置该作用域的名称、起始和结束 IP 地址、子网掩码、默认网关以及子网类型。默认选中"激活此作用域"复选框，可在作用域创建完成后自动激活，否则需要手动激活。

提示：常用的内部 IP 地址段有以下 3 类。

① 192.168.0.0～192.168.255.255，子网掩码：255.255.255.0（适用于小型网络）。

② 172.16.0.0～172.31.255.255，子网掩码：255.255.0.0（适用于中型网络）。

③ 10.0.0.0～10.255.255.255，子网掩码：255.0.0.0（适用于大型网络）。

（8）单击"确定"按钮，一个作用域添加成功。单击"下一步"按钮，显示如图 5-8 所示的"配置 DHCPv6 无状态模式"对话框。由于现在不配置 IPv6，因此，选择"对此服务器禁用 DHCPv6 无状态模式"单选按钮。

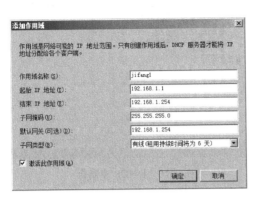

图 5-7 设置 DHCP 作用域

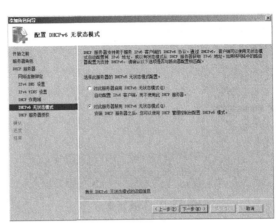

图 5-8 "配置 DHCPv6 无状态模式"对话框

（9）单击"下一步"按钮，如果是在 Active Directory 中安装 DHCP 服务器，就会显示如图 5-9 所示的"授权 DHCP 服务器"对话框，要求指定授权此 DHCP 服务器的凭据，也就是具有授权权限的用户账户。选择"使用当前凭据"单选按钮，可以使用当前登录账户授权；如果使用其他账户授权，则选择"使用备用凭据"单选按钮。如果不授权，则 DHCP 服务器不允许向网络提供 IP 地址。

提示：如果现在不授权 DHCP 服务器，则需要在安装完成后，在 DHCP 控制台中进行授权。

（10）单击"下一步"按钮，显示如图 5-10 所示的"确认安装选择"对话框，列出了前面所做的配置。

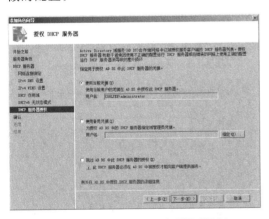

图 5-9 "授权 DHCP 服务器"对话框

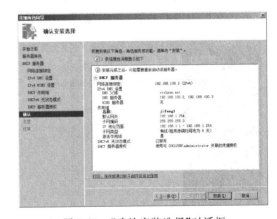

图 5-10 "确认安装选择"对话框

（11）单击"安装"按钮，开始安装 DHCP 服务器。安装完成后，显示如图 5-11 所示的"安装结果"对话框，提示 DHCP 服务器已经安装成功。

（12）单击"关闭"按钮关闭向导，DHCP 服务器安装完成。

　　　　DHCP 服务器安装完成以后,依次选择"开始"→"管理工具"→DHCP 选项,打开
DHCP 控制台,如图 5-12 所示,在该窗口中即可配置和管理 DHCP 服务器。

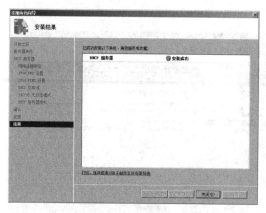

图 5-11　安装完成

图 5-12　DHCP 控制台

　　提示:对于规模较大、用户数量多的大型企业网络,可以采取搭建多台 DHCP 服务器
的方法,以提高网络效率。

5.2.2　创建作用域

　　作用域是一个定义好的 IP 地址段,当网络中的客户端计算机向 DHCP 服务器请求 IP
地址时,DHCP 服务器就会从该 IP 地址段中选择一个尚未租出的 IP 地址分配给客户端。
虽然在安装 DHCP 服务器时已经创建了一个作用域,但如果网络中的计算机数量非常多,
要向多个子网提供不同的 IP 地址,就需要创建多个作用域,步骤如下。

　　(1) 打开 DHCP 控制台,展开服务器名,选择 IPv4 选项,右击并选择快捷菜单中的"新
建作用域"选项,运行"新建作用域向导",如图 5-13 所示。

　　(2) 单击"下一步"按钮,显示如图 5-14 所示的"作用域名称"对话框,在"名称"文本框
中输入新作用域的名称,以便与其他作用域相区分。

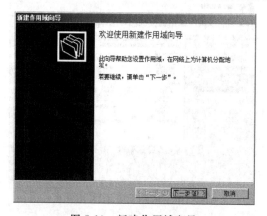

图 5-13　新建作用域向导

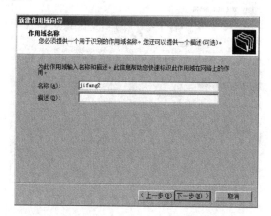

图 5-14　"作用域名称"对话框

　　(3) 单击"下一步"按钮,显示如图 5-15 所示的"IP 地址范围"对话框,在"起始 IP 地址"
和"结束 IP 地址"文本框中输入欲设置的 IP 地址范围。

（4）单击"下一步"按钮，显示"添加排除"对话框，用来设置不分配的 IP 地址。在"起始 IP 地址"和"结束 IP 地址"文本框中输入欲排除的 IP 地址或 IP 地址段，单击"添加"按钮，添加到"排除的地址范围"列表框，如图 5-16 所示。

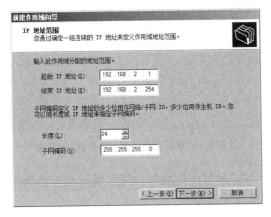

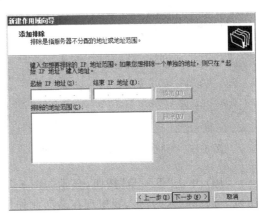

图 5-15　"IP 地址范围"对话框　　　　　　　　图 5-16　"添加排除"对话框

（5）单击"下一步"按钮，显示如图 5-17 所示的"租用期限"对话框，用来设置客户端从此作用域所租用 IP 地址的时间。

（6）单击"下一步"按钮，显示如图 5-18 所示的"配置 DHCP 选项"对话框。选择默认的"是，我想现在配置这些选项"单选按钮，准备配置路由器、DNS 服务器、WINS 服务器等选项。

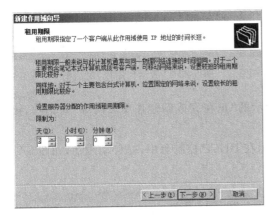

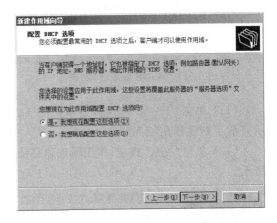

图 5-17　"租用期限"对话框　　　　　　　　图 5-18　"配置 DHCP 选项"对话框

（7）单击"下一步"按钮，显示如图 5-19 所示的"路由器（默认网关）"对话框。在"IP 地址"文本框中输入要为客户端配置的网关地址，单击"添加"按钮添加到列表框中。

（8）单击"下一步"按钮，显示"域名称和 DNS 服务器"对话框。在"父域"文本框中输入用来进行 DNS 解析时使用的父域，在"IP 地址"文本框中输入 DNS 服务器的 IP 地址，单击"添加"按钮添加到列表框中，如图 5-20 所示。

（9）单击"下一步"按钮，显示如图 5-21 所示的"WINS 服务器"对话框，用来设置 WINS 服务器。如果网络中没有配置 WINS 服务器，则可不必设置。

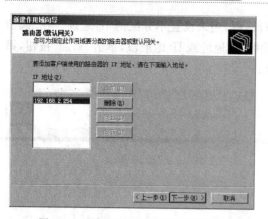

图 5-19　"路由器（默认网关）"对话框

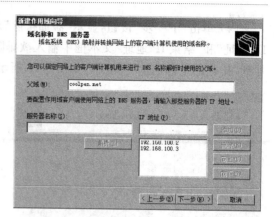

图 5-20　"域名称和 DNS 服务器"对话框

（10）单击"下一步"按钮，显示如图 5-22 所示的"激活作用域"对话框，提示是否激活作用域。选择默认的"是，我想现在激活此作用域"单选按钮即可。

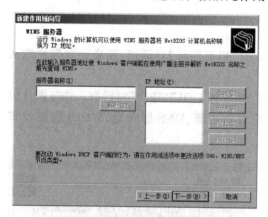

图 5-21　"WINS 服务器"对话框

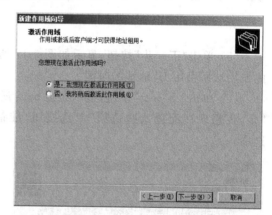

图 5-22　"激活作用域"对话框

（11）单击"下一步"按钮，显示如图 5-23 所示的"正在完成新建作用域向导"对话框，提示完成了新建作用域向导。

（12）单击"完成"按钮，作用域创建完成，显示在 DHCP 控制台中，并自动激活，如图 5-24 所示。

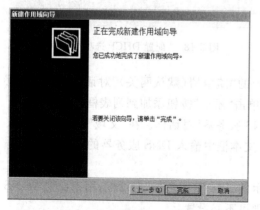

图 5-23　"正在完成新建作用域向导"对话框

图 5-24　创建成功的作用域

按照同样的步骤,继续创建其他多个作用域。

5.2.3 知识链接：作用域与VLAN

作用域又称领域,用来管理对客户端分发的IP地址及相关配置参数。每一个DHCP服务器都需要设置作用域,用来定义DHCP客户端所使用的参数,网络管理员应根据网络实际需要,创建一个或多个IP作用域,为网络中客户端计算机提供IP地址租用。DHCP作用域包括下列内容。

(1) IP地址的范围：用于为客户端提供租用的IP地址。

(2) 子网掩码：用于确定给定IP地址的子网。

(3) 租约期限：动态接收IP地址的DHCP客户端可以租用的时间。

(4) 指派给DHCP客户端作用域选项,如DNS服务器、路由器IP地址和WINS服务器地址。

(5) 保留(可选)：用于确保特定DHCP客户端总是能收到相同的IP地址。

现在三层交换机使用非常普及,许多单位已经使用三层交换机来划分VLAN,以减少网络的广播,提高网络的使用效率。而在三层交换机中,需要在没有DHCP服务器的VLAN中,启用并配置DHCP中继功能并指定网络中DHCP服务器的位置(即DHCP服务器的IP地址)。对于DHCP服务器来说,无须过多其他设置,只需要为每个VLAN创建一个作用域并正确设置作用域的参数、网关地址及其他参数即可。

5.2.4 配置DHCP选项

在DHCP服务器中,需要配置一些对各个作用域都生效的"公共"信息,例如DNS服务器地址、WINS服务器地址等。如果同时在"作用域选项"和"服务器选项"配置了相同的参数(如DNS服务器),则作用域的选项优先于服务器选项。

(1) 打开DHCP管理控制台,选择"服务器选项"选项,如图5-25所示,显示了在安装DHCP服务器时所设置的DNS服务器和DNS域名。

(2) 右击"服务器选项"并选择快捷菜单中的"配置服务器选项"选项,显示如图5-26所示的"服务器 选项"对话框。选中"006 DNS服务器"复选框,在"IP地址"选项区域中即可设置DNS服务器的IP地址。如果网络中有多个DNS服务器,可以在此处添加多个DNS地址。

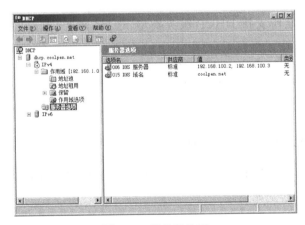

图 5-25 服务器选项

图 5-26 设置DNS服务器

（3）还可以设置路由器及其他服务器，只需选中相应的复选框即可。设置完成后单击"确定"按钮保存即可，所有配置的选项就都会显示在"服务器选项"窗口中，如图 5-27所示。

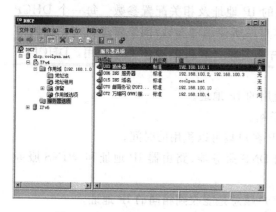 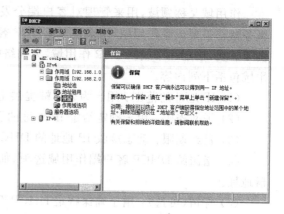

　　　图 5-27　配置好的 DHCP 服务器　　　　　　　　图 5-28　"保留"窗口

5.2.5　配置 IP 地址保留

在网络中，有些特殊计算机需要每次都获得相同的 IP 地址，这不需要利用 DHCP 服务器的"保留"功能，将特定的 IP 地址与客户端计算机进行绑定，使该 DHCP 客户端每次向DHCP 服务器请求时，都会获得同一个 IP 地址。

（1）在 DHCP 控制台窗口中，展开要添加保留 IP 地址的作用域，选择"保留"选项，如图 5-28 所示。

（2）右击"保留"并选择快捷菜单中的"新建保留"选项，显示如图 5-29 所示的"新建保留"对话框，需要设置如下几项。

① 保留名称：输入保留名称，仅用于与其他保留项相区分。

② IP 地址：输入欲为客户端保留的 IP 地址。

③ MAC 地址：输入欲保留的 DHCP 客户端网卡的 MAC，只有使用该 MAC 地址网卡的计算机，才能获得该 IP 地址。Windows 98/Me 系统可运行 winipcfg 命令获得 MAC 地址，Windows 2000/XP/2003/Vista/2008 系统则可通过 getmac 命令获得。

④ 支持的类型：用于设置该客户端所支持 DHCP 服务类型，选择"两者"单选按钮即可。

（3）单击"添加"按钮，一个保留地址添加成功。可添加多个保留地址。

每个设置为保留的 IP 地址，也具有和作用域一样的配置，如路由器、DNS 服务器、DNS 域名等，如图 5-30 所示。

5.2.6　知识链接：IP 地址信息获得方式

计算机配置 IP 地址的方式有两种，一是手动输入的静态 IP 地址；二是使用 DHCP 服务器分配的动态 IP 地址。这两种方式的区别如下。

图 5-29 "新建保留"对话框

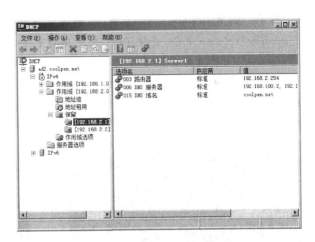

图 5-30 保留的 IP 地址

（1）当使用静态 IP 地址时，网络管理员需要手动为每一台计算机配置 IP 地址、子网掩码、网关和 DNS 服务器等 IP 地址信息，并且需要创建一张详细的配置清单，用于记录网络中所有计算机的 IP 地址信息。当网络中只有少量计算机时，这种方法非常简单，并且不需要专门的服务器。但计算机数量较多时，工作量将会非常大，并且一旦出错也不容易检查。

（2）使用动态 IP 地址时，只需部署一台 DHCP 服务器，所有的客户端计算机无须配置 IP 地址，只要设置为自动获取 IP 地址，即可自动从 DHCP 服务器上获得 IP 地址，并且不会出现重复或者错误等情况。即使网络中的 TCP/IP 参数需要更改，只需在 DHCP 服务器上设置即可，客户端计算机无须做任何改动。这种方式适用于计算机数量较多的大中型网络，既省时省力，又便于集中管理 IP 地址。

5.3 Windows 客户端的设置

网络中配置了 DHCP 服务器以后，客户端计算机只要接入网络并设置为"自动获得 IP 地址"，即可自动从 DHCP 服务器获取 IP 地址信息，包括 IP 地址、网关、DNS 服务器等。这里以 Windows Vista 为例，介绍 DHCP 客户端的配置。

（1）在客户端计算机上设置 IP 地址，将其设置为"自动获得 IP 地址"和"自动获得 DNS 服务器地址"，如图 5-31 所示。

（2）单击"确定"按钮保存设置。这样，客户端计算机就会自动搜索网络中的 DHCP 服务器，并自动从 DHCP 服务器上获得 IP 地址信息。

配置完成以后，还需要检查客户端计算机是否能够正确获得 IP 地址。打开命令提示符窗口，运行 ipconfig 命令，如果显示正确的 IP 地址信息，说明成功获得了 IP 地址，如图 5-32 所示。

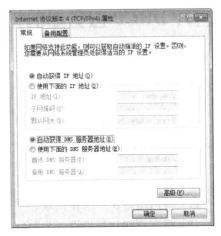

图 5-31 IP 地址设置

　　提示：在 Windows Vista 系统中,如果使用非 Administrator 账户登录系统,则无法运行 ipconfig/release 命令,并提示"请求的操作需要提升"。因此,需要先使用 Administrator 账户登录,或者打开命令提示符时选择"以管理员身份运行"选项打开。

　　如果没有从 DHCP 服务器正确获得 IP 地址,Windows 系统就会自动分配一个"169.254.x.x"段的 IP 地址。此时,就需要运行 ipconfig/release 命令先释放原来的 IP 地址(图 5-33),然后再运行 ipconfig/renew 命令从 DHCP 服务器获得新的 IP 地址。

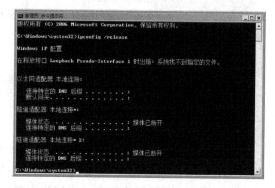

图 5-32　获得 IP 地址　　　　　　　　　　图 5-33　释放 IP 地址

　　提示：如果因网络故障或 DHCP 服务器故障而导致客户端计算机不能获得 IP 地址,那么 Windows 系统就会自动分配一个 IP 地址为 169.254.x.x 的地址。此时,网络管理员就应当检查网络,释放并重新获得 IP 地址。

习题

　　1. DHCP 服务器的作用是什么?
　　2. DHCP 作用域包括哪些信息?
　　3. 客户端如何获得 IP 地址?
　　4. 私有地址有哪几种类型?

实验：DHCP 服务器的搭建

　　实验目的：
　　掌握 DHCP 服务器的搭建。
　　实验内容：
　　在 Windows Server 2008 服务器上安装 DHCP 服务,并配置作用域,使网络中的计算机可以获得 IP 地址并连接网络。
　　实验步骤：
　　(1) 安装 DHCP 服务器。
　　(2) 为网络创建一个作用域。
　　(3) 将客户端计算机设置为"自动获得 IP 地址"。
　　(4) 使用 ipconfig 命令检查计算机是否正确获得 IP 地址。

第 6 章　chapter 6

安装文件服务

局域网中往往存储了大量数据,而且分布在不同的计算机上,用户访问时就会非常麻烦,而且不便于网络管理员的管理。因此,集中存储和资源共享就显得非常重要。利用文件服务,可以将网络中分散的共享资源集中起来,构成一个共享目录,用户只需通过访问这一个共享文件夹就可以访问网络中所有的共享资源,不必再逐台搜索计算机。

6.1　文件服务安装前提与过程

资源共享是网络的重要作用之一,而局域网的资源共享更多的是借助文件服务来实现。文件服务器通常配置有 RAID 卡和高速的 SCSI 硬盘,既可保证数据存储的安全,又可避免由于硬盘损坏造成的数据丢失。而为文件设置严格的权限策略,可以有效地保证数据的访问安全,使用户可以随时高速存储和访问文件服务器的数据资料。

6.1.1　案例情景

在该项目网络中,除了文件服务器用来存储网络数据以外,网络中的其他服务器上也保存着一部分共享资源。通常,用户需要哪些资源时,就需要连接相应服务器上的共享文件夹。但由于用户需要读取多种类型的数据,而这些数据可能分别存储在不同的服务器上,用户就需要记住每台服务器的地址,从而造成访问困难。有时,客户端每需要一种数据时,都要向管理员询问该数据所在的服务器。因此,应设置集中共享,便于用户查找数据。

6.1.2　项目需求

文件服务是解决共享资源分散的最好方法,尤其是分布式文件系统(DFS),可以将网络中的共享文件夹添加到一个共享文件夹中,使用户只需访问这一个共享文件夹,就能够看到网络中所有的共享文件夹,从而很方便地去查找自己所需要的数据,而不必知道共享资源实际上位于哪台服务器。而为了控制用户的访问权限,除了使用共享权限以外,还可以利用 NTFS 文件系统来设置更详细的权限,将普通资源和重要资源分别设置不同的权限,从而供普通用户和单位领导、管理者分别访问。

6.1.3　解决方案

本章主要介绍 Windows Server 2008 文件服务,包含如何设置文件共享和 NTFS 权限,如何利用磁盘配额控制用户所使用的空间等。

1. 文件夹共享

将文件服务器、网络中存储数据的服务器设置文件夹共享,并为不同的用户账户设置不同的权限,供网络中的客户端访问。

2. NTFS 权限

利用 NTFS 文件系统,为共享文件夹设置详细的 NTFS 权限,使具有不同职位、不同权力的用户具有不同的写入、读取等权限。

3. AD DFS

利用 DFS 功能,将所有的共享文件夹添加到文件服务器的命名空间中,使用户只需访问一个命名空间,就可以看到所有的共享文件夹,而不需逐台去访问。

4. 磁盘配额

在需要用户保存个人数据的服务器上,启用磁盘配额,为不同的用户分配不同大小的空间。在同时用作 FTP 服务器的服务器上,用来控制用户上传的数据量的大小。

6.2　安装文件服务

文件服务器是 Windows Server 2008 系统集成的功能,利用"添加角色向导"即可安装,并且可以同时安装分布式文件系统等功能。

(1)打开"服务器管理器",运行"添加角色向导",在"选择服务器角色"对话框中,选中"文件服务"复选框,如图 6-1 所示。

(2)单击"下一步"按钮,显示如图 6-2 所示的"文件服务"对话框,列出了文件服务简介以及相关的注意事项。

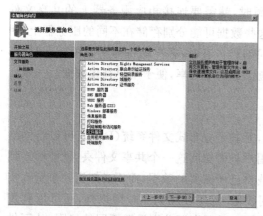

图 6-1　"选择服务器角色"对话框

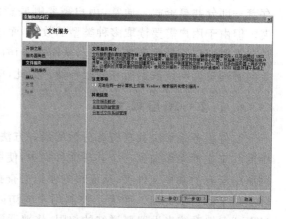

图 6-2　"文件服务"对话框

(3)单击"下一步"按钮,显示如图 6-3 所示的"选择角色服务"对话框,选择所要安装的服务组件。这里只安装文件服务器和分布式文件系统。

（4）单击"下一步"按钮，显示如图 6-4 所示的"创建 DFS 命名空间"对话框，默认选择"立即使用此向导创建命名空间"单选按钮，可在"输入此命名空间的名称"文本框中设置一个新的命名空间名称。也可以安装完成后在"DFS 管理"控制台中再创建。

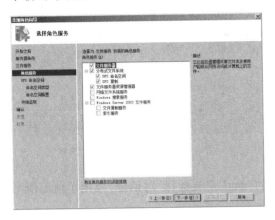

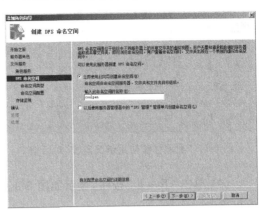

图 6-3　"选择角色服务"对话框　　　　　图 6-4　"创建 DFS 命名空间"对话框

提示：如果当前计算机已有了与此命名空间相同的共享文件夹，则无法创建此命名空间。

（5）单击"下一步"按钮，显示如图 6-5 所示的"选择命名空间类型"对话框。由于当前基于域环境，因此，选择"基于域的命名空间"单选按钮。如果是独立服务器，则选择"独立命名空间"单选按钮。

（6）单击"下一步"按钮，显示如图 6-6 所示的"配置命名空间"对话框，在"命名空间"列表框中显示了前面所设置的命名空间。也可以单击"添加"按钮再创建其他的命名空间。

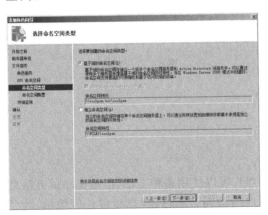

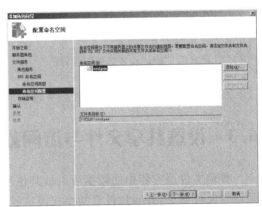

图 6-5　"选择命名空间类型"对话框　　　　图 6-6　"配置命名空间"对话框

（7）单击"下一步"按钮，显示如图 6-7 所示的"配置存储使用情况监视"对话框。这里选择 D 盘，监控 D 盘的使用情况。

（8）单击"下一步"按钮，显示如图 6-8 所示的"设置报告选项"对话框。当卷到达其阈值时会生成报告，可设置报告所保存的位置。

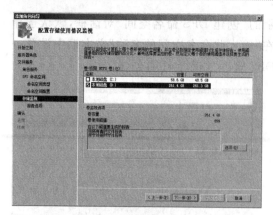

图 6-7　"配置存储使用情况监视"对话框

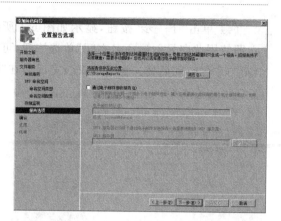

图 6-8　"设置报告选项"对话框

（9）单击"下一步"按钮，显示如图 6-9 所示的"确认安装选择"对话框，列出了前面所做的设置。

（10）单击"安装"按钮，即可开始进行安装。完成后显示如图 6-10 所示的"安装结果"对话框，安装完成。

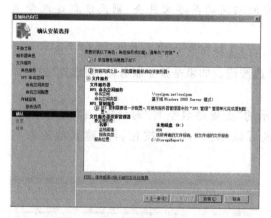

图 6-9　"确认安装选择"对话框

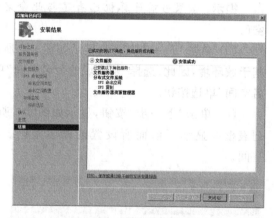

图 6-10　安装完成

（11）单击"关闭"按钮，文件服务器安装完成。

6.3　设置共享文件与访问权限

要使文件服务器中的数据可以被其他用户访问，可以使用多种方法，但最简单的方法就是设置文件共享，并通过设置共享权限来控制用户的访问。不过，共享权限比较简单，为了保护数据存储的安全，避免重要信息被人随意访问，通常为文件设置严格的 NTFS 权限，并与文件共享权限相结合，既提供了网络共享，也保证了数据的访问安全。

6.3.1　设置文件夹共享

Windows Server 2008 提供了简单共享和高级共享两种方式。"简单共享"可以快速、方便地将文件夹设置为共享，但只能设置允许访问的用户账户，而不能设置共享名、连接数量等。而"高级共享"的功能更多,不仅可以设置用户及权限,可以设置用户连接数、共享名及脱机访问等。

1. 设置简单共享

现在将文件夹 Storge 设置为共享,允许 Administrator 账户具有完全控制权限,其他所有账户拥有只读访问权限。

(1) 在 Windows 资源管理器中选择 Storge 文件夹,右击并依次选择快捷菜单中的"共享"→"特定用户"选项,显示"文件共享"对话框。默认情况下,Administrator 账户具有"所有者"权限,即完全控制权限。

(2) 单击用户下拉列表,选择 Everyone 账户,单击"添加"按钮添加到用户列表中,并在"权限级别"下拉列表中选择"读者"选项,即只读权限,如图 6-11 所示。

提示:"读者"权限即只读权限,只能查看共享文件夹内容;"参与者"权限即写入权限,可以查看、添加文件,并可删除自己添加的文件;"共有者"权限即完全控制权限,具有最高权限,可以查看、更改、添加和删除共享文件夹中的所有文件。

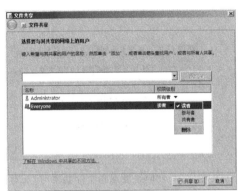

图 6-11 设置 Everyone 权限

(3) 如果要为某个特定用户指定共享权限,可在用户下拉列表中选择"查找"选项,打开"选择用户或组"对话框。单击"高级"按钮,再单击"立即查找"按钮,在"搜索结果"中即可列出当前域中所有的用户及组,选择欲授予共享权限的用户组,如图 6-12 所示。连续单击"确定"按钮返回并设置权限。

(4) 单击"共享"按钮,显示如图 6-13 所示的对话框,提交文件夹已共享。单击"完成"按钮,文件夹共享成功。

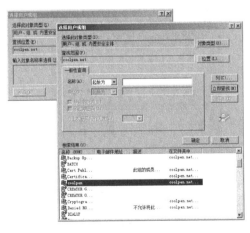

图 6-12 "选择用户或组"对话框

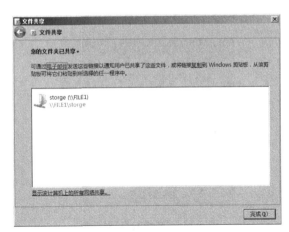

图 6-13 完成共享

提示:如果尚未安装文件服务器,当管理员第一次设置文件共享时,会显示如图 6-14所示的提示对话框,提示是否启用所有公用网络的网络发现和文件共享。

2. 设置高级共享

现在,将 Public 文件夹设置为共享,只允许用户账户 Administrator 和用户组 coolpen 具有完全访问权限。

(1)在 Windows 资源管理器中选择欲共享的文件夹,右击并选择快捷菜单中的"属性"选项,打开文件夹属性对话框,选择"共享"选项卡,如图 6-15 所示。其中,"共享"按钮用来设置简单共享,"高级共享"按钮用来设置高级共享。

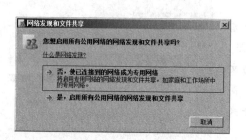

图 6-14　"网络发现和文件共享"提示对话框　　　　　图 6-15　"共享"选项卡

(2)单击"高级共享"按钮,显示如图 6-16 所示的"高级共享"对话框,选中"共享此文件夹"复选框即可共享此文件夹。在"共享名"文本框中可设置共享名称,在"将同时共享的用户数量限制为"文本框中可设置同时连接数量。

(3)单击"权限"按钮,即可设置用户权限。默认添加了 Everyone 用户组,具有只读权限,如图 6-17 所示。

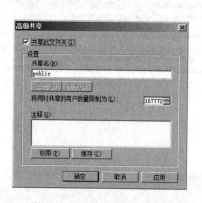

图 6-16　"高级共享"对话框　　　　　　　　图 6-17　设置权限

(4)选中 Everyone 用户组,单击"删除"按钮将其删除。然后,单击"添加"按钮,搜索当前域中的所有用户及组。在"搜索结果"列表中选择欲授予访问权限的用户和组,如图 6-18 所示。

（5）连续两次单击"确定"按钮,返回"public 的权限"对话框,选择用户或组后,选中"完全控制"权限的"允许"复选框,如图 6-19 所示。

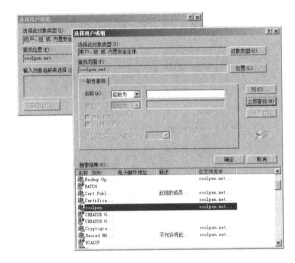

图 6-18 "选择用户或组"对话框

图 6-19 设置完全控制权限

（6）单击"确定"按钮保存设置,即可将用户 Administrator 和用户组 coolpen 设置为拥有完全控制权限。

6.3.2 设置 NTFS 权限

设置 NTFS 权限的步骤如下。

（1）在 Windows 资源管理器中选择欲设置 NTFS 权限的文件夹,如 storge,右击并在快捷菜单中选择"属性"选项打开"storge 属性"对话框,在"安全"选项卡中即可设置 NTFS 权限,如图 6-20 所示。默认已经从父文件夹（或磁盘）继承了一些权限,Administrators 组具有完全控制权限,Users 具有只读权限。

提示：由于当前文件夹设置了共享,因此,赋予了对该共享文件夹访问权限的账户也会显示在这里,如 Everyone。

（2）更改权限可单击"编辑"按钮,打开如图 6-21 所示的"安全"选项卡。在"组或用户名"列表框中,选中欲设置权限的用户名,在下方的权限列表中选中"允许"或"拒绝"复选框即可。不过,虽然可以更改从父项对象所继承的权限,例如添加其权限,或者通过选中"拒绝"复选框删除权限,但是不能够直接将灰色的对勾删除。

（3）如果欲给其他用户或组指派权限,可单击"添加"按钮,从本地计算机上添加拥有对该文件夹访问和控制权限的用户或用户组,如图 6-22 所示,用户组中的用户将拥有和用户组同样的权限。用户可在"输入对象名称来选择"文本框中输入用户名。如果不知道用户名,可单击"高级"按钮,并单击"立即查找"按钮,查找已经存在的用户。

（4）单击"确定"按钮,将用户组添加到"组或用户名"列表框中,此时,在"coolpen 的权限"列表框中,即可为其选择所允许或者拒绝的权限,如图 6-23 所示。

（5）NTFS 权限包括很多种,如果想设置更详细的权限,可在"安全"选项卡中,单击"高级"按钮,显示如图 6-24 所示的"storge 的高级安全设置"对话框。

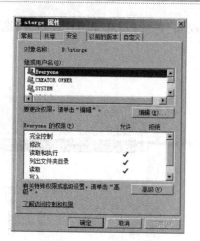

图 6-20　"安全"选项卡

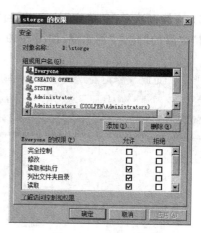

图 6-21　更改权限

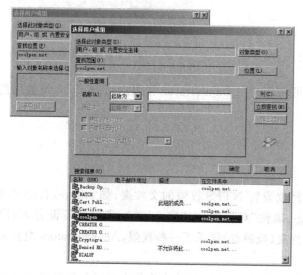

图 6-22　添加用户

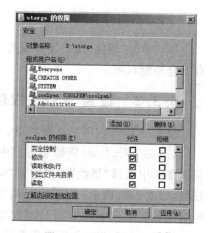

图 6-23　修改用户权限

（6）单击"编辑"按钮，打开如图 6-25 所示的"权限"选项卡。在"权限项目"列表框中列出了所有的权限和组。

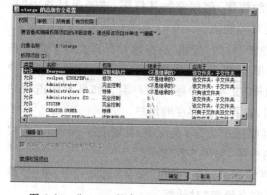

图 6-24　"storge 的高级安全设置"对话框

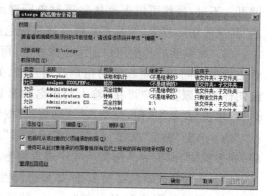

图 6-25　"权限"选项卡

提示：默认情况下,所添加的账户都会自动继承父文件夹的权限。如果不想继承,可在此处取消选中"包括可从该对象的父项继承的权限"复选框,会显示如图 6-26 所示的"Windows 安全"对话框,单击"删除"按钮即可。

(7) 选择用户组,单击"编辑"按钮,显示如图 6-27 所示的"storge 的权限项目"对话框。在"权限"列表框中即可选择详细的权限,共有 14 种。

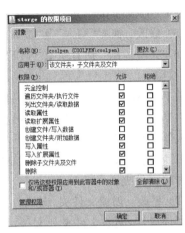

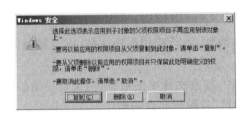

图 6-26 "Windows 安全"对话框　　　　图 6-27 "storge 的权限项目"对话框

(8) 依次单击"确定"按钮保存。

6.3.3 知识链接：NTFS 权限与共享权限

NTFS 是从 Windows NT 开始引入的文件系统。借助于 NTFS,可以为文件或文件夹授权,控制用户账户对文件和文件夹的访问。默认情况下,NTFS 权限是继承的,即为父文件夹设置的权限会自动应用于子文件夹。当然也可以取消继承,为子文件夹设置单独的权限。NTFS 权限必须在使用 NTFS 文件系统的卷中设置,在 FAT 格式的分区中无法设置。NTFS 权限又分为 NTFS 文件权限和 NTFS 文件夹权限。其中,NTFS 文件权限有以下几种类型。

(1) 读取：该权限可以读该文件的数据、查看文件属性、查看文件的所有者及权限。

(2) 写入：该权限可以更改或覆盖文件的内容,更改文件属性、查看文件的所有者和权限。

(3) 读取及运行：该权限拥有"读取"的所有权限,还具有运行应用程序的权限。

(4) 修改：该权限拥有"读取"、"写入"权限和"读取及运行"的所有权限,并可以修改和删除文件。

(5) 完全控制：该权限拥有所有的 NTFS 文件权限,不仅具有前述的所有权限,还具有更改权限和取得所有权的权限。

NTFS 文件夹权限主要有以下几种类型。

(1) 读取：该权限可以查看该文件夹中的文件和子文件夹。查看文件夹的所有者、属性(如只读、隐藏、存档和系统)和查看文件夹的权限。

(2) 写入：该权限可以在文件夹内添加文件和子文件夹、更改文件夹属性、查看文件夹的所有者和查看文件夹的权限。

（3）列出文件夹目录：该权限具有拥有"读取"的所有权限，并且还具有"遍历子文件夹"的权限，也就是具备进入到子文件夹的功能。

（4）读取及运行：该权限拥有"读取"权限和"列出文件夹目录"权限的所有权限，只是在继承方面有所不同。"列出文件夹目录"的权限仅由文件夹继承，而"读取和运行"权限是由文件夹和文件同时继承。

（5）修改：拥有"写入"及"读取及执行"权限的所有权限，还可删除文件夹。

（6）完全控制：拥有所有 NTFS 文件夹的权限，另外还拥有"更改"权限与"取得所有权"的权限。

共享是 Windows 系统内置的功能，用于为网络中的计算机提供文件访问。将文件夹设置为共享后，网络中的计算机即可连接并根据所拥有的权限对文件夹中的文件执行读取或者写入等操作。共享权限包括以下 3 种。

（1）读取：显示文件夹名称、文件名称、文件属性，运行应用程序文件，以及复制共享文件夹内的文件夹。

（2）更改：创建文件夹，向文件夹中添加文件，修改文件中的数据，向文件中追加数据，修改文件属性，删除文件夹和文件，以及执行"读取"权限所允许的操作。

（3）完全控制：修改文件权限，获得文件的所有权。执行"修改"和"读取"权限所允许的所有任务。

共享权限可以与 NTFS 权限组合使用，使共享文件拥有 NTFS 权限，组合结果所产生的权限可能是组合的 NTFS 权限，或者是组合的共享文件夹权限，哪个权限更严格就是哪一个。不过，若要为共享文件夹授予 NTFS 权限时，必须注意以下事项。

（1）共享文件必须位于 NTFS 卷中，若是 FAT 格式的分区则无法应用 NTFS 权限。

（2）对共享文件夹中的文件和子文件夹均可应用 NTFS 权限，且能分别应用不同的NTFS 权限。

（3）用户要访问共享文件夹中的文件和子文件夹，不仅要拥有共享文件夹的访问权限，还必须拥有文件和子文件夹的 NTFS 权限。

当 NTFS 权限和共享文件夹的权限组合在一起时，组合结果所产生的权限以最严格的为先，比如"完全控制"权限要高于"写入"权限，"写入"权限要高于"读取"权限。

6.4　磁盘配额与文件屏蔽

无论使用文件共享还是 NTFS 权限，都只能控制用户的读写权限，而无法控制用户可以使用的磁盘空间大小。利用磁盘配额即可限制用户在服务器磁盘中的使用量，防止写入大量文件而浪费磁盘空间。同时，还可跟踪磁盘使用量的变化。

6.4.1　知识链接：磁盘配额与应用

磁盘配额的功能是监视每个用户的卷使用情况，当用户使用的空间超过所指定的限额时，将无法继续向磁盘中写入文件。不过，设置配额的各个用户都是独立的，每个用户对磁盘空间的利用都不会影响同一卷上的其他用户。在用户看来，和在一个独立的磁盘卷中进行操作没什么两样。

　　磁盘配额主要用来限制用户在服务器磁盘上的占用量。例如,通过文件夹共享来为网络中的用户提供数据存储时,就可以限制每个用户只能使用一定量的空间;作为 FTP 服务器时,可以限制用户上传的空间。如果只想跟踪每个用户的磁盘空间使用情况,但又不想拒绝用户访问卷,则可启用配额但不限制磁盘空间使用,通过记录事件即可查看。

　　使用指定配额项,具有以下几个优点。

　　(1) 登录到相同计算机的多个用户不干涉其他用户的工作能力。

　　(2) 一个或多个用户不独占公用服务器上的磁盘空间。

　　(3) 在个人计算机的共享文件夹中,用户不使用超出限制的磁盘空间。

6.4.2　配置磁盘配额

　　现在将为服务器的 D 盘启用磁盘配额,设置 Administrators 组不限制配额,部分用户的磁盘空间限制为 2GB,其他用户使用默认限制 1GB。

　　(1) 使用管理员账户登录到系统以后,在 Windows 资源管理器中右击欲启动磁盘卷,选择快捷菜单中的"属性"选项,打开"本地磁盘(D:)属性"对话框。在"配额"选项卡中,选中"启用配额管理"复选框,即可启用磁盘配额功能,如图 6-28 所示。

　　(2) 在该对话框中设置如下选项。

　　① 拒绝将磁盘空间给超过配额限制的用户:选中该复选框,超过其配额限制的用户将无法继续写入数据,并提示"磁盘空间不足"。

　　② 将磁盘空间限制为:可以设置允许用户使用的磁盘空间量。所有新用户都将受此限制。而"警告等级"则用来提示空间将占满。

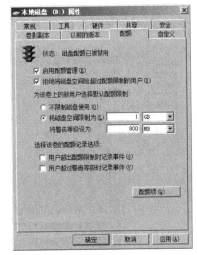

图 6-28　启用磁盘配额

　　③ 用户超出配额限制时记录事件:如果选中该复选框,则用户超过其配额限制后就会将该事件写入到系统日志中。管理员可以用事件查看器来筛选并查看这些事件。默认情况下,配额事件每小时都会被写入系统日志。

　　④ 用户超过警告等级时记录事件:用来记录用户超过其警告级别的事件。同样也会写入到系统日志。

　　提示:为了避免用户浪费磁盘空间,通常应选中"拒绝将磁盘空间给超过配额限制的用户"复选框。当用户写入的文件超出配额限制时,将提示空间不足(图 6-29),拒绝用户将文件存储在服务器磁盘中,从而避免磁盘空间的浪费。

　　(3) 单击"配额项"按钮,显示如图 6-30 所示的磁盘配额项窗口,用来为用户或组设置配额项。

　　(4) 选择"配额"下拉菜单中的"新建配额项"选项,显示"选择用户"对话框。单击"高级"、"立即查找"按钮,在"搜索结果"列表中利用 Ctrl 键或 Shift 键选择用户账户,如图 6-31 所示。

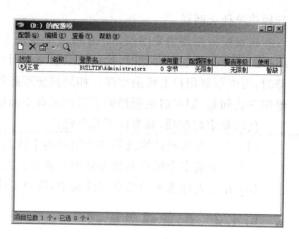

图 6-29　空间不足　　　　　　　　　　　　　图 6-30　磁盘配额项

（5）连续单击"确定"按钮，显示如图 6-32 所示的"添加新配额项"对话框。选择"将磁盘空间限制为"单选按钮，并限制大小和警告等级即可。

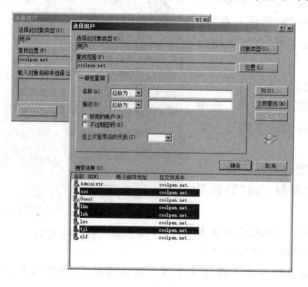

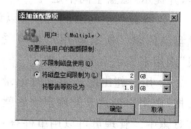

图 6-31　选择用户　　　　　　　　　　图 6-32　"添加新配额项"对话框

提示：磁盘配额功能在共享及上传文件时都有效，即无论是向服务器的共享文件夹还是通过 FTP 来写入文件，所有的文件都不能超过磁盘限额所规定的空间大小。

（6）单击"确定"按钮，保存所做设置，至此该磁盘配额的设置工作完成，指定的用户被添加到配额项列表中，如图 6-33 所示。

为用户设置了磁盘配额以后，在配额项窗口中即可监视每个用户的磁盘配额使用情况，其中，"使用量"中显示的即是用户当前已使用的空间。如果要更改某一个用户的磁盘配额设置，可右击该用户，选择快捷菜单中的"属性"选项，显示如图 6-34 所示的配额设置对话框。

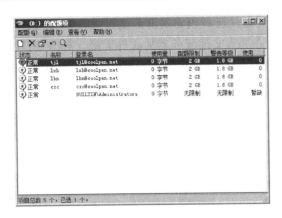
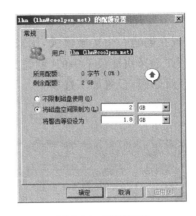

图 6-33 添加指定配额项用户　　　　图 6-34 配额设置

6.4.3 设置文件屏蔽

如果文件服务器上划分了一部分空间,用来供用户存储数据,那么,用户就可能会将任意文件上传到服务器。为了限制用户的使用,可以只允许用户将文档、报表等文件存储在服务器上,而不允许将音频视频、可执行文件等存储到服务器。

(1)依次选择"开始"→"管理工具"→"文件服务器资源管理器"选项,显示如图 6-35 所示的"文件服务器资源管理器"窗口。在"文件组"窗口中,列出了系统已创建好的文件组,不同的文件组分别包含有相应的文件类型。

(2)选择一个文件组,例如"可执行文件",右击并选择快捷菜单中的"编辑文件组属性"选项,显示如图 6-36 所示的"可执行文件的文件组属性"对话框,在列表框中显示了已定义好的可执行文件类型。如果想添加其他的文件类型,可在"要包含的文件"文本框中输入文件类型并单击"添加"按钮即可。

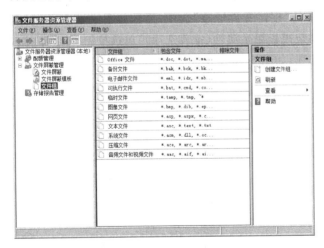

图 6-35 "文件组"窗口　　　图 6-36 "可执行文件的文件组属性"对话框

提示:如果要监视的文件类型没有包含在这些文件组中,可在"文件组"窗口中单击"创建文件组"来添加相应的文件类型组。

（3）打开"文件屏蔽模板"窗口，可以看到默认已经创建的屏蔽模板，如图 6-37 所示。

现在创建一个屏蔽模板，用来阻止不允许写入文件服务器的文件类型。右击"文件屏蔽模板"并选择快捷菜单中的"创建文件屏蔽模板"选项，显示如图 6-38 所示的"创建文件屏蔽模板"对话框，设置如下选项。

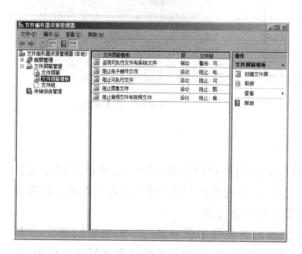

图 6-37　"文件屏蔽模板"窗口

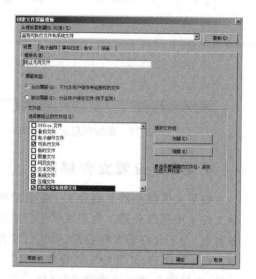

图 6-38　"创建文件屏蔽模板"对话框

① 屏蔽类型：选择"主动屏蔽"选项，不允许用户保存受阻止的文件。

② 文件组：在"选择要阻止的文件组"列表框中选择要阻止的文件组，包括可执行文件、系统文件、压缩文件、音频文件和视频文件。

（4）在"文件屏蔽"窗口中，用来创建屏蔽策略，如图 6-39 所示。

右击"文件屏蔽"并选择快捷菜单中的"创建文件屏蔽"选项，显示如图 6-40 所示的"创建文件屏蔽"对话框。选择"从此文件屏蔽模板派生属性（推荐选项）"单选按钮，并在下拉列表中选择前面创建的"阻止无用文件"选项，如图 6-40 所示。

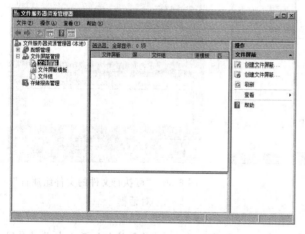

图 6-39　"文件屏蔽"窗口

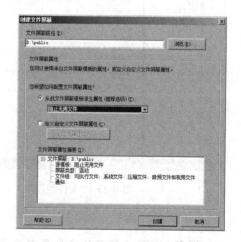

图 6-40　"创建文件屏蔽"对话框

（5）单击"创建"按钮,文件屏蔽策略创建成功,如图 6-41 所示。

这样,该文件夹即可应用此屏蔽策略了。当客户端用户向此文件夹中写入文件时,文件屏蔽策略就会检查文件类型。如果发现文件类型是屏蔽策略中所阻止的,就会阻止用户写入,并显示如图 6-42 所示的"目标文件夹访问被拒绝"对话框,提示无权限执行此操作。

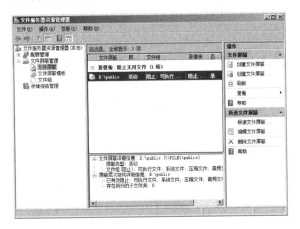

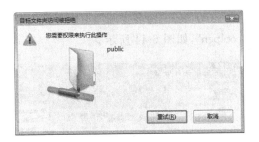

图 6-41 文件屏蔽策略   图 6-42 "目标文件夹访问被拒绝"对话框

6.5 配置 AD DFS

网络中通常有很多计算机都存储了数据,并且通过共享来提供访问。但由于共享文件夹分散,造成访问时比较麻烦。而使用分布式文件系统(Distributed File System,DFS),管理员就可以把不同计算机上的共享文件夹组织在一起,构建成一个目录树。用户只需访问一个共享 DFS 根目录,就能够访问分布在网络上的文件或文件夹,而且就如同这些共享文件夹全部位于这一台服务器一样。

6.5.1 知识链接：DFS 与应用

DFS 可以提供一个访问点和一个逻辑树结构,将网络中的所有共享文件添加到一个 DFS 目录中,而用户只需访问该 DFS 目录,即可看到所有的共享文件夹,无论这些共享资源位于网络的什么地方。这样,便于用户集中共享,同时也便于管理员的管理。

利用 DFS 也可以分担服务器的工作。可以将一些文件同时放在多台服务器内,当用户通过 DFS 访问时,DFS 会从不同的服务器为用户读取,这样,就减轻了一台服务器的负担,并且,即使有一台服务器发生故障,DFS 仍然可以从其他服务器正常读取。

DFS 映射由一个 DFS 根目录、一个或多个 DFS 链接以及指向一个或多个目标的引用组成。DFS 根目录所驻留的域服务器称为主服务器。通过在域中的其他服务器上创建根目标,可以复制 DFS 根目录。这将确保在主服务器不可用时,文件仍可使用。

由于域分布式文件系统的主服务器是域中的成员服务器,因此,默认情况下 DFS 映射将自动发布到 Active Directory 中,从而提供了跨越主服务器的 DFS 拓扑同步。这反过来又对 DFS 根目录提供了容错性,并支持目标的可选复制。

通过向 DFS 根目录中添加 DFS 链接,可扩展 DFS 映射。Windows Server 2008 对

DFS映射中分层结构的层数的唯一限制是对任何文件路径最多使用260个字符。新DFS链接可以引用具有或没有子文件夹的目标，或引用整个系统卷。如果有适当的权限，也可以访问那些存在于或被添加到目标中的任何本地子文件夹。

6.5.2　添加 DFS 映射

添加 DFS 映射的步骤如下。

（1）依次选择"开始"→"管理工具"→DFS Management 选项，打开"DFS 管理"窗口，如图 6-43 所示。

（2）展开"命名空间"，可以看到安装文件服务器时就已经创建的命名空间"\\coolpen.net\coolpen"，如图 6-44 所示。

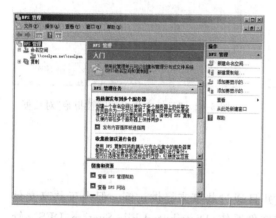

图 6-43　"DFS 管理"窗口

图 6-44　DFS 命名空间

（3）右击命名空间，选择快捷菜单中的"新建文件夹"选项，显示如图 6-45 所示的"新建文件夹"对话框。在"名称"文本框中可设置新名称。

（4）单击"添加"按钮，显示如图 6-46 所示的"添加文件夹目标"对话框，用于添加网络中的共享文件夹。

图 6-45　"新建文件夹"对话框

图 6-46　"添加文件夹目标"对话框

（5）单击"浏览"按钮，显示如图 6-47 所示的"浏览共享文件夹"对话框。默认显示本地服务上的共享内容，可选择已共享的文件夹，准备添加到命名空间。

提示：如果要添加其他服务器的共享文件夹，可在"服务器"文本框中输入计算机名称或 IP 地址，单击"显示共享文件夹"按钮，即可查看并选择共享文件夹。

（6）连续单击"确定"按钮，关闭"添加文件夹目标"对话框并返回到"新建文件夹"对话框，共享文件夹添加成功，并显示在"文件夹目标"列表框中，如图 6-48 所示。可添加多个共享文件夹。

图 6-47 "浏览共享文件夹"对话框

图 6-48 "新建文件夹"对话框

（7）单击"确定"按钮，新文件夹创建完成，如图 6-49 所示。按照同样的操作，可以继续创建连接到其他成员服务器的共享文件夹。

（8）在左侧树形目录中展开，还可以继续为该文件夹再添加目标，即其他计算机上的共享文件夹，如图 6-50 所示。

图 6-49 "服务器管理器"窗口

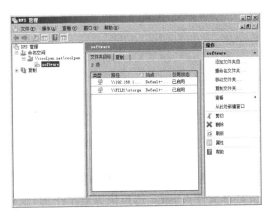

图 6-50 文件夹设置

6.6　访问共享资源

当设置了资源共享以后,用户就可以采用多种方式访问文件服务器或其他计算机上的共享文件夹,并根据所具有的权限,进行复制、读取等操作。通常,可以使用网上邻居、搜索共享文件等方式访问,对于常用的共享文件夹,还可以映射为网络驱动器。

6.6.1　访问共享文件

访问共享文件的步骤如下。

(1) 在客户端计算机上,打开 Windows 资源管理器,在"地址"栏中输入共享服务器的地址,格式为:

\\共享计算机名称或者 IP 地址\共享文件夹名称

例如:\\192.168.100.7。

按 Enter 键,首先会显示如图 6-51 所示的"连接到 192.168.100.7"对话框,需要输入具有访问权限的用户名和密码进行登录。

(2) 登录成功以后,即可显示该计算机上的共享文件夹,如图 6-52 所示。此时,双击相应的文件夹名称即可打开并访问其中的文件。

提示:打开"网络"窗口时,系统也会自动搜索网络并列出搜索到的计算机名,如图 6-53 所示。双击计算机名即可打开并查看其中的共享文件。

图 6-51　登录框

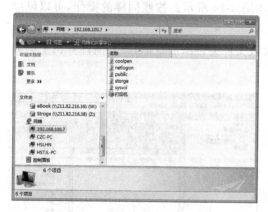

图 6-52　显示共享文件夹

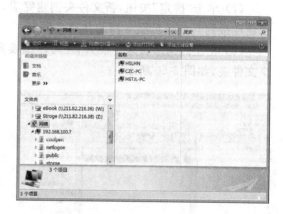

图 6-53　"网络"窗口

(3) 为了便于以后再次访问,可将需要经常访问的共享文件夹映射为网络驱动器。右击共享文件夹名称,选择快捷菜单中的"映射网络驱动器"选项,显示如图 6-54 所示的"映射网络驱动器"对话框。在"驱动器"下拉列表中指定一个驱动器号,并选中"登录时重新连接"复选框。

提示:也可以右击"计算机"并选择快捷菜单中的"映射网络驱动器"选项,打开该"映射网络驱动器"窗口,在"文件夹"文本框中直接输入共享文件夹地址进行映射。

(4)单击"完成"按钮,网络驱动器映射成功。映射的网络驱动器可以像本地磁盘分区一样使用,并且拥有一个独立盘符,如图 6-55 所示。

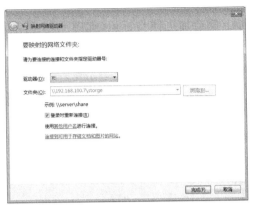

图 6-54　映射网络驱动器

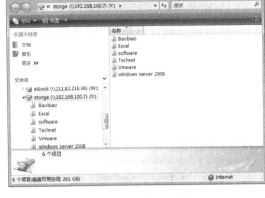

图 6-55　网络驱动器

6.6.2　文件同步

如果用户使用笔记本电脑等移动设备,经常会与服务器断开,为了保持客户端与文件服务器共享资源的一致,可为共享资源启用脱机功能。这样,共享资源就会在客户端计算机的文件系统缓存中保留一个副本,无论是否连接到网络都可以访问。当客户端与服务器连接以后,就可以进行同步。

(1)在文件服务器上启用脱机设置。打开共享文件夹的属性对话框,在"共享"选项卡中单击"高级共享"按钮,在"高级共享"对话框中单击"缓存"按钮,显示如图 6-56 所示的"脱机设置"对话框,选择"只有用户指定的文件和程序才能在脱机状态下可用。"单选按钮。依次单击"确定"按钮,保存脱机设置。

(2)在 Windows Vista 客户端计算机上,打开"控制面板"窗口,双击"脱机文件"图标,打开如图 6-57 所示的"脱机文件"对话框。默认已启用脱机文件。如果没有启用,则单击"启用脱机文件"按钮将其启用。

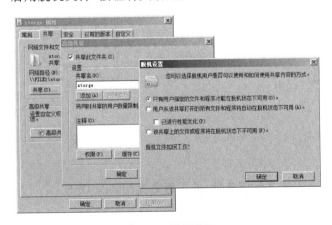

图 6-56　脱机设置

图 6-57　"脱机文件"对话框

提示：如果原来没有启用脱机文件，则启用后需重新启动该计算机以激活。

（3）在客户端计算机上，将文件服务器上的共享文件夹映射为网络驱动器后，右击并在快捷菜单中选择"始终脱机可用"选项，即可立即开始准备文件，开始第一次同步，显示如图6-58所示的"始终脱机可用"对话框。

（4）同步完成以后，所有的文件及文件夹图标上都会加上同步标识，如图6-59所示。这样，以后即使断开网络，此网络驱动器中的文件也依然可用，就好像没有断开一样。

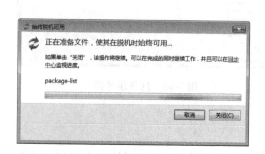
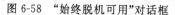

图6-58　"始终脱机可用"对话框

图6-59　同步完成

如果想让脱机文件夹中的内容和服务器保持一致，即可进行同步。右击网络驱动器，选择快捷菜单中的"始终脱机可用"选项，即可自动同步。

习题

1. 文件服务的作用是什么？
2. 分布式文件系统的作用是什么？
3. 共享权限包括哪几种？
4. NTFS文件权限包括哪几种？
5. 为共享文件夹授予NTFS权限时应注意哪些事项？

实验：文件服务器的配置

实验目的：
掌握文件服务器的配置。

实验内容：
在Windows Server 2008服务器上安装文件服务器，并配置磁盘配额及DFS。

实验步骤：

（1）安装文件服务器。

（2）将文件夹设置为共享。

（3）在文件服务器上创建 DFS 根目录，并添加 DFS 映射。

（4）为文件服务器启动磁盘配额。

（5）在客户端访问共享资源。

（6）在客户端设置脱机文件。

第 7 章　chapter 7

安装打印服务

　　打印机是办公网络中必不可少的设备,通常用来打印各种文档和材料。如今打印机的价格已降低了很多,但限于成本和空间,仍不可能为每个用户都配备一台打印机。而此时,就可以利用网络打印来解决,将打印机连接到打印服务器上,统一安排管理打印任务,即可使所有用户都能够使用打印机来打印文档。这样,不仅节约购买打印机的费用,还可通过设置打印权限,限制允许使用打印机的用户,从而节约资源,避免浪费。

7.1　打印服务安装前提与过程

　　打印服务器可以管理网络中的打印任务,通过为不同的打印机分配不同的打印任务,使得网络中的每个用户都可以利用打印机进行打印,而无论他们是否安装了打印机。打印服务器的性能和布局模式也很重要,决定着网络用户对于共享打印机的使用。同时,打印机的网络布局也直接影响着网络用户对网络打印机的选择。

7.1.1　案例情景

　　在该项目网络中,打印机主要分布于办公区和会议室,尤其是办公区的打印机数量最多,需要经常打印材料,打印机的使用次数也最多。当有多个文档需要同时打印时,由于打印机每次只能打印一份,就会出现打印文档"排队"的情况。如果其中的某个文档急需,而该文档之前又有多个文档正排队打印时,只能让前几个文档停止打印而优先打印该文档。为了避免这种情况的发生,就需要采用科学、有效的管理方法。

7.1.2　项目需求

　　在办公区网络中,需要由打印服务器控制所有的打印机,以便于分配打印任务,减少多个文档打印时的等待情况。同时,为了便于用户的使用,需要将打印机设置为共享,并为网络中的用户分配不同的权限,只允许办公区和会议区的用户或者计算机能够使用打印机,并且设置优先级,根据重要性来打印文档;而其他网络区的用户则不能使用打印机,以免造成打印资源的占用。

7.1.3　解决方案

　　本章介绍 Windows Server 2008 系统中打印服务的使用,以及打印权限、打印优先级的设置。打印机分为普通打印机和拥有网络接口的打印机,为了便于管理和使用,在打印任务较多的网络中应尽量购置网络打印机。

根据打印机类型的不同,应将打印机分别连接在打印服务器或者集线设备上。尤其是对于具有网络功能的打印机,应连接在集线设备上,并为其设置 IP 地址,使网络打印机成为网络上的一个不依赖于其他计算机的独立节点,然后,在打印服务器上对该网络打印机进行管理,用户就可以使用该网络打印机进行打印了。网络打印机模式的拓扑结构如图 7-1 所示。网络打印机具有 EIO 插槽,可以通过双绞线直接连接交换机或者计算机的网卡,能够以网络的速度实现高速打印输出。

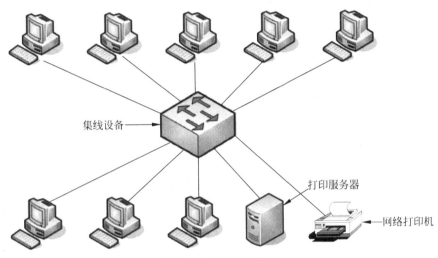

图 7-1 网络打印模式

而对于普通打印机,只拥有串口或者 USB 口,因此只能连接到打印服务器上,然后,通过网络共享该打印机,供局域网中的授权用户使用。打印服务器既可以由通用计算机担任,也可以由专门的打印服务器担任。但计算机的端口有限,因此,打印服务器所能管理普通打印机的数量也较少。打印服务器时的网络拓扑结构如图 7-2 所示。

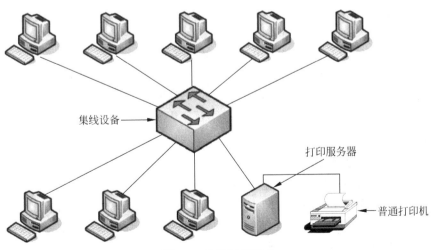

图 7-2 普通打印模式

7.2　安装打印服务器

Windows系统具有共享功能，不仅可以共享文件夹，也可以共享打印机，供网络中的其他用户使用。不过，个人计算机仅能将打印共享，而不能对打印机进行管理。而利用打印服务器，可以控制每台打印机的工作状态，当一台打印机太忙时，可以将打印任务分配给其他打印机，从而加快打印速度，提高打印效率。

7.2.1　安装打印服务器

安装打印服务器的步骤如下。

（1）运行"服务器角色添加向导"，在"选择服务器角色"对话框中，选中"打印服务"复选框，如图7-3所示。

（2）单击"下一步"按钮，显示如图7-4所示的"打印服务"对话框，简要介绍了打印服务和注意事项。

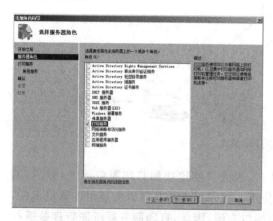

图7-3　"选择服务器角色"对话框

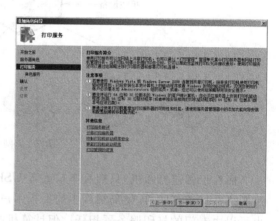

图7-4　"打印服务"对话框

（3）单击"下一步"按钮，显示如图7-5所示的"选择角色服务"对话框，选择为打印服务所安装的角色服务。"打印服务器"复选框项用于安装打印服务器；"LPD服务"复选框用于使UNIX计算机或使用Line Printer Remote(LPR)服务的计算机可以使用该共享打印机；"Internet打印"复选框则用来通过Internet使用和管理打印机。

为了使网络能够使用Internet打印功能，选中"Internet打印"复选框，显示如图7-6所示的"是否添加Internet打印所需的角色服务和功能"对话框，提示必须同时安装IIS服务和Windows进程激活服务。单击"添加必需的角色服务"按钮添加。

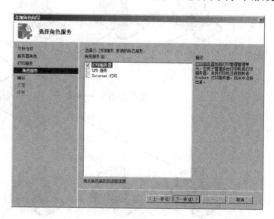

图7-5　安装打印服务

（4）单击"下一步"按钮，显示"Web 服务器（IIS）"对话框。单击"下一步"按钮，显示如图 7-7 所示的"选择角色服务"对话框，可以选择欲安装的 Web 服务器组件。使用默认设置即可。

图 7-6 添加 Internet 打印功能

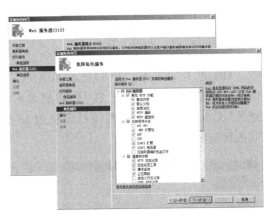

图 7-7 "选择角色服务"对话框

（5）单击"下一步"按钮，显示如图 7-8 所示的"确认安装选择"对话框，显示了所选择的服务。

（6）单击"安装"按钮，开始安装打印服务。完成后显示如图 7-9 所示的"安装结果"对话框。

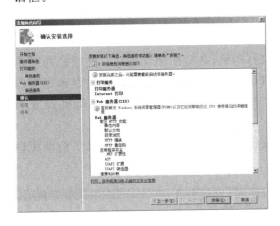

图 7-8 "确认安装选择"对话框

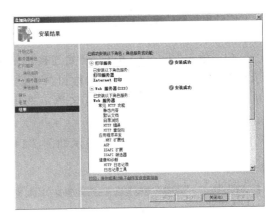

图 7-9 "安装结果"对话框

（7）单击"关闭"按钮，打印服务器安装完成。

7.2.2 连接网络接口打印机

网络接口打印机拥有独立的 IP 地址，可以直接连接到局域网中，因此，打印服务器可以管理更多的打印机。不过，需要事先为打印机分配一个 IP 地址。

（1）依次选择"开始"→"管理工具"→"打印管理"选项，打开"打印管理"窗口。在左侧树形目录中，展开"打印服务器"→"print（本地）"→"打印机"，用来查看和添加打印机，如

图 7-10 所示。

　　（2）右击"打印机"并选择快捷菜单中的"添加打印机"选项，运行"网络打印机安装向导"。首先显示"打印机安装"对话框，选择"按 IP 地址或主机名添加 TCP/IP 或 Web 服务打印机"单选按钮，如图 7-11 所示。

　　（3）单击"下一步"按钮，显示如图 7-12 所示的"打印机地址"对话框。在"打印机名称或 IP 地址"文本框中输入网络接口打印机的 IP 地址。其他保持默认设置即可。

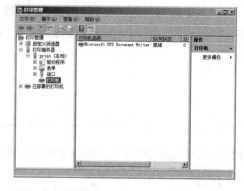

图 7-10　打印管理

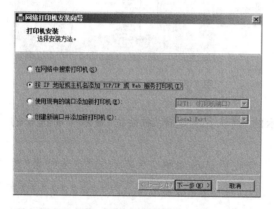

图 7-11　"打印机安装"对话框

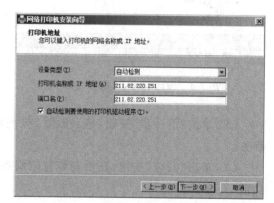

图 7-12　"打印机地址"对话框

　　（4）单击"下一步"按钮，开始连接网络接口打印机，并检测驱动程序。连接成功后显示如图 7-13 所示的"打印机名称和共享设置"对话框，在"打印机名"文本框中显示了打印机品牌与型号，并作为打印机名称。选中"共享此打印机"复选框可将打印机设置为共享。

　　（5）单击"下一步"按钮，显示如图 7-14 所示的"找到打印机"对话框，列出了前面所做的设置。

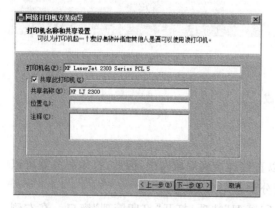

图 7-13　"打印名称和共享设置"对话框

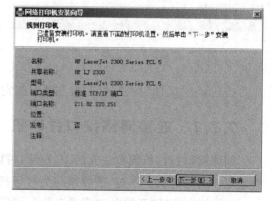

图 7-14　"找到打印机"对话框

（6）单击"下一步"按钮，显示如图 7-15 所示的"正在完成网络打印机安装向导"对话框。如果要测试打印机是否可用，可选中"打印测试页"复选框；如果要继续添加打印机，可选中"添加其他打印机"复选框。

（7）单击"完成"按钮，打印机添加完成，并显示在"打印机"窗口中，如图 7-16 所示。

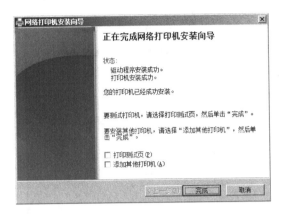

图 7-15　完成网络打印机安装向导

图 7-16　已安装的打印机

按同样的操作，可继续添加网络中的其他打印机。

7.2.3　知识链接：打印机与打印设备

打印机分为网络接口打印机和普通打印机两种。网络接口打印机就如同一台独立的计算机，具有单独的 IP 地址，可以直接连接到交换机而不需要连接到计算机上，局域网中的所有计算机都可以连接该网络接口打印机。网络接口打印机通常为激光打印机，打印速度快、质量高，适用于打印文档较多的办公网络。

普通打印机没有独立的 IP 地址，需要使用串口或者 USB 口连接到计算机上才能使用。普通打印机又分为针式打印机、喷墨打印机和激光打印机 3 种。针式打印机无法自动进纸，并且打印速度比较慢，打印精度也较差，通常用来打印发票等。而喷墨打印机和激光打印机的打印速度相对快，且可以批量放置纸张，在使用时更加方便。

7.3　管理打印服务器

默认情况下，允许所有用户使用打印机。为了合理安排打印机的使用，应当利用打印服务器进行管理，为不同的用户分配不同的打印权限，以控制用户的使用，并调整打印优先级，从而更好地管理打印机。

7.3.1　设置打印权限

管理员需要控制打印机的使用，使只有办公区的用户才能使用打印机打印文档，而其他用户则不允许，以节约资源，并防止影响重要文件的打印。

打印机安装以后，默认允许所有用户打印，并允许选择用户或组对打印机、发送给它的文档或者这两者进行管理。为了合理安排打印机的使用，可以通过为用户指派打印机权限来进行控制。例如,可以给部门中所有无管理权的用户设置"打印"权限,而给所有管理人员设置"打印和管理文档"权限。这样,所有用户和管理人员都能打印文档,但管理人员还能更改发送给打印机的任何文档的打印状态。

打开"打印管理"控制台,在"打印机"窗口中,选择打印机,右击并选择快捷菜单中的"属性"选项,显示打印机属性对话框。选择"安全"选项卡,即可为"组或用户名"列表框中的用户选择权限,如图 7-17 所示。

Windows 提供了 4 种打印权限:打印、管理打印机、管理文档和特殊权限。当给一组用户指派了多个权限时,将应用限制性最少的权限。但是,应用了"拒绝"权限时,它将优先于其他任何权限。这几种权限的意义如下。

(1) 打印:用户可以连接到打印机,并将文档发送到打印机。默认情况下,Everyone 组具有此权限。

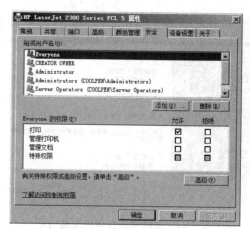

图 7-17　"安全"选项卡

(2) 管理打印机:用户可以执行与"打印"权限相关联的任务,并且具有对打印机的完全管理控制权,例如暂停和重新启动打印机、更改打印后台处理程序设置、共享打印机、调整打印机权限等,还可以更改打印机属性。默认情况下,Administrators 组和 Power Users 组具有此权限。

(3) 管理文档:用户可以暂停、继续、重新开始和取消打印队列的文档,并可重新安排文档顺序,但无法将文档发送到打印机或控制打印机状态。默认情况下,Creator Owner 组具有此权限。

(4) 特殊权限:包括读取、更改、取得所有权等多个权限,需单击"高级"按钮设置。

为了使只有办公区的用户才能使用打印机,在"组或用户名"列表框中删除 Everyone 组。然后,单击"添加"按钮,显示如图 7-18 所示的"选择用户、计算机或组"对话框,在"输入对象名称来选择"文本框中输入办公区用户所在的组。

单击"确定"按钮,用户添加成功,并为其指定"打印"权限即可,如图 7-19 所示。

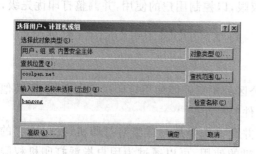

图 7-18　选择用户或组

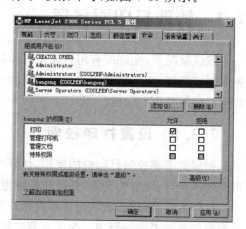

图 7-19　设置打印权限

7.3.2 设置打印优先级

网络中的用户使用网络打印机时,如果有多个文档需要同时打印,那么待打印的文档就需要排队。为了使文档能够及时打印,可为打印机设置优先级,优先级高的打印机将先被用来打印文档。同时,为了控制打印机的使用,还可设置打印的使用时间,使其只能在上班时间使用。

打开"打印管理"控制台,在"打印机"窗口中打开打印机的属性对话框,选择"高级"选项卡,选择"使用时间从"单选按钮,并设置时间为上班时间,使打印机只能在上班时间使用。在"优先级"文本框中,即可设置打印机的优先级,如图7-20所示。

图7-20 "高级"对话框

7.3.3 送纸器设置

图7-21 指定送纸器内的纸张

有的打印机有多个送纸器,可以分别放置有不同的纸张,例如A4、B5等。为了便于用户的使用,可以在打印机内为送纸器指定所使用的纸张。而用户在打印时,只要选择打印纸张即可,无需知道纸张放在哪个送纸器内,打印机会自动从纸张所在的相应送纸器内取纸。

在打印机属性对话框中,选择"设备设置"选项卡,在"按送纸器格式分配"列表中,即可根据实际需要指定不同送纸器内的纸张,如图7-21所示。

7.3.4 管理打印队列

打印队列用来存放等待打印的文档。当用户在应用程序中选择了"打印"命令后,Windows就会创建一个打印工作。如果打印机此时正在处理另一项打印工作,则会在打印机文件夹中形成一个打印队列,保存所有等待打印的文件。

1. 调整打印文档

打印机的打印队列中可能会有很多等待打印的文档,为了提高打印效率,管理员应当查看打印队列中的打印文档,更改打印优先级来调整打印文档的打印次序,使急需的重要文档优先打印出来。

(1)打开"打印管理"控制台,在"打印机"窗口中选择欲查看的打印机,右击并从快捷菜单中选择"打开打印机队列"选项,显示如图 7-22 所示的打印队列,列出了当前打印机正在发现和准备打印的所有文件。

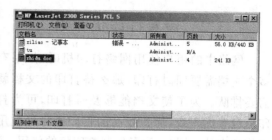

图 7-22　打印管理器

(2) 选择要调整打印次序的文档,右击并从快捷菜单中选择"属性"选项,打开文档属性对话框,如图 7-23 所示。在"优先级"选项区域中,拖动滑块即可改变被选文档的优先级,优先级越高,则文档越早被打印。对于需要提前打印的文档,提高其优先级;对于不需要提前打印的文档,降低其优先级。

提示:如果某个文件正在被打印,则不能调整其优先级别,只能调整没有打印的文档。

(3) 在文档的属性对话框中,还可以在其他选项卡中重新设置该文档的属性,如纸张、效果等,如图 7-24 所示。完成后单击"确定"按钮,保存所做设置即可。

图 7-23　文档属性

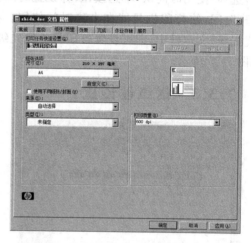

图 7-24　设置文档属性

2. 暂停打印文档

如果用户想暂时停止打印某一个文档,可在打印队列中将该文档"暂停打印",此时就可以将其他文档优先打印。当想继续打印时,只需在打印文档的快捷菜单中选择"继续"命令即可继续打印。

在打印队列窗口中,右击要暂停打印的文档,从快捷菜单中选择"暂停"选项,即可将该文档暂停打印,同时,状态栏上显示"已暂停"字样,如图 7-25 所示。暂停的文档将不会被打印,而是打印该文档后面的文档。如果要继续打印,可右击已暂停的文档,选择快捷菜单中的"继续"选项即可。

如果某个文档要取消打印,可再右击该文档,选择快捷菜单中的"取消"选项,显示如图 7-26 所示的警告框,单击"是"按钮即可将该文档取消打印。如果管理员要清除所有的打印文档,可在打印队列中单击"打印机"菜单中的"取消所有文档"选项即可。

3. 暂停和重新启动打印作业

打印机需要不定时维护,例如添加打印纸、硒鼓或色带等打印材料,此时就需要管理员暂停打印工作,当打印纸或硒鼓添加完成后再继续打印工作。

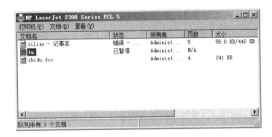

图 7-25 暂停打印文档

图 7-26 取消文档

（1）在"打印管理"控制台中打开"打印机"窗口，选择欲暂停打印的打印机，右击并选择快捷菜单中的"暂停打印"选项，即可使打印机暂停工作。此时，打印机的"队列状态"显示为"已暂停"，如图 7-27 所示。

（2）当需要重新启动打印机的打印工作时，可右击已暂停的打印机，选择快捷菜单中的"恢复打印"选项，即可使打印机继续打印，同时，"队列状态"中的"已暂停"也会变为"就绪"。

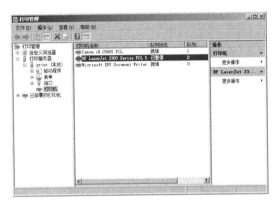

图 7-27 暂停打印机

7.4 访问共享打印机

打印服务器设置成功以后，即可在客户端安装网络中共享的打印机，当需要打印文档时，就会自动使用共享打印机打印。由于服务器上已经安装了相应的打印机驱动，所以，客户端计算机上无需专门提供打印机驱动程序，系统会自动从打印服务器下载相应的驱动程序并安装。

7.4.1 添加共享打印机

添加共享打印机的步骤如下。

（1）在客户端计算机上打开 Windows 资源管理器，在地址栏中打开打印服务器的共享地址：

\\192.168.100.13

按 Enter 键，即可显示出所有的文件及打印机。双击"打印机"文件夹，即可看到所有的共享打印机，如图 7-28 所示。

（2）选择要添加的打印机，右击并选择快捷菜单中的"连接"选项，即可开始连接该共享打印机。连接成功以后，提示需要安装该打印机的驱动程序，如图 7-29 所示。

（3）单击"安装驱动程序"按钮，开始安装打印机驱动程序。安装完成后，在"控制面板"中打开"打印机"窗口，即可看到所添加的打印机，如图 7-30 所示。选择常用的打印机，右击并选择快捷菜单中的"设为默认打印机"选项，将其设置为默认打印机，打印文档时将自动使用该打印机打印。

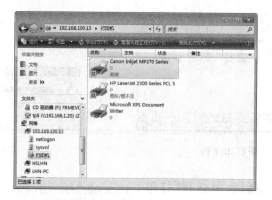

图 7-28 "打印机"窗口

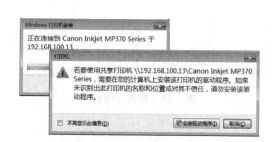

图 7-29 安装驱动程序

图 7-30 "打印机"窗口

另外，也可以在"控制面板"中打开"打印机"窗口，单击"添加打印机"按钮启动"添加打印机"向导，从而添加网络中的打印机，如图 7-31 所示。

这样，当用户在文档中单击"打印"按钮打印时，会显示如图 7-32 所示的"打印"对话框。如果当前计算机上安装了多个打印机，那么，就需要在"名称"下拉列表中选择欲使用的打印机，如图 7-32 所示。同时，也可以设置页面范围、份数、纸张缩放等。单击"确定"按钮即可开始打印。

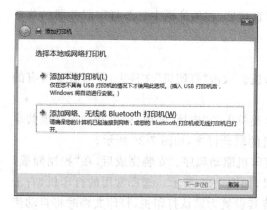

图 7-31 添加打印机向导

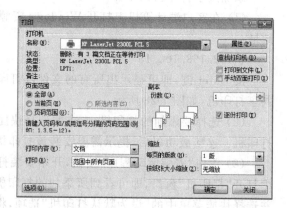

图 7-32 "打印"对话框

7.4.2 安装 Web 共享打印机

由于打印服务器上启用"Internet 打印"功能,因此,Internet 中的用户也可以借助 Web 浏览器,通过 Internet 远程连接到打印服务器并使用网络打印机打印。由于 Web 方式不受路由限制,因此,处于任何位置的用户都可以添加网络打印机。

(1) 在"控制面板"中运行"添加打印机向导"。选择"添加网络、无线或 Bluetooth 打印机",当显示如图 7-33 所示的"按名称或 TCP/IP 地址查找打印机"对话框时,选择"按名称选择共享打印机"单选按钮,并输入 Web 共享打印机路径,格式如下:

http://打印服务器的 IP 地址或 DNS 名称/printers/打印机共享名/.printer

(2) 单击"下一步"按钮,即可添加该打印机。

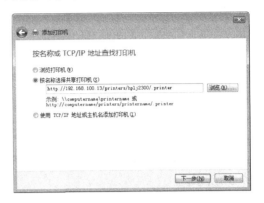

图 7-33 "按名称或 TCP/IP 地址查找打印机"对话框

7.4.3 Web 方式连接到打印机

Web 方式连接到打印机的步骤如下。

(1) 打开 Web 浏览器,在地址栏中输入打印服务器的 Web 地址,格式为:

http://打印服务器的 IP 地址或 DNS 名称/printers

按 Enter 键,显示如图 7-34 所示的"连接到 192.168.100.13"对话框,提示需要登录。

图 7-34 登录对话框

(2) 输入具有访问权限的用户账户和密码登录,单击"确定"按钮,即可连接打印服务器,并显示出打印服务器上的打印机,如图 7-35 所示。

(3) 单击打印机名称,显示打印机上的打印文档。由于需要安装 ActiveX 控件,因此,会在窗口上方显示信息栏,单击该信息栏并选择快捷菜单中的"安装 ActiveX 控件"选项,显示如图 7-36 所示的"安全警告"对话框。

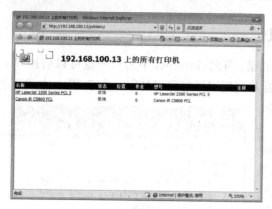

图 7-35　Web 打印机

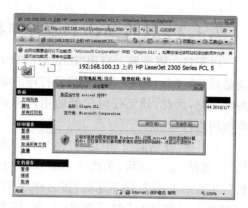

图 7-36　安装 Active 控件

（4）单击"运行"按钮，即可安装该 ActiveX 控件，此时可查看该打印机的打印队列，如图 7-37 所示。

（5）在左侧列表中，可通过单击相应的链接来查看所有的打印机、打印文档。图 7-38 所示为打印机的属性信息。如果用户拥有足够的权限，还可对打印任务进行控制，如暂停、继续、取消文档等操作。

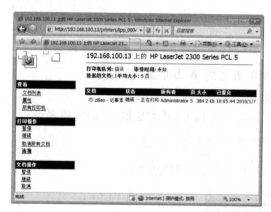

图 7-37　打印队列信息

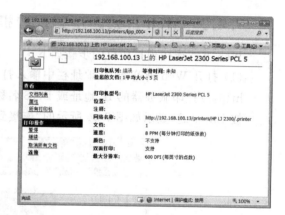

图 7-38　打印机属性

7.4.4　知识链接：Web 打印的作用

通过在打印服务器上安装 Web 打印组件，远程用户可以采用 Web 浏览器的方式访问打印机并打印，操作非常方便。这种访问适合于在 Internet 中实现远程打印，而且不受路由和网络的限制，不过由于传输速率比局域网要慢，所以，当需要打印的文档较大时，打印速度会比较慢。

习题

1. 打印机分为哪几种类型？
2. 什么是网络接口打印机？

3. 网络打印分为哪几种类型?

实验：网络打印服务的安装与配置

实验目的：

掌握网络打印服务的安装与配置。

实验内容：

在 Windows Server 2008 服务器上安装打印服务，并添加网络打印机，实现对打印队列的管理。

实验步骤：

（1）安装打印服务和 Web 打印功能。

（2）添加网络接口打印机。

（3）为用户设置打印权限。

（4）在客户端计算机上安装共享打印机。

（5）使用 IE 浏览器访问 Web 打印机。

第 **8** 章　chapter 8

安装电子证书服务

在网络迅速发展的同时,网络安全也越来越令人担忧,尤其是一些电子交易等网站,一旦数据被人截获、篡改或假冒等,给企业和用户都会带来难以想象的严重后果。因此,通常利用电子证书为传输的数据进行加密,这样即使数据被人截获,也无法获得数据中的内容,从而保护用户的网络及传输信息的安全。

8.1　电子证书服务安装前提与过程

虽然网络中安装了防火墙、智能防御等各种安装设备,但对已传输到网络以外的数据却丝毫不起作用,非法用户仍可以使用各种方法截取数据并分析其中的信息。因此,利用电子证书对传输的数据进行加密,是保护数据安全的有力措施。

8.1.1　案例情景

在该项目网络中,由于业务的需要,经常要将一些重要的材料发送给其他客户,并且有的交易需要在网络上完成。但无论是竞争对手还是恶意入侵者,都会试图截获网络中的数据,对公司信息造成极大的威胁。因此,必须确保公司与其他公司或者客户之间传输的数据安全。

8.1.2　项目需求

保障数据安全,就是保护公司的财产不受损失。因此,必须对网络中传输的数据进行加密,这样,即使数据被非法截获,也无法查看其中的内容,从而保证公司的秘密不会外泄。虽然网络上有很多网站也提供了证书申请的服务,但毕竟不是自己的证书服务器,难以保证其安全性。因此,需要在公司网络中安装证书服务器。

8.1.3　解决方案

本章主要介绍如何配置 Windows Server 2008 的证书服务器及电子证书的使用。由于证书服务占用资源较少,为节省服务器资源,这里将证书服务安装在域控制器上。

Windows Server 2008 支持两种证书服务器,分别是应用于 Active Directory 网络的企业证书服务器(企业 CA)和用于企业或 Internet 的独立证书服务器(独立 CA)。其中,企业证书服务器应用于域环境,需要 Windows Server 2008 活动目录(Active Directory)的支持,域中的用户可以直接向证书服务器申请并安装证书。该网络中由于使用域服务,因此,只部署企业证书服务器。网络中的其他服务器以及客户端用户,都可以直接向域控制器上的证书服务器申请证书并使用。而未加入域的客户端计算机,则需要配置为信任证书服务器才能申请证书。

8.2 证书服务器的安装

证书服务可以通过 Windows Server 2008 的"添加角色向导"来完装。在安装过程中,需要选择安装类型、证书的加密方式、证书公用名称、有效期等。而安装完成以后,不需特别的设置即可直接使用。

8.2.1 安装企业证书服务

安装企业证书服务的步骤如下。

(1)将证书服务器加入域,以管理员身份登录。运行"添加角色向导",当显示"选择服务器角色"对话框时,在"角色"列表框中选中"Active Directory 证书服务"复选框,如图 8-1 所示。

(2)单击"下一步"按钮,显示如图 8-2 所示的"Active Directory 证书服务简介"对话框,列出了证书服务的简介及注意事项。

(3)单击"下一步"按钮,显示如图 8-3 所示的"选择角色服务"对话框,选择要为证书服务安装的角色服务。默认选中"证书颁发机构"复选框。

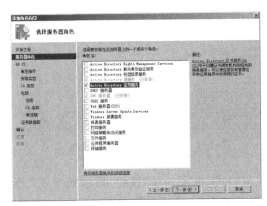

图 8-1 "选择服务器角色"对话框

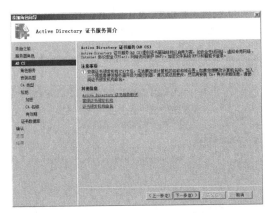

图 8-2 "Active Directory 证书服务简介"对话框

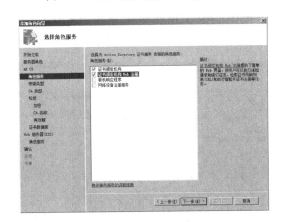

图 8-3 选择证书服务角色

为了使客户端计算机可以使用 Web 方式从证书服务器注册证书，这里选中"证书颁发机构 Web 注册"复选框，显示如图 8-4 所示的"是否添加 证书颁发机构 Web 注册所需的角色服务和功能"对话框。单击"添加必需的角色服务"按钮即可。

图 8-4　添加证书颁发机构 Web 注册所需的角色服务和功能

（4）单击"下一步"按钮，显示如图 8-5 所示的"指定安装类型"对话框。选择"企业"单选按钮，用来安装企业证书。

（5）单击"下一步"按钮，显示如图 8-6 所示的"指定 CA 类型"对话框。由于是第一次安装，并且将作为网络中唯一的证书颁发机构，因此，选择"根 CA"单选按钮。只有准备将当前服务器作为子服务器从另一台证书服务器获取 CA 证书时，才选择"子级"单选按钮。

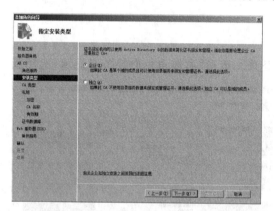

图 8-5　"指定安装类型"对话框

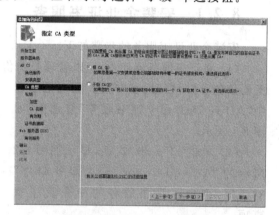

图 8-6　"指定 CA 类型"对话框

（6）单击"下一步"按钮，显示如图 8-7 所示的"设置私钥"对话框。由于现在是第一次安装证书服务，且没有私钥，因此，选择"新建私钥"单选按钮。

（7）单击"下一步"按钮，显示如图 8-8 所示的"为 CA 配置加密"对话框，在"选择加密服务提供程序"下拉列表中，选择加密程序，在"密钥字符长度"下拉列表中可选择密钥长度，在"选择此 CA 颁发的签名证书的哈希算法"列表框中，选择要使用的哈希算法。

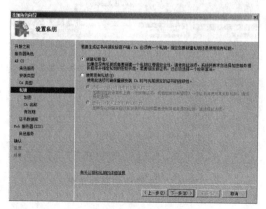

图 8-7　"设置私钥"对话框

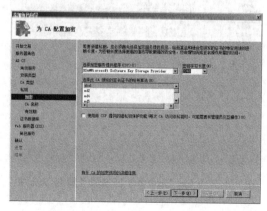

图 8-8　"为 CA 配置加密"对话框

（8）单击"下一步"按钮，显示如图 8-9 所示的"配置 CA 名称"对话框。在"此 CA 的公用名称"文本框中可以设置此证书的公用名称，默认使用"域 NetBIOS 名＋CA"的格式。

（9）单击"下一步"按钮，显示如图 8-10 所示的"设置有效期"对话框，设置该证书的有效期，默认为 5 年。

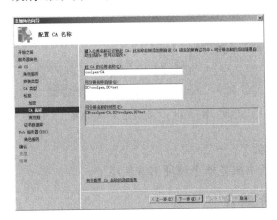

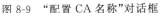

图 8-9 "配置 CA 名称"对话框

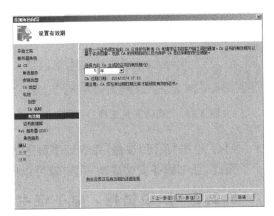

图 8-10 "设置有效期"对话框

（10）单击"下一步"按钮，显示如图 8-11 所示的"配置证书数据库"对话框，用来设置证书数据库和数据库日志的位置。

（11）由于要同时安装"证书颁发机构 Web 注册"功能，因此，单击"下一步"按钮时，会显示"Web 服务器(IIS)"对话框。单击"下一步"按钮，显示如图 8-12 所示的"选择角色服务"对话框，用来选择欲安装的 Web 服务器组件。保持默认设置即可。

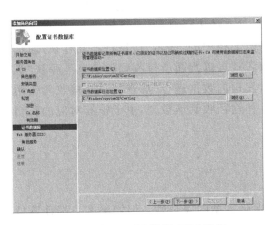

图 8-11 "配置证书数据库"对话框

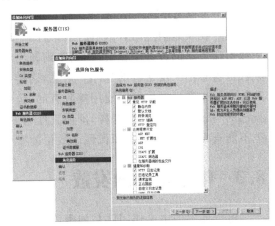

图 8-12 安装 Web 服务器

（12）单击"下一步"按钮，显示如图 8-13 所示的"确认安装选择"对话框，列出了要安装的角色及其相应组件。

（13）单击"安装"按钮，开始安装证书服务及相关组件。安装完成以后，显示如图 8-14 所示的"安装结果"对话框。

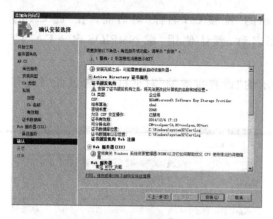
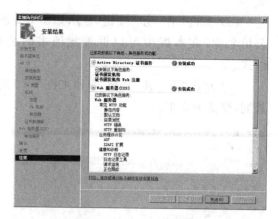

图 8-13　"确认安装选择"对话框　　　　　　图 8-14　"安装结果"对话框

（14）单击"关闭"按钮，完成证书服务的安装。

至此，证书服务安装成功，用户就可以向该证书服务器申请证书并使用了。

8.2.2　知识链接：电子证书服务简介

电子证书类似于生活中的"证书"，是一段由证书颁发机构（Certification Authority，CA）数字签名的、包含用户身份信息和用户公钥信息以及身份验证机构数字签名的数据，用来代表用户的身份。其中，身份验证机构的数字签名可以确保证书信息的真实性，而用户公钥信息可以保证数字信息传输的完整性，用户的数字签名可以保证数字信息的真实性。

Windows Server 2008 使用公共密钥基础结构（Public Key Infrastructure，PKI）来处理企业内部或外部网络中用户的身份验证、数据加密、数字签名等。公共密钥属于"非对称加密"技术，使用"公钥"和"私钥"两个密钥。其中，"公钥"可以对所有用户公开；而"私钥"则必须由使用者自己秘密保存，不能泄露。这两个密钥彼此相关联，通常都是通过证书来发布的。

用户在发送信息时，可以使用自己的"私钥"对发送的电子邮件、文档等进行"签名"，如果数据在传送的过程中被更改，则收到的电子邮件、文档中的"签名"信息将不复存在，而接收者也将看不到发送者的"签名"信息，这样，接收者就可以判断所接收到的信息是否被"篡改"。当然，发送者也可以使用接收者的"公钥"对发送的数据进行"加密"，只有接收者使用自己的"私钥"才能解密，这样，即使其他人通过各种途径收到该数据，由于没有对应的私钥也不能查看数据内容，从而保证了数据的安全。

8.3　电子证书的发放

电子证书的主要作用就是加密传输的数据，保障数据的安全性。但如果客户端计算机要使用电子证书，必须向证书服务器申请。不过，由于网络中安装的是企业根证书，默认情况下，证书服务器会自动颁发证书，而不需管理员手动颁发。

8.3.1　使用证书注册向导申请

如果域中的用户要使用证书，可以利用"证书申请向导"直接向证书服务器申请。

（1）使用域用户账户登录客户端计算机，运行 mmc 命令打开"控制台1"窗口。选择"文件"菜单中的"添加/删除管理单元"选项,显示如图 8-15 所示的"添加或删除管理单元"对话框。

（2）在左侧的"可用的管理单元"列表框中选择"证书"选项,单击"添加"按钮,显示如图 8-16 所示的"证书管理单元"对话框,选择要使用的账户。

（3）连续单击"下一步"按钮,添加"证书"管理单元,并单击"确定"按钮添加到控制台中,如图 8-17 所示。

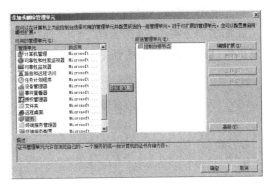

图 8-15 "添加或删除管理单元"对话框

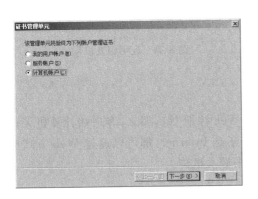

图 8-16 添加证书管理单元

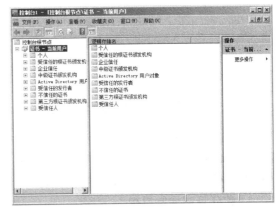

图 8-17 "证书"控制台

（4）在控制台根中展开"证书-当前用户",右击"个人"并选择快捷菜单中的"所有任务"→"申请新证书"选项,启动"证书注册"向导。

（5）单击"下一步"按钮,显示如图 8-18 所示的"申请证书"对话框,选择要申请的证书类型。在添加"证书管理单元"时,所选择的账户类型不同,这里所显示的证书类型也不同。

（6）单击"注册"按钮,即可向证书服务器注册。成功后显示如图 8-19 所示的"证书安装结果"对话框。

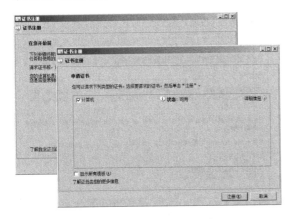

图 8-18 "证书注册"对话框

图 8-19 "证书安装结果"对话框

（7）单击"完成"按钮，注册成功的证书显示在"证书"控制台中，如图 8-20 所示。

在证书服务器上，依次选择"开始"→"管理工具"→Certification Authority 选项，打开"证书颁发机构"窗口，在"颁发的证书"窗口中，即可看到所有已颁发的证书，如图 8-21 所示。

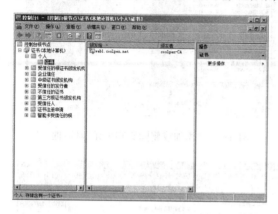

图 8-20　证书注册成功

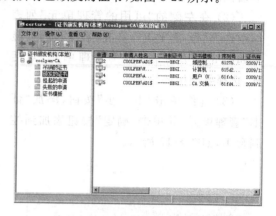

图 8-21　证书颁发机构

8.3.2　Web 方式申请证书

如果证书服务器同时也安装了"证书颁发机构 Web 注册"组，那么，客户端计算机无论是否加入域都可以申请证书，而且无论处于局域网还是 Internet，都可以通过 Web 方式申请证书。不过，客户端计算机必须先配置为信任证书颁发机构。

1. 信任证书颁发机构

如果要申请证书的计算机没有加入域，就必须配置为信任证书颁发机构。如果当前服务器已经加入域，则无需配置。

（1）打开 Web 浏览器，在地址栏中输入证书服务器的证书申请地址，格式为：http://证书服务器的 IP 地址/certsrv，例如 http://192.168.100.2/certsrv。按 Enter 键，显示如图 8-22 所示的"连接到 192.168.100.2"登录框。在"用户名"和"密码"文本框中分别输入具有登录证书服务器权限的用户名和密码。需要注意的是，用户名要使用"域名\用户名"的格式。

（2）单击"确定"按钮，显示如图 8-23 所示的"Microsoft Active Directory 证书服务"窗口。

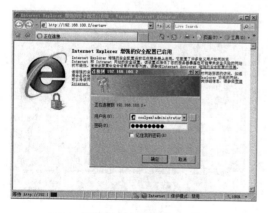

图 8-22　登录框

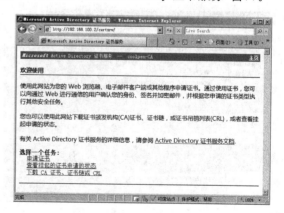

图 8-23　"Microsoft Active Directory 证书服务"窗口

（3）单击"下载 CA 证书、证书链或 CRL"链接，显示如图 8-24 所示的"下载 CA 证书、证书链或 CRL"窗口，用来下载证书或证书链。

（4）单击"下载 CA 证书"链接，将该证书保存到本地计算机上，如图 8-25 所示。

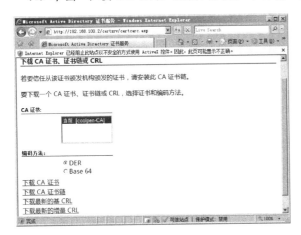

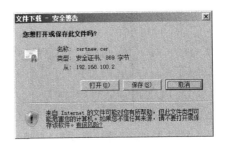

图 8-24 选定证书　　　　　　　　　　图 8-25 下载证书

（5）证书下载完成以后，在 Windows 资源管理器中选择所下载的证书链接文件，双击打开，显示如图 8-26 所示的"证书"对话框，可以查看证书信息。

（6）单击"安装证书"按钮，运行"证书导入向导"。单击"下一步"按钮，显示如图 8-27 所示的"证书存储"对话框，用来选择存储证书的系统区域。

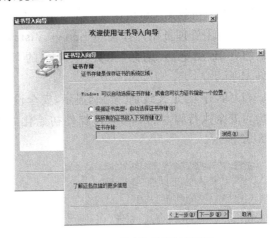

图 8-26 "证书"对话框　　　　　　　　图 8-27 "证书存储"对话框

（7）选择"将所有证书放入下列存储"单选按钮，并单击"浏览"按钮，显示如图 8-28 所示的"选择证书存储"对话框，选择"受信任的根证书颁发机构"选项。

（8）单击"确定"按钮，确认将证书放入"受信任的根证书颁发机构"。单击"下一步"按钮，显示如图 8-29 所示的"正在完成证书导入向导"对话框。

图 8-28 "选择证书存储"对话框

（9）单击"完成"按钮，开始导入证书，并显示如图 8-30 所示的"安全性警告"对话框，要求确认是否信任此证书颁发机构。

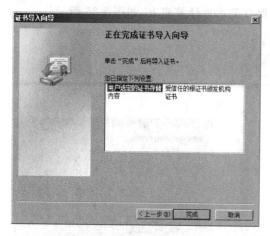

图 8-29　完成证书导入向导　　　　　　　图 8-30　"安全性警告"对话框

（10）单击"是"按钮，证书导入成功。

这样，客户端计算机在申请证书时，就会自动信任该证书服务器了。

2. 配置 IE 浏览器

默认状态下，Windows Vista 和 Windows Server 2008 系统中的 IE 浏览器由于安全设置的原因，不允许下载未标记为可安全执行脚本的 ActiveX 控件，因此，用户无法从证书服务器下载 Web 控件，也就无法申请证书。在申请证书之前，需要更改 IE 浏览器的默认级别。

（1）使用管理员用户登录 Windows Vista，首先需要使 IE 浏览器能够运行 ActiveX 控件。打开 IE 浏览器，选择"工具"菜单中的"Internet 选项"选项，选择"安全"选项卡，如图 8-31 所示。

（2）单击"自定义级别"按钮，显示"安全设置-受信任的站点区域"对话框，选择"对未标记为可安全执行脚本的 ActiveX 控件初始化并执行脚本（不安全）"的"启用"单选按钮，如图 8-32 所示。

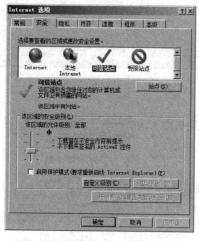

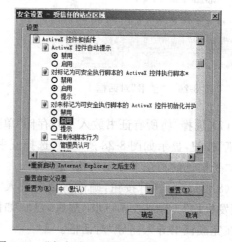

图 8-31　"Internet 选项"对话框　　　　　图 8-32　"安全设置-受信任的站点区域"对话框

（3）单击"确定"按钮保存设置。

需要注意的是，这种设置具有一定的安全风险，有可能在浏览一些网站时，导致网页上
的非法程序直接安装在计算机上。因此，在
申请完证书后，应及时恢复成原来的安全
设置。

3．申请证书

申请证书的步骤如下。

（1）登录到"Active Directory 证书服
务"窗口，在"欢迎使用"窗口中单击"申请证
书"超链接，显示如图 8-33 所示的"申请一
个证书"窗口。

（2）如果只是申请用户证书，可直接单
击"用户证书"链接，显示如图 8-34 所示的
"用户证书-识别信息"窗口。

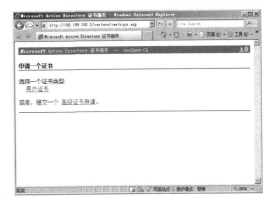

图 8-33 "申请一个证书"窗口

提示：如果要选择用户证书的加密程序，可单击"更多选项"超链接，显示如图 8-35 所
示的窗口，可以选择加密服务提供程序和申请格式。

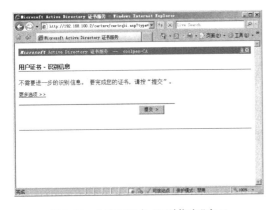

图 8-34 "用户证书-识别信息"窗口

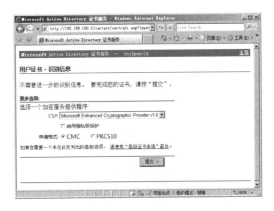

图 8-35 更多选项

（3）单击"提交"按钮，即可向证书服务器申请证书，完成后显示如图 8-36 所示的"证书
已颁发"窗口，提示所申请的证书已颁发。

（4）单击"安装此证书"超链接，即可安装证书，并显示如图 8-37 所示的"证书已安装"
窗口，提示证书已经安装。

如果用户要申请其他类型的证书，可以执行如下操作步骤。

（1）在"申请一个证书"窗口中单击"高级证书申请"超链接，显示如图 8-38 所示的"高
级证书申请"窗口。

（2）单击"创建并向此 CA 提交一个申请"超链接，显示如图 8-39 所示的窗口，在"证书
模板"选项区域中可以选择欲申请的证书类型，在"密钥选项"选项区域中可以设置密钥类
型，在"其他选项"选项区域中可以设置申请格式，并可在"好记的名称"文本框中为证书设置
一个名称。

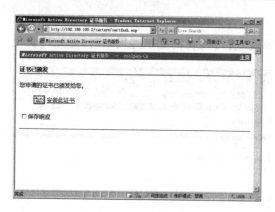

图 8-36　"证书已颁发"窗口

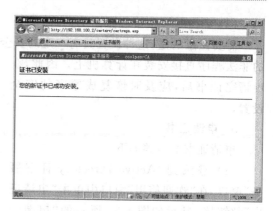

图 8-37　证书已安装

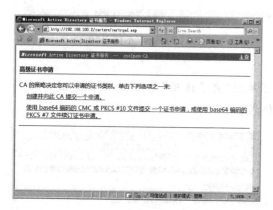

图 8-38　"高级证书申请"窗口

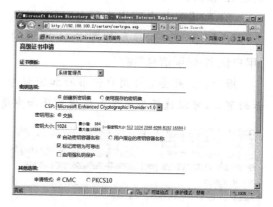

图 8-39　高级证书申请

（3）单击"提交"按钮，即可申请该证书并安装。

8.3.3　证书的管理

人员变动是每个公司都会发生的情况，当人员变更以后，将导致一部分证书不再使用。为安全起见，网络管理员应当及时吊销这些证书，当需要重新使用时，解除吊销即可。证书都有一定的有效期限，为了保证在有效期过后仍能继续使用，应及时更新或者续订。

1. 吊销证书

如果某些证书不再使用，可以将其吊销。不过，吊销证书只能在证书服务器上进行，客户机无法吊销证书。

（1）登录到证书服务器，打开"证书颁发机构"控制台，在"颁发的证书"窗口中选择欲吊销的证书，右击并依次选择快捷菜单中的"所有任务"→"吊销证书"选项，显示如图 8-40 所示的"证书吊销"对话框，在"理由码"下拉列表中可选择吊销的原因。

（2）单击"是"按钮，即可吊销该证书。当证书被吊销以后，将显示在"吊销的证书"窗口中，如图 8-41 所示。

2. 解除吊销的证书

如果有些已吊销的证书需要继续使用，就可以将这些证书解除吊销。不过，需要注意的是，只有吊销原因为"证书待定"的证书才能解除吊销，其他原因吊销的证书将不能解除。

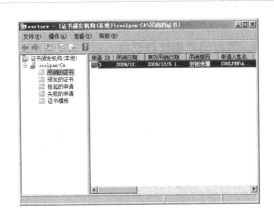

图 8-40　"证书吊销"对话框

图 8-41　吊销的证书

在"吊销的证书"窗口中选择欲解除吊销的证书,右击并依次选择快捷菜单中的"所有任务"→"解除吊销证书"选项即可。

如果证书不能被解除吊销,将显示如图 8-42 所示的提示对话框,提示取消吊销失败。

图 8-42　解除吊销失败

3. 用新密钥续订证书

证书都有一定的有效期限,当有效期过后,证书将会无效。因此,若要继续使用证书,就必须在证书到期前更新或者续订。而证书的续订又分为用新密钥续订和使用相同密钥续订此证书。不过,只有登录到域以后才有权续订证书。

(1) 在客户端计算机上运行 MMC 命令打开控制台,添加"证书"管理单元。

(2) 依次选择"个人"→"证书"选项,选择欲续订的证书,右击并依次选择快捷菜单中的"所有任务"→"用新密钥续订证书"选项,运行"证书注册"向导。

(3) 单击"下一步"按钮,显示如图 8-43 所示的"申请证书"对话框,列出了可以请求的证书。单击"详细信息"按钮,可以查看该证书的详细信息。

(4) 单击"注册"按钮,开始向证书服务器注册。完成后显示如图 8-44 所示的"证书安装结果"对话框,提示注册成功。

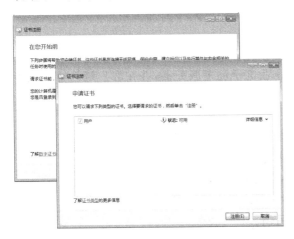

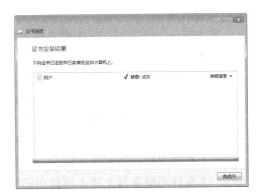

图 8-43　"申请证书"对话框

图 8-44　"证书安装结果"对话框

（5）单击"完成"按钮，证书申请成功。

4. 用相同密钥续订证书

用相同密钥续订证书的步骤如下。

（1）打开"证书"管理单元，选择欲续订的证书，右击并选择快捷菜单中的"所有任务"→"高级操作"→"使用相同密钥续订此证书"选项，运行"证书注册"向导，如图 8-45 所示。

（2）单击"下一步"按钮，显示"申请证书"对话框，列出了要请求的证书。单击"注册"按钮即可向证书服务器注册，完成后显示如图 8-46 所示的"证书安装结果"对话框。

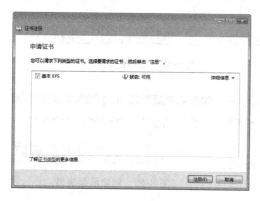
图 8-45　证书注册向导

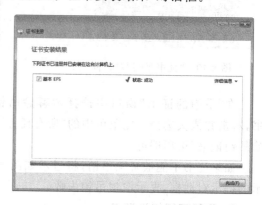
图 8-46　"证书安装结果"对话框

（3）单击"完成"按钮，证书续订完成。

习题

1. 电子证书有什么作用？
2. 电子证书可以使用什么方式申请？

实验：电子证书服务器的安装与配置

实验目的：
掌握电子证书服务器的安装与配置。

实验内容：
在 Windows Server 2008 服务器上安装企业电子证书服务器，并在客户端计算机上申请发放电子证书。

实验步骤：
（1）将证书服务器加入到域，并登录到域。
（2）安装企业证书服务，并安装 Web 注册功能。
（3）在客户端计算机上配置证书信任，并使用 Web 方式申请证书。
（4）将客户端计算机加入域，并使用证书注册向导申请证书。
（5）在证书服务器上将不再使用的证书吊销。

第 9 章　chapter 9

安装WWW服务

Web 服务是网络尤其是 Internet 中应用最广泛的服务,主要用来搭建 Web 网站,向网络发布各种信息。如今,大部分企业都拥有自己的 Web 网站,用于发布公司信息、宣传公司产品,甚至可以实现网上交易、信息反馈等功能。网络上有很多公司都提供网站空间租用,但价格不菲,因此,如果利用自己的服务器,在 Windows Server 2008 中搭建 Web 网站,不仅可以节省大量资金,而且方便管理,还可实现各种动态网站。

9.1　WWW 服务安装前提与过程

WWW(World Wide Web,万维网)服务即 Web 服务,用来提供 Web 网站运行所需的环境,Web 客户端可以通过 HTTP 方式连接在 IIS 中运行的 Web 网站,并访问 Web 服务器所提供 Web 内容。Windows Server 2008 中的 IIS 不仅支持 HTML 静态网页,还支持各种动态网页环境,无需第三方软件即可搭建功能强大的 Web 网站。

9.1.1　案例情景

对任何公司来说,广告宣传都是必不可少的,也是公司业务发展的重要手段。不过,无论在电视、报纸还是路旁的宣传栏,广告费用都非常高,而且受地域限制。另外,由于广告时间及版面限制等,无法详细介绍具体的产品,只能显示代表性产品的大概信息,用户仍需要到公司去实地考察,从而在一定程度上限制了业务的发展,需要寻求一种有效的方法,来扩大宣传、加强与客户的交流。

9.1.2　项目需求

为了提高公司知名度,以及起到宣传、网上交流的目的,Web 网站就成了业务手段的不二之选。虽然有很多公司提供 Web 空间,但空间大小和访问量越高,价格越是不菲,而且管理起来也不方便。如果在自己网络中利用现有服务器实现,不仅不受空间大小、网速的限制,而且可以随时更新网页,甚至可以提供 HTTP 文件下载。同时,可以搭建各种动态网站,使客户在了解产品详细信息的时候,也可以在网上下订单,甚至在线完成交易。

9.1.3 解决方案

本章介绍 Windows Server 2008 中的 Web 服务,以及利用 Web 服务器搭建静态网站和 ASP、ASP. NET、JSP 等动态网站。Web 服务器的解决方案如下。

(1)为 Web 网站申请一个域名,并在域名注册机构注册,同时,注册到本地的 DNS 服务器。

(2)为了使 Internet 上的用户能够直接访问 Web 网站,在路由器上使用端口映射的方式,将 80 端口映射到 Web 服务器。

(3)为不同的部门分别创建不同的网站,并配置二级域名如 blog. coolpen. net、bbs. coolpen. net,为节省服务器资源,将这些网站也配置在 Web 服务器上。

(4)利用本地网络中安装的证书服务器,申请证书并配置 HTTPS 网站,用来加密传输重要数据。

(5)为了能够运行动态网站,可以在 Web 服务器上启用并配置 ASP、ASP. NET、JSP 和 PHP 环境。

9.2 安装和配置静态 Web 网站

Web 服务器可利用 Windows Server 2008 中的 IIS 7 来实现,安装完成后可立即实现 Web 网站服务,只需将网页文件放到默认主目录中,用户即可访问。不过,根据网络实际需要的不同,还要配置 IP 地址和端口、默认文档、主目录、SSL 等。

9.2.1 安装 Web 服务器

安装 Web 服务器的步骤如下。

(1)在"服务器管理器"控制台中运行"添加角色向导"。连续单击"下一步"按钮,在"选择服务器角色"对话框中,用于选择要安装的角色,如图 9-1 所示。

当选中"Web 服务器(IIS)"复选框时,会显示如图 9-2 所示的"是否添加 Web 服务器(IIS)所需的功能"对话框,提示在安装 IIS 时,必须同时安装"Windows 进程激活服务"。单击"添加必需的功能"按钮,选中"Web 服务器(IIS)"复选框。

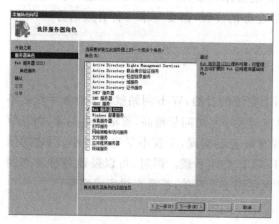

图 9-1 "选择服务器角色"对话框

图 9-2 添加 Web 服务器(IIS)所需的功能

（2）单击"下一步"按钮，显示如图9-3所示的"Web服务器（IIS）"对话框，列出了Web服务器的简介及注意事项。

（3）单击"下一步"按钮，显示如图9-4所示的"选择角色服务"对话框，列出了Web服务器所包含的所有组件，可由用户手动选择。如果该服务器上还要准备搭建ASP和ASP.NET网站，则可选中ASP和ASP.NET复选框。

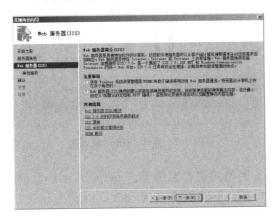
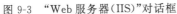

图9-3 "Web服务器（IIS）"对话框

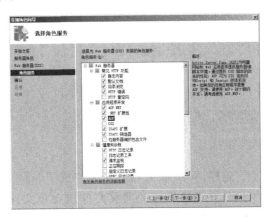

图9-4 "选择角色服务"对话框

（4）单击"下一步"按钮，显示如图9-5所示的"确认安装选择"对话框，列出了前面选择的配置。

（5）单击"安装"按钮，即可开始安装Web服务器。安装完成后，显示如图9-6所示的"安装结果"对话框。

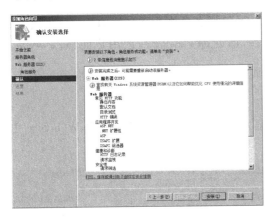

图9-5 "确认安装选择"对话框

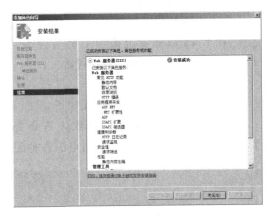

图9-6 "安装结果"对话框

（6）单击"关闭"按钮，Web服务器安装完成。

依次选择"开始"→"管理工具"→"Internet信息服务（IIS）管理器"选项，打开IIS管理器，即可看到已安装的Web服务器，如图9-7所示。Web服务器安装完成以后，默认会创建一个站点，名称为Default Web Site。

为了保证Web服务成功安装，应进行测试。在网络中的另一台计算机上打开IE浏览器，在地址栏中输入Web服务器的IP地址并按Enter键。如果能显示如图9-8所示的IIS7窗口,说明 Web 服务器安装成功。否则,说明安装不成功,需要重新检查服务器及 IIS 设置。

图 9-7　IIS 管理器

图 9-8　Web 网站安装成功

这样,Web 服务器就安装完成了。默认 Web 网站的主目录为 C:\inetpub\wwwroot,用户只要将已做好的网页文件放在该文件夹中,并且将首页命名为 index. htm 或 index. html,就可供网络中的用户访问。

9.2.2　配置和管理 Web 网站

Web 服务器安装完成以后,默认创建的 Web 站点主目录为 C:\inetpub\wwwroot,端口为 80,可以使用 Web 服务器上的任何 IP 地址访问。为了保护系统安全,并便于管理和使用,应对 Web 网站进行配置。

1. 配置 DNS 域名

为了使网站能够使用 DNS 域名访问,应先在 DNS 服务器中为网站添加相应的主机名。这里,在 DNS 服务器上添加主机名为 www 的 DNS 记录(图 9-9),使用户能够以 www. coolpen. net 的方式访问 Web 网站。

2. 配置 IP 地址和端口

配置 IP 地址和端口的步骤如下。

(1) 在 IIS 管理器中,选择默认 Web 站点,显示如图 9-10 所示的"Default Web Site 主页"窗口,可以设置默认 Web 站点的各种配置。

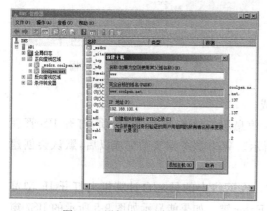

图 9-9　添加 www 主机记录

图 9-10　默认 Web 站点

（2）右击 Default Web Site 并选择快捷菜单中的"编辑绑定"选项，或者单击右侧"操作"栏中的"绑定"超链接，显示如图9-11所示的"网站绑定"对话框。默认端口为80，IP地址显示为"＊"，表示绑定所有 IP 地址。

（3）选择该网站，单击"编辑"按钮，显示如图9-12所示的"编辑网站绑定"对话框，"IP地址"中默认为"全部未分配"。在"IP地址"下拉列表中，选择欲指定的 IP 地址；"端口"文本框中可以设置 Web 站点的端口号，但不能为空，通常使用默认的 80 即可。

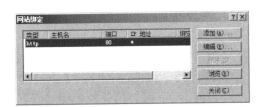

图 9-11 "网站绑定"对话框

图 9-12 "编辑网站绑定"对话框

提示：使用默认值 80 端口时，用户访问该网站时不需输入端口号，例如 http://192.168.100.4 或 http://www.coolpen.net。但如果端口号不是80，那么，访问 Web 网站时就必须提供端口号，例如 http://192.168.100.4:8000 或 http://www.coolpen.net:8000。

（4）设置完成以后，单击"确定"按钮保存设置，并单击"关闭"按钮关闭。

此时，将只能使用所指定的 IP 地址和端口访问 Web 网站。

3．配置主目录

主目录也就是网站的根目录，保存着 Web 网站的网页、图片等数据，默认路径为"C:\Intepub\wwwroot"文件夹。不过，数据文件和操作系统放在同一磁盘分区中，会失去安全保障，并可能影响系统运行，因此，应设置为其他磁盘或分区。

打开 IIS 管理器，选择 Web 站点，在右侧的"操作"任务栏中单击"基本设置"超链接，显示"编辑网站"对话框，如图9-13所示。在"物理路径"文本框中输入 Web 站点的新主目录的路径即可。

图 9-13 "编辑网站"对话框

4．配置默认文档

默认文档即默认访问首页，当打开一个网址时自动打开的网页文件，就是默认文档。例如，用户只需输入 www.coolpen.net 即可打开网站，而不需输入 www.coolpen.net/index.htm。配置默认文档的步骤如下。

（1）在 IIS 管理器中选择默认 Web 站点，在"Default Web Site 主页"窗口中，双击 IIS 选项区域的"默认文档"图标，显示如图9-14所示的"默认文档"窗口。系统自带了 5 种默认文档，分别为 Default.htm、Default.asp、index.htm、index.html 和 iisstar.htm。

（2）现在要将网站配置为 ASP 网站，添加一个名为 index.asp 的默认文档。单击右侧"操作"任务栏中的"添加"超链接，显示如图9-15所示的"添加默认文档"对话框，在"名称"文本框中输入主页名称 index.asp。

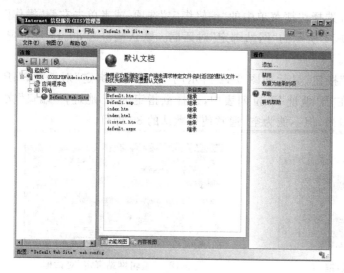

图 9-14   "默认文档"窗口

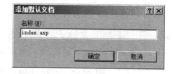

图 9-15   "添加默认文档"对话框

（3）单击"确定"按钮，即可添加该默认文档。新添加的默认文档自动排列在最上方。也可以通过"上移"和"下移"超链接来调整各个默认文档的顺序。

当用户访问 Web 服务器时，IIS 会自动按顺序由上至下依次查找与之相对应的文件名。因此，应将设置为 Web 网站主页的默认文档移动到最上面。

5．配置连接限制

通过配置连接限制，可以防止因访问网站的用户太多，或者所占用的带宽太多，而影响网络中其他服务器的 Internet 应用。不过，限制以后也可能造成部分用户无法访问。

在 IIS 管理器中，选择 Default Web Site 网站，单击右侧"操作"任务栏中的"限制"链接，显示如图 9-16 所示的"编辑网站限制"对话框，设置如下选项。

（1）限制带宽使用：用来设置访问该网站所使用的最大带宽，以字节为单位。这里设置为 2000000，即 2MB。默认不限制。

（2）连接超时：默认为 120 秒，即当用户访问 Web 网站时，如果在 120 秒内没有活动则自动断开。

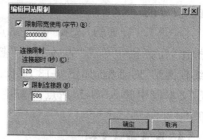

图 9-16   "编辑网站限制"对话框

（3）限制连接数：用来设置允许同时连接网站的最大用户数量，这里限制为 500 个。默认不限制。

6．配置 MIME 类型

IIS 中的 Web 网站默认支持大部分的文件类型。但是，如果文件类型不为 Web 网站所支持，例如 ISO 类型，那么，在网页中运行该类型的程序或者从网站下载该类型的文件时，将会提示"找不到文件或目录"，如图 9-17 所示。需要在 Web 网站添加相应的文件类型，即 MIME 类型，步骤如下。

（1）在 IIS 管理器中，选择"网站"中的 Web 站点，在主页窗口中双击"MIME 类型"图标，显示如图 9-18 所示的"MIME 类型"窗口，列出了系统中已集成的所有 MIME 类型。

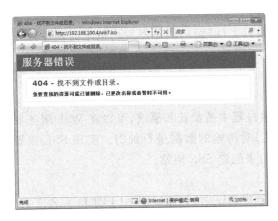

图 9-17 缺少文件类型

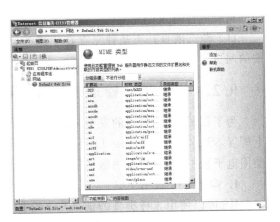

图 9-18 "MIME 类型"窗口

（2）如果想添加新的 MIME 类型，可在"操作"任务栏中单击"添加"按钮，显示如图 9-19 所示的"添加 MIME 类型"对话框。在"文件扩展名"文本框中输入欲添加的 MIME 类型，例如".iso"，"MIME 类型"文本框中输入文件扩展名所属的类型。

提示：如果不知道文件扩展名所属的类型，可以在 MIME 类型列表中选择相同类型的扩展名，双击打开"编辑 MIME 类型"对话框。在"MIME 类型"文本框中复制相应的类型即可，如图 9-20 所示。

图 9-19 "添加 MIME 类型"对话框

图 9-20 "编辑 MIME 类型"对话框

（3）单击"确定"按钮，MIME 类型添加完成。

按照同样的步骤，可以继续添加其他 MIME 类型。这样，用户就可以正常访问 Web 网站的相应类型的文件了。

9.2.3 知识链接：动态网站与静态网站

静态网站是指全部由 HTML 代码格式页面组成的网站，所有的内容都包含在网页文件中，网页是一个独立的文件，内容相对稳定，除非管理员更新否则不会改变。静态网站的网页通常为 htm、html、shtml 等格式。

而动态网站通常是指利用 ASP、ASP.NET、JSP、PHP 等代码编的网站，可以根据用户的请求而改变。通常具有以下特点。

（1）交互性：网页会根据用户的要求和选择的不同，而动态地改变和响应，如 BBS 论坛、网络博客等。

（2）自动更新：即无须手动更新 HTML 文档，便会自动生成新页面，可以大大节省工作量。

（3）动态网站通常会有数据库，当用户访问时，网站会从数据库中读取数据并生成相应的网页。

（4）动态网页并不是独立存在于服务器的网页文件，而是浏览器发出请求时网站才反馈的网页。

9.2.4　配置和管理 HTTPS 网站

为了保护 Web 网站的安全，防止数据在传输过程中被截获和篡改，可以在 Web 服务器上配置 SSL（Secure Socket Layer，安全套接字层）对传输的数据进行加密。实现 SSL 需要使用电子证书，可以从证书服务器申请证书，并用来创建 SSL 网站。

1．申请 SSL 证书

IIS 可以使用 3 种类型的证书：向证书服务器申请证书、创建域证书、创建自签名证书。这里将向证书服务器申请一个证书，用来配置 SSL。

（1）打开 IIS 管理器，单击 Web 服务器名，在主页窗口中双击"服务器证书"图标，显示如图 9-21 所示的"服务器证书"窗口。默认没有创建证书。

（2）单击右侧"操作"任务栏中的"创建证书申请"链接，显示如图 9-22 所示的"可分辨名称属性"对话框，输入通用名称、组织、地点等证书必需信息。其中，"通用名称"文本框中必须输入用户访问时使用的域名，否则客户端访问时，证书将无效。

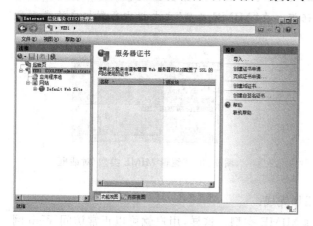

图 9-21　"服务器证书"窗口

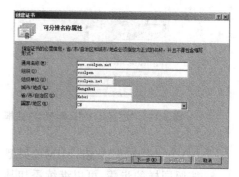

图 9-22　"可分辨名称属性"对话框

提示：此处的"通用名称"必须与该网站所使用的 DNS 域名相同，而且用户访问时也必须使用该域名，否则将会提示证书错误。

（3）单击"下一步"按钮，显示如图 9-23 所示的"加密服务提供程序属性"对话框。选择加密程序，并设置证书的位长，位长越大安全性也越强，但也会影响性能。

（4）单击"下一步"按钮，显示如图 9-24 所示的"文件名"对话框。在"为证书申请指定一个文件名"文本框中，指定证书申请文件的保存路径和名称，将需要使用该文件向证书服务器申请证书。

（5）单击"完成"按钮，证书申请文件创建成功。该文件是一个文本文件，里面包含了所生成的证书申请编码，如图 9-25 所示。需要复制其中的内容，准备用来申请证书。

（6）登录到证书服务器的申请页面，单击"申请证书"链接打开"申请一个证书"窗口。单击"高级证书申请"链接，显示"高级证书申请"窗口，如图 9-26 所示。

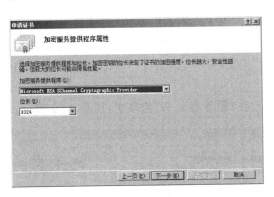

图 9-23 "加密服务提供程序属性"对话框

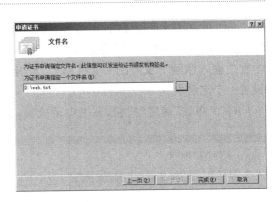

图 9-24 "文件名"对话框

图 9-25 证书申请文件

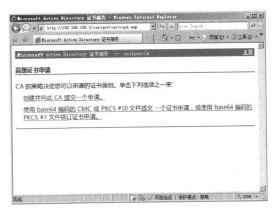

图 9-26 "高级证书申请"窗口

（7）单击"使用 base64 编码的 CMC 或 PKCS ♯10 文件提交一个证书申请，或使用 base64 编码的 PKCS ♯7 文件续订证书申请"链接，显示如图 9-27 所示的"提交一个证书申请或续订申请"窗口。在"保存的申请"文本框中，将所生成的证书申请文件中的内容粘贴在此处；在"证书模板"下拉列表中，选择"Web 服务器"选项。

（8）单击"提交"按钮，申请成功，如图 9-28 所示。单击"下载证书"链接，将证书保存在本地计算机上。

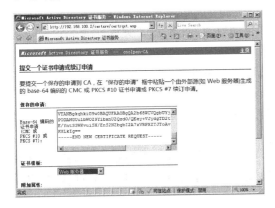

图 9-27 "提交一个证书申请或续订申请"窗口

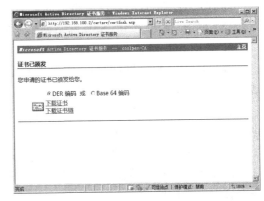

图 9-28 "证书已颁发"窗口

（9）返回 IIS 管理器的"服务器证书"窗口，单击"操作"任务栏中的"完成证书申请"链接，显示如图 9-29 所示的"完成证书申请"对话框。在"包含证书颁发机构响应的文件名"文本框中输入刚刚下载的证书文件路径，或者单击"浏览"按钮选择；在"好记名称"文本框中设置一个名称。

（10）单击"确定"按钮，证书申请成功，并显示在"服务器证书"窗口中，如图 9-30 所示。

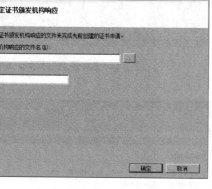

图 9-29　"完成证书申请"对话框

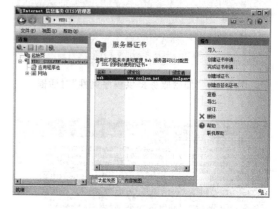

图 9-30　证书申请成功

至此，SSL 证书申请成功，即可用来创建 SSL 网站了。

2. 创建 SSL 网站

创建 SSL 网站的步骤如下。

（1）在 DNS 服务器上创建主机记录，设置 DNS 域名，并使其 IP 地址指向 SSL 网站的 IP 地址。

（2）返回 Web 服务器，打开 IIS 管理器，右击"网站"并选择快捷菜单中的"添加网站"选项，显示如图 9-31 所示的"添加网站"对话框，用来创建一个网站。

① 网站名称：输入一个名称，仅用于与其他网站区分。

② 物理路径：设置 SSL 网站的主目录。

③ 类型：选择 https 选项。

④ IP 地址：指定一个 IP 地址。端口使用默认的 443 即可。

⑤ SSL 证书：选择前面所申请的证书。

（3）单击"确定"按钮，SSL 网站创建完成，并自动启动，如图 9-32 所示。

3. 访问 SSL 网站

客户端访问 SSL 网站时，也需要先配置为信任证书服务器，并使用"https：//DNS 域名或 IP 地址"的形式访问 SSL 网站。

（1）在客户端计算机上，使用 IE 浏览器中打开 SSL 网站，首先会显示"此网站的安全证书有问题"，如图 9-33 所示。

（2）单击"继续浏览此网站（不推荐）"链接，可以打开此网站，但会提示证书错误，现在还不能使用证书加密传输数据。单击"证书错误"链接，显示如图 9-34 所示的对话框，提示安全证书不受信任。

图 9-31 添加 SSL 网站

图 9-32 SSL 网站创建完成

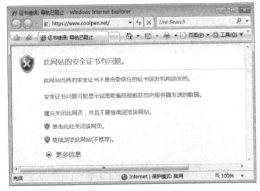

图 9-33 IE 浏览器

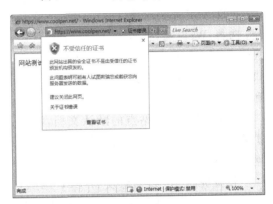

图 9-34 证书错误

（3）配置证书信任。在 IE 浏览器中登录"Active Directory 证书服务"主页，下载证书，将其导入"受信任的根证书颁发机构"，如图 9-35 所示，使客户端计算机信任证书服务器。单击"下一步"按钮直接导入完成。

（4）重新打开 IE 浏览器，再次以 HTTPS 方式打开网站，若不再提示证书错误，则证书生效，地址栏右侧的证书图标也变为正常的锁状，如图 9-36 所示，表示访问网站的数据将在传输过程中被加密。

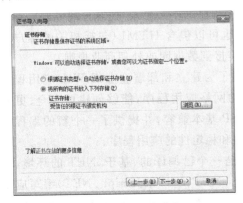

图 9-35 配置证书信任

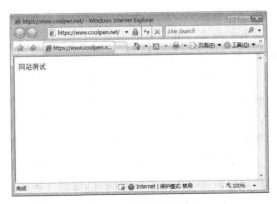

图 9-36 网站访问正常

9.3 安装和配置 ASP 网站

Active Server Pages(ASP)是微软提供的动态网站应用程序,可以用来创建和运行动态交互式网页,充分发挥 IIS 的功能。使用 IIS 架设的 Web 服务器可以通过 HTML 格式撰写 ASP 网页,并使用 Script(VBScript、Jscript 以及 JavaScript)语言来加强 ASP 功能,还可以利用 ODBC 的方式让网页与数据库结合。

9.3.1 安装 ASP 网站

安装 ASP 网站的步骤如下。

(1) ASP 网站的实现非常简单,由于 Windows Server 2008 集成了 ASP 功能,因此,用户只需在安装 Web 服务器时,选中 ASP 和 ASP.NET 复选框即可,不需其他特殊设置。

(2) ASP 安装成功以后,打开 IIS 管理器,选择 Web 网站,在主页窗口中双击 ASP 图标,显示如图 9-37 所示的 ASP 窗口,可以设置 ASP 的属性,包括编译、服务和行为等设置。

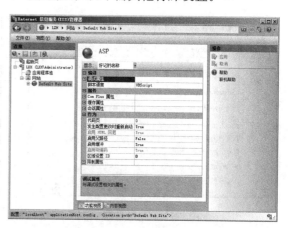

图 9-37 ASP 窗口

(3) 设置 Web 站点的默认文档,添加扩展名为.asp 默认文档,使用户不需输入网页名称即可访问。

设置完成后,如果想发布 ASP 网页,只需将已制作的 ASP 网页放入网站的主目录中,用户即可直接访问该 Web 网站的 ASP 网页。

9.3.2 知识链接:ASP 和 ASP.NET

ASP 是指一种服务器端的脚本运行环境,可用于创建动态交互式网页,并建立强大的 Web 应用程序。当 Web 服务器收到对 ASP 文件的请求时,会处理服务器端脚本代码,并动态生成相关 Web 页面,自动对用户的请求信息做出反应。ASP 可以与数据库结合使用,数据库中的数据可以随时变化,而服务器上执行的应用程序却不必更改,使客户端可以得到动态更新的网页。除服务器端脚本代码外,ASP 文件也可以包含 HTML(包括相关的客户端脚本)和 COM 组件调用,从而执行不同的任务(如连接到数据库或处理商业规则)。

ASP.NET 是 ASP 的下一代升级产品,但提供了为建立和部署企业级 Web 应用程序所必需的服务。ASP.NET 提供了全新编程模型的网络应用程序,能够创建更安全、更稳定、更强大的应用程序。ASP.NET 在语法上与 ASP 基本兼容,并提供了一个新的编程模型和基础架构,用于创建具有更高安全性、可伸缩性和稳定性的应用程序。

ASP.NET 作为.NET Framework 的一部分,是一个已编译的、基于.NET 的环境,可以使用任何与.NET 兼容的语言(包括 Visual Basic.NET、C♯ 和 Jscript.NET)编写应用程序,从而在高度分布的 Internet 环境中简化应用程序开发的计算环境。另外,.NET

Framework 还包括可管理的公共语言运行库环境、类型安全和继承功能,在任何 ASP.NET 应用程序中都可以使用这些功能。

9.4　安装和配置 JSP 网站

JSP(Java Server Pages)是由 Sun Microsystems 公司倡导,由许多公司一起参与并建立的一种动态网页技术标准。JSP 技术与 ASP 技术很相似,JSP 技术主要使用的是 JSP 文件,而 JSP 文件则是在传统的 HTML 网页文件中插入 Java 程序段和 JSP 标记所组成的。

9.4.1　安装 JSP 网站

要实现 JSP 网站,必须安装 Java 开发工具包。可以从 Java 官方网站(http://java.sun.com/products/archive/index.html)下载并安装。安装过程非常简单,只需一直单击"下一步"按钮即可。不过,安装完成以后,需要设置环境变量。

(1)安装完 Java 开发工具包以后,打开"系统属性"对话框,选择"高级"选项卡,如图 9-38 所示。

(2)单击"环境变量"按钮,显示如图 9-39 所示的"环境变量"对话框,可以修改系统的环境变量。

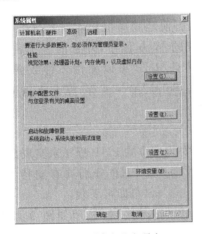

图 9-38　"高级"选项卡

图 9-39　"环境变量"对话框

(3)在"系统变量"选项区域中,单击"新建"按钮,显示如图 9-40 所示的"新建系统变量"对话框。分别添加表 9-1 所示的环境变量。

表 9-1　环境变量

变量名	变 量 值（value）
PATH	C:\Program Files\Java\jdk1.7.0\bin;C:\Program Files\Java\jre1.7.0\bin
CLASSPATH	C:\Program Files\Java\jdk1.7.0\lib\dt.jar;C:\Program Files\Java\jdk1.7.0\lib\tools.jar;C:\Program Files\Java\jre1.7.0\lib\rt.jar
JAVA_HOME	C:\Program Files\Java\jdk1.7.0

注:JDK 的安装路径为 C:\Program Files\Java\jdk1.7.0。JRE 的安装路径为 C:\Program Files\Java\jre1.7.0。

(4) 单击"确定"按钮关闭"环境变量"对话框。然后,打开命令提示符窗口,分别执行 javac 和 java 命令,如果显示相关命令帮助提示,则表示正常,说明系统可以运行 Java 程序了,如图 9-41 所示。否则说明 Java 安装不正常,可以重新安装 Java 程序。

图 9-40　新建用户变量　　　　　　　　图 9-41　运行 javac 命令

此时,就可以在服务器上安装 Apache 程序,来搭建 JSP 网站了。

9.4.2　搭建 PHP 环境

PHP 是一种新型的 CGI 程序编写语言,可以很方便地编写出功能强大、运行速度快,并可同时运行于 Windows、UNIX、Linux 操作系统的 Web 程序,并且内置了密码认证、Cookies 操作、邮件收发、动态 GIF 生成等功能,并且 PHP 可以使用多种数据库,包括 Oracle、Sybase、Postgres、MySQL、Informix、dBASE、Solid、Access 等,完全支持 ODBC 接口,用户更换平台时,无需变换 PHP 代码即可使用。

1. 软件准备

由于 IIS 7.0 并没有集成 PHP 功能,因此,需要安装相应的 PHP 程序来实现。PHP 程序需要 MySQL 的支持,因此,也应安装 MySQL 数据库。PHP 分别具有支持 Linux 和 Windows 的版本,用户从其官方网站(http://www.php.net/)即可下载。

(1) 运行 PHP 安装程序,启动安装向导。单击 Next 按钮,显示如图 9-42 所示的 End-User License Agreement 对话框,选中 I accept the terms in the License Agreement 复选框,接受许可协议。

(2) 单击 Next 按钮,显示 Destination Folder 对话框,用来设置 PHP 程序的安装路径。单击 Next 按钮,显示如图 9-43 所示的 Web Server Setup 对话框,选择欲安装的 Web 服务器类型。这里,选择 IIS ISAPI module 单选按钮,安装 IIS ISAPI 模块。

(3) 连续单击 Next 按钮,即完成安装,如图 9-44 所示。单击 Finish 按钮,完成 PHP

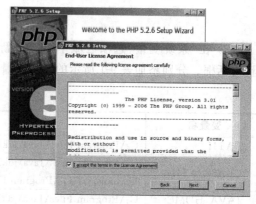

图 9-42　PHP 安装向导

图 9-43　Web Server Setup 对话框　　　　　　　图 9-44　PHP 安装完成

的安装。

2. 配置 PHP 环境

配置 PHP 环境的步骤如下。

（1）打开 IIS 管理器窗口，在网站设置主页中，双击"ISAPI 筛选器"图标，打开"ISAPI 筛选器"窗口。在右侧"操作"任务栏中，单击"添加"按钮，显示如图 9-45 所示的"添加 ISAPI 筛选器"对话框。在"筛选器名称"文本框中，输入名称：php。在"可执行文件"文本框中，单击"浏览"按钮，选择 php 安装目录中的 php5isapi.dll 文件。设置完成后，单击"确定"按钮保存设置。

（2）添加脚本映射。在网站设置主页中，双击"处理程序映射"图标，打开"处理程序映射"窗口。单击"添加脚本映射"按钮，显示如图 9-46 所示的"添加脚本映射"对话框。在"请求路径"文本框中，输入：*.php；"可执行文件"文本框中，单击"浏览"按钮选择 php 安装目录中的 php5isapi.dll 文件；在"名称"文本框中输入 php。

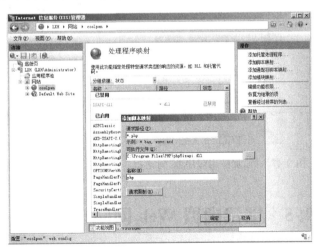

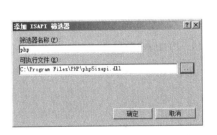

图 9-45　"添加 ISAPI 筛选器"对话框　　　　　图 9-46　"添加脚本映射"对话框

（3）单击"确定"按钮，添加该脚本映射。

（4）添加应用程序池。在"Internet 信息服务（IIS）管理器"窗口右侧栏中，选择"应用程序池"选项。然后在"应用程序池"窗口中右侧"操作"任务栏中，单击"添加应用程序池"按钮，显示如图 9-47 所示的"添加应用程序池"对话框，设置如下选项。

① 名称：在该文本框中输入 php。

② .NET Framework 版本：在下拉列表中选择"无托管代码"选项。

③ 托管管道模式：在下拉列表中选择"经典"选项。

④ 立即启动应用程序池：如果选中该复选框，可以在设置完成后，立即启动该应用程序池。

然后，单击"确定"按钮保存即可。

（5）添加默认文档。添加名为 index.php 的默认文档，具体的添加默认文档的操作可参见前面相关内容，这里就不再赘述。

至此，PHP 环境已经搭建完成，下面在网站主目录中创建一个测试页，检查该环境是否能够正常运行。

在网站主目录中新建一个 index.php 文件，输入文件内容为：

```
<? php
    Phpinfo();
? >
```

保存并退出。

（6）打开 IE 浏览器，在地址栏中输入网站的主机名，如果显示如图 9-48 所示的 Web PHP 配置信息，则说明 PHP 配置成功。

图 9-47　"添加应用程序池"对话框

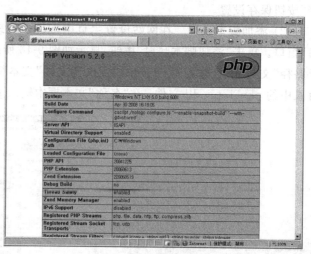

图 9-48　PHP 测试页

9.5　创建虚拟 Web 网站

虚拟 Web 网站就是在一台 Web 服务器上创建多个 Web 网站，每个虚拟网站可以分别使用不同的 IP 地址、端口或者主机名。利用虚拟网站功能，无需为每个网站都配置一台服务器,从而节省服务器资源,并且不影响用户的访问。

9.5.1 创建多 IP 地址的 Web 虚拟网站

如果 Web 服务器上分配了多个 IP 地址,那么,就可以创建具有不同 IP 地址的网站。现在,要创建一个 IP 地址为 192.168.100.28,DNS 域名为 bbs.coolpen.net 的网站。

(1) 登录 DNS 服务器,在 coolpen.net 区域中添加名称为 bbs 的主机记录,IP 地址为 192.168.100.28,如图 9-49 所示。

(2) 返回 Web 服务器,在 IIS 管理器的"网站"窗口中,右击"网站"并选择快捷菜单中的"添加网站"选项,显示"添加网站"对话框。设置"网站名称"和"物理路径",在"IP 地址"下拉列表中为虚拟网站指定 IP 地址 192.168.100.28,如图 9-50 所示。

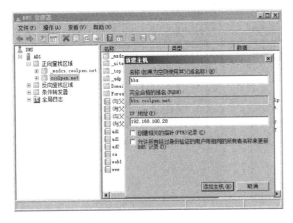

图 9-49 添加主机记录

图 9-50 "添加网站"对话框

(3) 单击"确定"按钮,虚拟网站创建完成。为虚拟网站分配了独立的 IP 地址以后,用户利用 IP 地址或者相应的 DNS 域名即可访问。

9.5.2 创建单 IP 地址的 Web 虚拟网站

如果服务器上只有一个 IP 地址,那么,就可以在一台服务器上创建多个具有不同的端口或者主机名的虚拟网站。利用"主机头名"创建 Web 站点是目前使用最多的方法。只要有一个 IP 地址,就可以将一个网站以多个不同的域名进行发布。而创建了不同端口的网站后,用户访问时也必须加上相应的端口号。

1. 创建不同端口的网站

要创建具有不同端口的虚拟网站,但使用 Web 服务器上的同一 IP 地址。操作步骤如下。

在 Web 服务器上,右击"网站"并选择快捷菜单中的"添加网站"选项,显示如图 9-51 所示"添加网站"对话框。设置新网站的网站名称、物理路径、类型、IP 地址等,在"端口"文本框中输入一个新端口,如图 9-51 所示。单击"确定"按钮保存即可。

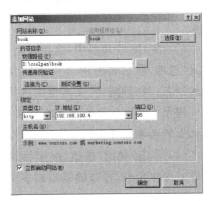

图 9-51 创建不同主机名的网站

创建了不同端口的 Web 网站以后,用户访问时也必须加上端口号,如 http://www.coolpen.net:95,或者 http://192.168.100.4:95。

2. 创建不同的主机名的网站

要创建主机名为 www.coolpen.org 的虚拟网站,可按如下步骤操作。

（1）将主机头名与 IP 地址注册到 DNS 服务器中。在 DNS 服务器上创建名为 coolpen.org 的 DNS 区域,并创建名称为 www 的主机记录,如图 9-52 所示。

（2）在 Web 服务器上,右击"网站"并选择快捷菜单中的"添加网站"选项,显示如图 9-53 所示的"添加网站"对话框。设置新网站的网站名称、物理路径、类型等,在"主机名"文本框中输入主机名 www.coolpen.org。

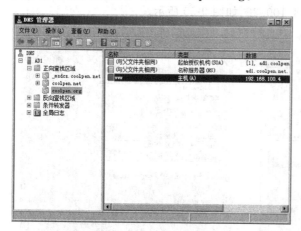

图 9-52　创建 DNS 记录

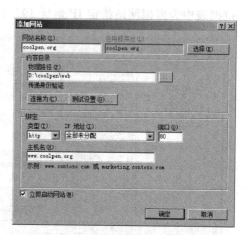

图 9-53　创建不同主机名的网站

（3）单击"确定"按钮,网站创建完成。

9.5.3　虚拟目录的配置

虚拟目录也就是网站的子目录,和 Web 网站的主站点一样,保存了各种网页及数据,用户可以像访问网站一样访问。一个 Web 网站可以创建多个虚拟目录,实现一台服务器发布多个网站的目的。虚拟目录也可以设置主目录、默认文档、身份验证等,但不能指定 IP 地址和端口。虚拟目录可以在任何一个虚拟网站中创建,而且每个虚拟网站中可创建多个虚拟目录。

（1）在 IIS 管理器中,选择欲创建虚拟目录的站点,右击并选择快捷菜单中的"添加虚拟目录"选项,显示如图 9-54 所示的"添加虚拟目录"对话框。在"别名"文本框中输入虚拟目录的别名,"物理路径"文本框中选择该虚拟目录所在的物理路径。

提示：虚拟目录的物理路径既可以是本地计算机的物理路径,也可以是网络中其他计算机上的共享文件夹。

（2）单击"确定"按钮,虚拟目录添加成功,并显示在 Web 站点下方作为子目录。按照同样的操作步骤,可以继续添加多个虚拟目录。另外,在已创建的虚拟目录中也可以再添加子虚拟目录。

虚拟目录和主网站一样可以在管理主页中进行各种配置管理（图 9-55）,可以和主网站一样配置主目录、默认文档、MIME 类型以及身份验证等,并且操作方法和主网站完全一样。所不同的是,不能为虚拟目录指定 IP 地址、端口号以及 ISAPI 筛选器。

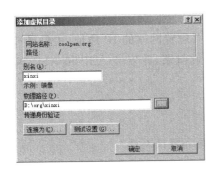

图 9-54 "添加虚拟目录"对话框

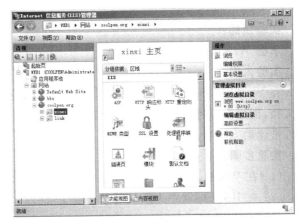

图 9-55 虚拟目录

9.5.4 知识链接:虚拟网站的作用

利用虚拟 Web 网站功能,可以在一台服务器上创建和管理多个 Web 站点,从而节省设备投资、便于集中管理,是中小型企业理想的网站搭建方式。虚拟网站主要具有以下特点。

(1)节约投资。由于多个虚拟 Web 站点运行在同一台服务器上,因此,为企业节省了软件和硬件投资。不过,需要为每个虚拟 Web 网站都分配一个唯一的 IP 地址,但性能和表现上都与独立的 Web 服务器类似。

(2)便于管理。虚拟 Web 服务器与真正的 Web 服务器相比,配置和管理方式基本相同,而且可以使用 Web 方式进行远程管理。

(3)数据安全。对于网站中的敏感数据,可以利用虚拟 Web 服务器将其隔离开来,提高数据安全性。

(4)性能和带宽调节。当计算机上安装有若干个虚拟网站时,可以为每一个虚拟 Web 站点分配性能和带宽,以保证服务器的稳定运行,合理分配网络带宽和 CPU 处理能力。

(5)创建虚拟目录。在虚拟 Web 站点上同样可以创建虚拟目录,使虚拟 Web 的磁盘容量和信息内容趋于无穷大。

利用虚拟目录和虚拟网站都可以创建 Web 网站,但是,虚拟网站是一个独立的网站,可以拥有独立的 DNS 域名、IP 地址或端口号,而虚拟目录则需要挂接在某个虚拟网站下,并且没有独立的 DNS 域名、IP 地址或端口号,用户访问时必须带上相应的主网站名。

习题

1. Web 服务的作用是什么?
2. 动态网站和静态网站有什么区别?
3. 什么是 ASP?
4. 什么是虚拟网站?虚拟网站和虚拟目录有什么区别?

实验：Web 服务器的配置

实验目的：

掌握 Web 服务器的配置。

实验内容：

在 Windows Server 2003 服务器上安装 Web 服务，并配置网站的 IP 地址、主目录和默认文档，创建虚拟目录和虚拟网站，设置 MIME，制作搜索引擎，并安装 ASP 和 ASP.NET 组件搭建动态网站。

实验步骤：

(1) 在 Windows Server 2003 中安装 WWW 服务。

(2) 在 IIS 管理器中为默认网站指定 IP 地址、主目录和默认文档。

(3) 为"默认网站"创建虚拟目录。

(4) 在 WWW 服务器中再创建一个虚拟网站。

(5) 设置 MIME 类型，添加不同类型的文件扩展名。

(6) 为网站制作搜索引擎。

(7) 安装 ASP 和 ASP.NET。

第 10 章 chapter 10

安装FTP服务

随着网络的发展,出现了各种各样的文件传输工具,而且通常都非常好用。不过,FTP仍以其使用方便、安全可靠等特点长期占据着一席之地。利用 FTP 功能,可以将文件从 FTP 服务器下载到客户端,也可将文件上传到 FTP 服务器,而且可以与 NTFS 配合使用,设置严格的访问权限。在需要维护 Web 网站、远程上传文件的服务器中,FTP 服务通常以其安全、方便的特点作为首选工具。

10.1 FTP 服务安装前提与过程

FTP 服务的主要功能就是传输文件,但除非是专门用来提供文件下载的网站,否则,不需要专门配置一台 FTP 服务器,可与其他服务器共同安装,在作为其他服务的辅助功能时,兼做 FTP 服务器。当然,一定要严格设置用户权限,防止重要数据外泄。

10.1.1 案例情景

在该项目网络中,Web 网站作为一项重要的服务,需要经常更新维护。当管理员在局域网中时,可通过远程桌面、文件共享等方式来维护 Web 网站文件,但如果管理员处于外地,而 Web 网站出现故障或者急需数据维护时,由于无法及时赶回,只能委托其他用户来执行,或者只能等到管理员回来才能设置。同时,当有客户需要从网络传输资料,但资料又比较大时,如果无人通过网络接收,就有可能耽误公司业务,或者造成事件没有及时处理而扩大。因此,需要一种好的处理方式。

10.1.2 项目需求

为了能够及时更新 Web 网站内容,并且保证客户能够及时向公司传输重要资料,FTP服务器将作为一项重要的应用,尤其是可以利用 NTFS 权限来控制用户的访问,保证数据的安全性。同时,FTP 的传输速度与 Internet 的接入速度相关,只要网速够快,较大的数据也能迅速传输完。

10.1.3 解决方案

本章介绍 Windows Server 2008 中的 FTP 服务,以及如何利用 FTP 来传输文件。在本章中,将按如下步骤实现 FTP 服务。

(1) 将 FTP 服务安装在 Web 服务器上,用来对 Web 网站进行维护。

(2) 在文件服务器上也安装 FTP 服务,便于用户通过 Internet 访问文件服务器并下载资料。

(3) 将 FTP 服务器加入域,以便可利用域用户账户来控制文件的访问。

(4) FTP 主目录所在的分区使用 NTFS 文件系统,以便设置 NTFS 权限。

10.1.4　知识链接:FTP 服务简介

FTP(File Transfer Protocol)即文件传输协议,不仅可以像文件服务一样在局域网中传输文件,而且可在 Internet 中使用,还可以作为专门的下载网站,为网络提供软件下载。虽然 Web 服务也可以提供文件下载功能,但是 FTP 服务的效率更高,而且可以与 NTFS 相结合,设置更加严格的权限。

FTP 服务可以与 NTFS 权限结合使用,为文件设置的 NTFS 权限,在 FTP 服务器依然可用。因此,给文件设置了 NTFS 权限,也就是为 FTP 服务器指派了用户权限。用户在登录 FTP 站点时,必须使用 NTFS 权限中设置的用户账户及权限访问 FTP 站点。

10.2　安装和配置普通 FTP 站点

Windows Server 2008 中的 FTP 服务不是一个独立的网络服务,而是 IIS 中的一个组件,并且需要 IIS 6 管理工具的支持。当安装了 FTP 服务器以后,其主目录默认为系统分区,并且允许使用服务器上的任何 IP 地址访问,因此,不利于系统的安全和稳定。应根据实际需要,为 FTP 站点配置 IP 地址、端口和主目录等。

10.2.1　安装 FTP 服务

安装 FTP 服务的步骤如下。

(1) 打开"服务器管理器"控制台,选择"角色"选项,在"Web 服务器(IIS)"区域中选择"添加角色服务"选项,显示如图 10-1 所示的"添加角色服务"对话框。选中"FTP 发布服务"复选框。

由于安装 FTP 服务需要 IIS 6 的支持,因此,选中"FTP 发布服务"复选框时会显示如图 10-2 所示的"是否添加 FTP 发布服务 所需的角色服务"对话框,单击"添加必需的角色服务"按钮即可。

(2) 单击"下一步"按钮,显示如图 10-3 所示的"确认安装选择"对话框。

(3) 单击"安装"按钮即可开始安装,完成后显示如图 10-4 所示的"安装结果"对话框。单击"关闭"按钮即可。

为了使用户可以使用 DNS 域名访问 FTP 站点,还应该在 DNS 服务器上添加名为 ftp 的主机记录,使用户可以使用 ftp.coolpen.net 的形式访问 FTP 网站。

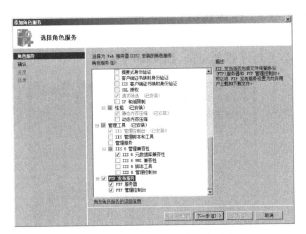

图 10-1 "添加角色服务"对话框

图 10-2 "是否添加 FTP 发布服务所需的
角色服务"对话框

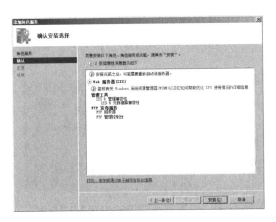

图 10-3 "确认安装选择"对话框

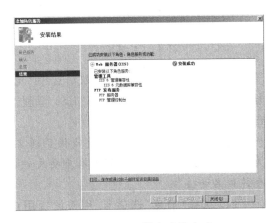

图 10-4 FTP 服务安装完成

10.2.2 配置和管理 FTP 站点

配置和管理 FTP 站点的步骤如下。

(1) FTP 服务刚刚安装完成后,会自动创建一个 FTP 站点,名称为 Default FTP Site,但默认为"停止"状态,如图 10-5 所示。可右击该站点,选择快捷菜单中的"启动"选项,将 FTP 站点启动。

(2) 右击 Default FTP Site 并选择快捷菜单中的"属性"选项,显示如图 10-6 所示的"Default FTP Site 属性"对话框,可以配置该FTP 站点。默认显示"FTP 站点"选项卡,在"IP 地址"下拉列表中指定 IP 地址,"TCP 端口"文本框中使用默认值。在"连接数限制

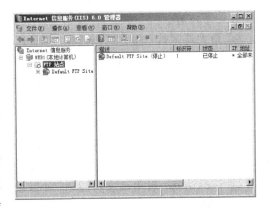

图 10-5 FTP 站点

为"文本框中,设置允许同时连接的用户数量;"连接超时"文本框中使用默认设置的120秒。

（3）选择"安全账户"选项卡,用于设置是否允许匿名连接,如图10-7所示。

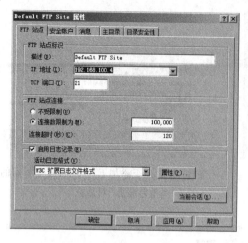

图10-6　默认站点属性

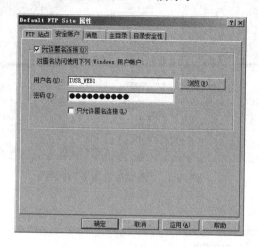

图10-7　"安全账户"选项卡

如果不允许匿名访问,则取消选中"允许匿名连接"复选框,显示如图10-8所示的"IIS6 管理器"对话框,单击"是"按钮即可。

提示：如果FTP网站只是提供普通文件下载,设置为"允许匿名连接"即可。如果有重要文件,则设置为"不允许匿名连接"。

（4）选择"消息"选项卡,用于设置用户登录或者退出FTP站点时显示的消息(图10-9)。

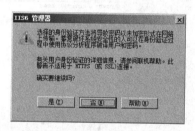

图10-8　"IIS6 管理器"对话框

① 横幅：用户连接到FTP服务器时所显示的消息,通常为FTP站点的名称。

② 欢迎：当用户连接到FTP服务器后显示的消息,通常包括：向用户致意、使用该FTP站点时应注意的问题、管理者的联络方式、上传或下载的规则说明等。

③ 退出：当用户从FTP服务器注销时显示的消息。通常为欢迎用户再次光临、向用户表示感谢等内容。

④ 最大连接数：用户试图连接到FTP服务器,但该FTP服务已达到允许的最大客户端连接数而导致失败时,将显示此消息。

（5）选择"主目录"选项卡,用来设置FTP站点的主目录,如图10-10所示。单击"浏览"按钮,选择FTP网站的主目录,同时设置目录访问权限。

① 读取：允许用户查看或下载FTP主目录中的文件,但不允许上传或更改。

② 写入：不仅允许用户下载FTP主目录中的文件,还允许向主目录中上传。通常只向特权用户开放,以保证FTP服务器的安全。

③ 记录访问：启用日志功能,将对目录的访问活动记录在日志文件中。默认情况下,日志被启用。

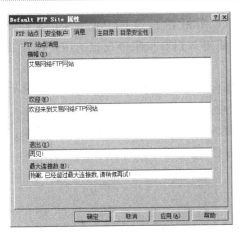

图 10-9 "消息"选项卡

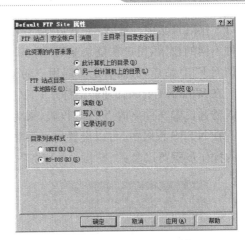

图 10-10 "主目录"选项卡

10.2.3 配置 FTP 站点访问限制

1. IP 地址访问限制

为了保证 FTP 站点的安全,只允许本网络以及指定网络中的计算机可以访问,而不允许其他未指定的 IP 地址访问。这可在 FTP 站点属性的"目录安全性"选项卡中设置。

(1) 在 FTP 站点属性中选择"目录安全性"选项卡(图 10-11),选择"拒绝访问"单选按钮。这样,只有添加到列表中的 IP 地址才能访问该 FTP 站点,其他所有未添加的 IP 地址将不能访问。

提示:如果选择"授权访问"单选按钮则正好相反,添加到列表中的计算机将不能访问,而所有未添加的计算机将允许访问。

(2) 单击"添加"按钮,显示"授权访问"对话框,选择"一组计算机"单选按钮,并设置 IP 地址段,如图 10-12 所示。

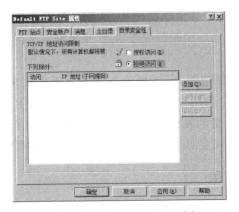

图 10-11 "目录安全性"选项卡

图 10-12 "授权访问"对话框

(3) 单击"确定"按钮添加。按照同样的步骤,添加所有允许访问的 IP 地址段即可。

2. 设置 NTFS 权限

在 FTP 站点中,只能为文件设置简单的"读取"和"写入"权限。如果需要为用户设置更详细的权限,例如,允许用户创建或者删除文件夹,但不允许用户写入文件等,这就要借助于

NTFS 权限来实现。通常,将 FTP 服务器与 NTFS 权限相结合,为 FTP 站点中的文件设置多种不同的权限,用户在登录 FTP 站点时,也必须使用 NTFS 权限中设置的用户账户及权限访问 FTP 站点,从而满足不同用户的使用。

在 Windows 资源管理器中打开 FTP 文件夹的属性对话框,选择"安全"选项卡(图 10-13),可以通过设置文件夹的 NTFS 权限,来为用户设置权限的执行权限。

在 NTFS 权限中,可以设置的权限非常多,如图 10-14 所示,可以满足用户的需求。详细的操作步骤可以参见"安装文件服务"一章中的内容,这里不再赘述。

图 10-13　"安全"选项卡

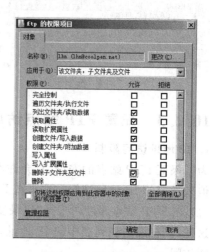

图 10-14　设置详细权限

至于 NTFS 权限的详细设置步骤,可参见本书中的相关内容。

3. 利用磁盘配额限制上传空间

默认情况下,FTP 服务器并不限制用户上传文件的总大小,因此,当为 FTP 用户赋予了写入权限时,用户就可以向 FTP 服务器中上传任意大小的文件,从而导致服务器中宝贵的硬盘空间被迅速占用。为了保护硬盘空间,应当启用磁盘配额功能,来限制每个用户使用磁盘空间的大小。

不过,FTP 服务器本身并没有提供磁盘限额功能,需要借助 NTFS 文件系统来实现。因此,FTP 主目录必须位于 NTFS 格式的分区。为用户设置了磁盘配额以后,当用户上传的文件超出空间限制或者到警告等级时,系统将自动发出警告,提示用户超出空间配额,上传操作不能完成等信息。关于磁盘配额的设置,可参见本书中的相关内容,这里不再赘述。

10.2.4　知识链接:FTP 服务应用

FTP 服务主要提供文件的上传和下载,很多专门的软件网站都使用 FTP 功能。另外,FTP 还可以用来实现 Web 网站更新及不同类型计算机间的文件传输服务。FTP 服务的应用主要包含以下几个方面。

(1) 软件下载服务:由于 FTP 的文件传输效率要比 HTTP 高得多。因此,虽然 Web 服务也能够提供软件下载,但 FTP 服务依然是各专业软件下载站点提供下载服务的最主要方式。

(2) Web 网站更新:Web 网站中的内容只有不断地更新和完善才能更多地吸引浏览者

的目光。而如果将 Web 站点的主目录设置为 FTP 站点的主目录，并为该目录设置访问权限，用户即可向 Web 站点上传修改后的 Web 页，实现对自己 Web 站点的管理和维护。

（3）不同类型计算机间的文件传输：只要计算机安装有 TCP/IP 协议，那么，这些计算机之间即可实现 FTP 通信，例如不同类型的计算机之间（如 PC 和 Macintosh），不同的操作系统之间（如 Windows、UNIX 和 Linux）均可利用 FTP 传输文件。

10.3 配置虚拟站点与虚拟目录

FTP 服务和 Web 服务一样，也具有虚拟站点功能，可以在一台服务器上搭建多个虚拟 FTP 站点，每个 FTP 虚拟站点又可创建多个虚拟目录。不同的虚拟 FTP 站点或者目录，可以分别配置不同的 FTP 权限、NTFS 权限等。

10.3.1 创建虚拟站点

在一台服务器上，可以利用不同的 IP 地址或者端口创建多个 FTP 虚拟站点。

（1）利用不同的 IP 地址创建：如果服务器绑定有多个 IP 地址，就可以利用这种方式创建，为每个 FTP 站点各指定唯一的 IP 地址。

（2）利用不同的端口创建：如果服务器只有一个 IP 地址，就得用不同的端口创建不同的 FTP 站点。不过，用户访问时也必须加上端口才能访问，例如：ftp://192.168.100.14:29。

现在要创建一个名为 User 的站点，使用户可以向 FTP 站点中上传文件。此站点使用一个 IP 地址 192.168.100.27。操作步骤如下。

（1）在 IIS 管理器中，右击"网站"并选择快捷菜单中的"新建"→"FTP 站点"选项，运行"FTP 站点创建向导"。在"FTP 站点描述"对话框中设置新站点的名称，用于与其他 FTP 站点相区分，如图 10-15 所示。

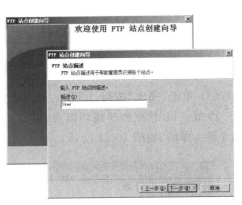

图 10-15 设置站点描述

（2）单击"下一步"按钮，显示如图 10-16 所示的"IP 地址和端口设置"对话框。在"输入此 FTP 站点使用的 IP 地址"下拉列表中选择 IP 地址 192.168.100.27。

提示：如果服务器只有一个 IP 地址，可以设置不同的端口来实现多个虚拟 FTP 站点。

（3）单击"下一步"按钮，显示如图 10-17 所示的"FTP 用户隔离"对话框，可以选择是否将用户限制为只能访问自己的 FTP 主目录。

（4）单击"下一步"按钮，显示如图 10-18 所示的"FTP 站点主目录"对话框，在"路径"文本框中设置虚拟站点的主目录。

（5）单击"下一步"按钮，显示如图 10-19 所示的"FTP 站点访问权限"对话框，设置用户对此 FTP 站点的访问权限，可以设置"读取"或"写入"权限。

（6）单击"下一步"按钮，显示如图 10-20 所示的"已成功完成 FTP 站点创建向导"对话框，提示 FTP 站点创建成功。

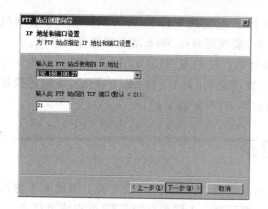

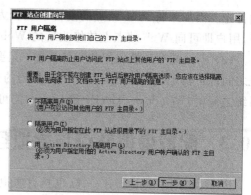

图 10-16　"IP 地址和端口设置"对话框　　　　图 10-17　"FTP 用户隔离"对话框

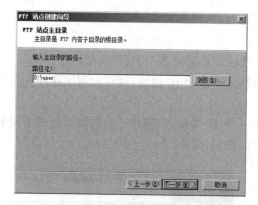

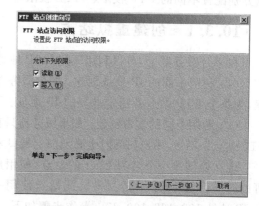

图 10-18　"FTP 站点主目录"对话框　　　　图 10-19　"FTP 站点访问权限"对话框

（7）单击"完成"按钮，FTP 站点创建完成，并自动启动。

虚拟 FTP 站点创建成功以后，可以在属性对话框中进行设置，其操作方法和默认 FTP 站点是一样的，如图 10-21 所示。

图 10-20　完成 FTP 站点创建向导　　　　图 10-21　虚拟站点属性

10.3.2　配置虚拟目录

在虚拟 FTP 站点中，为用户创建几个虚拟目录，分别供不同的用户向自己的目录中写入数据。

(1) 右击新创建的虚拟站点 User,并选择快捷菜单中的"新建"→"虚拟目录"选项,运行"虚拟目录创建向导"。在"虚拟目录别名"对话框中,为虚拟目录指定一个名称,如图 10-22 所示。

(2) 单击"下一步"按钮,显示如图 10-23 所示的"FTP 站点内容目录"对话框。在"路径"文本框中设置 FTP 虚拟目录的主目录。

(3) 单击"下一步"按钮,显示如图 10-24 所示的"虚拟目录访问权限"对话框,选择用户对该虚拟目录的访问权限,可以是"读取"或者"写入"。

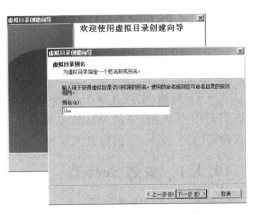

图 10-22 "虚拟目录别名"对话框

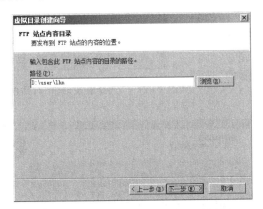

图 10-23 "FTP 站点内容目录"对话框

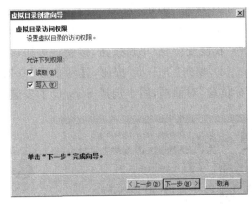

图 10-24 "虚拟目录访问权限"对话框

(4) 单击"下一步"按钮,显示如图 10-25 所示的"已成功完成虚拟目录创建向导"对话框。单击"完成"按钮,完成虚拟目录的创建。

虚拟目录创建成功以后,可以像虚拟站点一样,在属性对话框中进行配置,如图 10-26 所示。不过,只能配置主目录、访问权限和目录安全性,不能配置 IP 地址、端口、账户等。

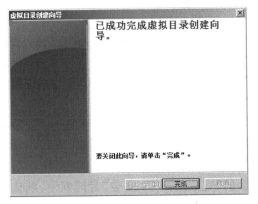

图 10-25 完成虚拟目录创建向导

图 10-26 虚拟目录属性

10.4　安装和配置 Serv-U

Serv-U 是一种 FTP 服务器软件,可用来搭建 FTP 网站。Serv-U 可以设定多个 FTP 服务器,限定登录用户的权限、登录主目录及空间大小等,功能非常完备。同时,Serv-U 支持 SSL FTP 传输,支持在多个 Serv-U 和 FTP 客户端通过 SSL 加密连接保护数据安全等。Serv-U 可以安装在所有的 Windows 操作系统上,不需要网络服务的支持,只要用户使用 FTP 协议即可访问。Serv-U 的官方网站为:http://www.serv-u.cn/,用户可以下载使用。

10.4.1　安装 Serv-U

安装 Serv-U 的步骤如下。

(1) 运行 Serv-U 安装程序,首先显示如图 10-27 所示的"选择安装语言"对话框。选择"中文(简体)"选项即可,如图 10-27 所示。

(2) 单击"确定"按钮,启动 Serv-U 安装向导。单击"下一步"按钮,显示如图 10-28 所示的"许可协议"对话框,选择"我接受协议"单选按钮,接受许可协议。

(3) 单击"下一步"按钮,显示如图 10-29 所示的"选择目标位置"对话框,用于选择 Serv-U 的安装路径。

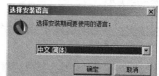

图 10-27　"选择安装语言"对话框

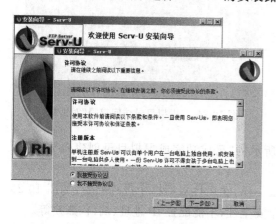

图 10-28　"许可协议"对话框

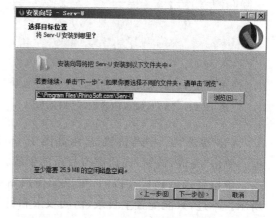

图 10-29　"选择目标位置"对话框

(4) 单击"下一步"按钮,显示如图 10-30 所示的"选择开始菜单文件夹"对话框,设置开始菜单的位置。

(5) 单击"下一步"按钮,显示"选择附加任务"对话框,选中"将 Serv-U 作为系统服务安装"复选框,将 Serv-U 添加到系统服务中,如图 10-31 所示。

(6) 单击"下一步"按钮,在"准备安装"对话框中单击"安装"按钮即可安装。安装完成后,在如图 10-32 所示的"Windows 防火墙"对话框中,选中"添加 Serv-U 到 Windows 防火墙的例外列表中"复选框。

(7) 单击"下一步"按钮,在如图 10-33 所示的"完成 Serv-U 安装"对话框中,默认选中"启动 Serv-U 管理控制台"复选框,安装完成后可立即启动 Serv-U 控制台进行管理。

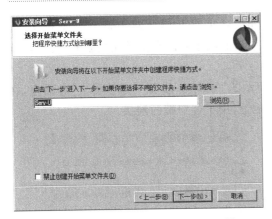

图 10-30 "选择开始菜单文件夹"对话框

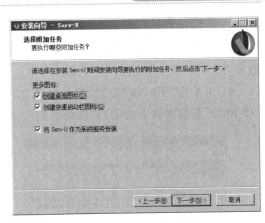

图 10-31 Serv-U 安装向导

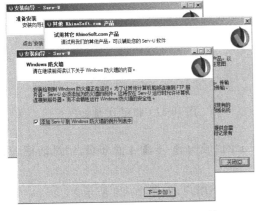

图 10-32 "Windows 防火墙"对话框

图 10-33 "完成 Serv-U 安装"对话框

　　（8）单击"完成"按钮，启动 Serv-U 管理控制台。在第一次运行 Serv-U 时，可以根据向导来配置一个 FTP 网站。首先会提示创建新域，如图 10-34 所示。

　　（9）单击"是"按钮，运行域向导。在"域向导-步骤 1"对话框中，设置域名称和说明，如图 10-35 所示。

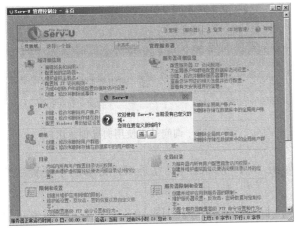

图 10-34 Serv-U 控制台

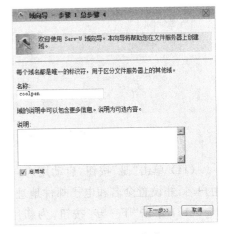

图 10-35 创建域

（10）单击"下一步"按钮，在如图 10-36 所示的"域向导-步骤 2 总步骤 4"对话框中，可以设置访问 FTP 服务器的各种协议及端口。如果当前服务器没有提供此类服务，使用默认值即可。

（11）单击"下一步"按钮，显示如图 10-37 所示的"域向导-步骤 3 总步骤 4"对话框，在"IP 地址"下拉列表中为 FTP 网站指定一个 IP 地址，用于客户端的连接。

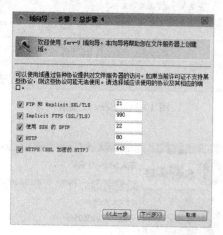

图 10-36　设置协议及端口

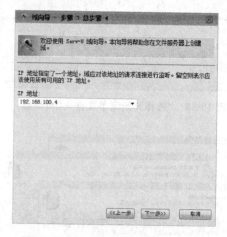

图 10-37　指定 IP 地址

（12）单击"下一步"按钮，显示如图 10-38 所示的"域向导-步骤 4 总步骤 4"对话框，选择密码加密模式。

（13）单击"完成"按钮，提示利用域向导来创建一个用户，如图 10-39 所示。

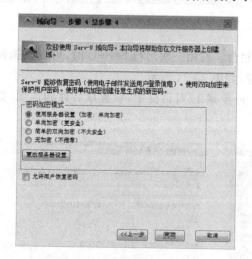

图 10-38　设置密码加密模式

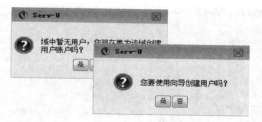

图 10-39　询问是否使用向导创建用户

（14）单击"是"按钮，启动用户向导，如图 10-40 所示。在"登录 ID"文本框中设置一个用户名，并设置全名和电子邮件地址。

（15）单击"下一步"按钮，为新用户账户设置一个密码，如图 10-41 所示。密码也可以为空。

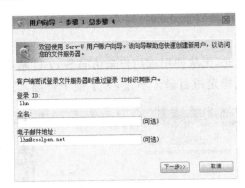
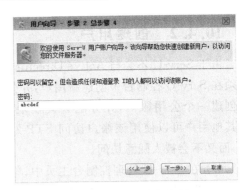

图 10-40　创建用户　　　　　　　　　　图 10-41　设置账户密码

（16）单击"下一步"按钮，用来设置 FTP 站点根目录，如图 10-42 所示。

（17）单击"下一步"按钮，用来设置站点的访问权限。可以设置"只读访问"和"完全访问"两种，如图 10-43 所示。

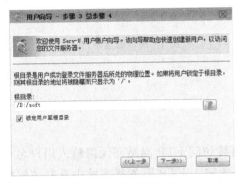
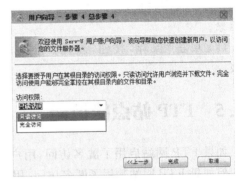

图 10-42　设置根目录　　　　　　　　　图 10-43　选择访问权限

（18）单击"完成"按钮，用户创建成功，并显示用户控制台，如图 10-44 所示。此时，单击"添加"按钮可以继续创建其他用户，单击"编辑"按钮则可修改用户设置。

（19）单击窗口左上角的 Serv-U 图标，返回 Serv-U 管理控制台主页，如图 10-45 所示，所有的设置都可以在控制台中实现。

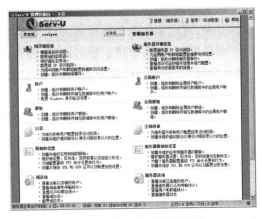

图 10-44　用户创建成功　　　　　　　　图 10-45　Serv-U 管理控制台

10.4.2　创建用户

由于 Serv-U 不会与 Active Directory 集成，因此，无法使用域用户来访问 Serv-U 站点，必须在 Serv-U 控制台中创建新用户，并分配权限、指定根目录。不过，为了便于管理，通常可创建一个公用账户，并分配只读权限，使其他用户可以使用该账户访问 FTP 站点，而又不会被人随意访问。

（1）在 Serv-U 管理控制台主页中，单击"用户"链接，进入用户控制台。单击"添加"按钮，显示如图 10-46 所示的"用户属性-coolpen"对话框。在"登录 ID"文本框中设置用户账户名称，"密码"文本框中设置一个密码，"管理权限"下拉列表中为该用户分配权限，"根目录"文本框中指定根目录。

（2）单击"保存"按钮，新用户创建完成。

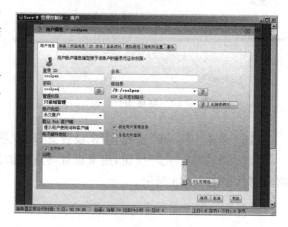

图 10-46　创建用户

10.5　FTP 站点的访问

如果 FTP 网站启用了匿名访问，用户可以直接访问 FTP 网站而无需输入用户名和密码。但如果 FTP 网站禁用了匿名访问，用户就必须输入 FTP 服务器或域中具有访问权限的用户名和密码。

10.5.1　利用 Windows 资源管理器访问

打开 Windows 资源管理器，在地址栏中输入 FTP 站点的访问地址，格式为：
ftp://服务器名或 IP 地址/目录名

例如：ftp://ftp.coolpen.net 或 ftp://192.168.1.8，按 Enter 键，如果该 FTP 网站启用了匿名访问，那么，就可以连接 FTP 服务器并显示其中的文件和文件夹，如图 10-47 所示。此时，可以像本地的文件夹一样，根据所拥有的权限查看或者写入文件了。

如果 FTP 网站禁用了匿名访问，那么，连接到 FTP 服务时就会显示如图 10-48 所示的"登录身份"对话框，在"用户名"和"密码"文本框中输入 FTP 服务器或域中的用户账户名和密码，单击"登录"按钮即可登录到 FTP 服务器。

也可以在 Windows 资源管理器的地址栏中直接输入"ftp://用户名:密码@FTP 服务器地址"来登录到 FTP 服务器，例如：ftp://lhn:abcdef@192.168.1.8，则可直接登录 FTP 服务器而不再显示"登录身份"对话框。

如果用户登录到 FTP 服务器以后，又想使用其他用户账户登录，可在空白处右击，选择快捷菜单中的"登录"选项，显示"登录身份"对话框，输入用户名和密码，单击"登录"按钮即可。

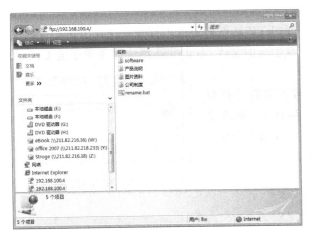

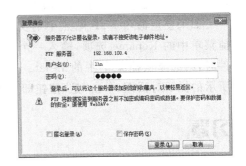

图 10-47 访问 FTP 站点   图 10-48 "登录身份"对话框

　　用户登录到 FTP 服务器以后,就可以根据 FTP 服务器所设置的权限,来读取或写入数据了,并且操作方式和在 Windows 中复制和粘贴文件一样,操作方式如下。

　　(1) 从 FTP 站点中下载文件时,可选择要下载的文件,右击并选择快捷菜单中的"复制"选项,然后打开 Windows 资源管理器,粘贴到想要保存的位置即可。

　　(2) 如果用户具有"写入"权限,要上传文件,可先在 Windows 资源管理器中复制文件,然后粘贴到 FTP 网站文件夹中即可。

　　如果用户具有"写入"权限,还可以更改文件或文件夹名、删除文件和文件夹。登录到 FTP 网站以后,选择欲删除或重命名的文件或文件夹,右击并选择快捷菜单中的"删除"或"重命名"选项即可。如果要新建文件夹,可在 FTP 窗口空白处右击,依次选择快捷菜单中的"新建"→"文件夹"选项即可。

10.5.2 利用 FTP 软件访问

　　现在有很多专门用于访问 FTP 服务器的软件,如 CuteFTP、FlashFXP 等,用户可从 Internet 中下载。这里以 CuteFTP 为例进行介绍。

　　运行 CuteFTP 程序,在工具栏中的 Host 文本框中输入 FTP 服务器的地址,在 Username 文本框中输入用户名,在 Password 文本框中输入密码,单击 Connect 按钮或按 Enter 键,即可登录到 FTP 服务器,并显示出 FTP 服务器中的文件及文件夹,如图 10-49 所示。

　　如果欲从 FTP 服务器下载文件,可先在 Local Drives 列表框中打开欲保存的文件夹,然后在 FTP 站点列表中选择欲下载的文件,右击并选择快捷菜单中的 Download 选项,即可将文件下载到

图 10-49 CuteFTP

本地。

如果欲向 FTP 服务器上传文件,可先在 FTP 站点列表框中打开欲保存上传文件的文件夹,然后,在 Local Drives 列表框中选择欲上传的文件,右击并选择快捷菜单中的 Upload 选项,即可将文件上传到 FTP 服务器。

如果要重命名 FTP 站点中的文件,可右击并选择快捷菜单中的 Rename 选项,输入一个新名称即可;删除文件时,则选择快捷菜单中的 Delete 选项,显示如图 10-50 所示的提示对话框,单击"是"按钮即可删除。

图 10-50　提示对话框

习题

1. FTP 服务的作用是什么?
2. FTP 服务可以实现哪些应用?
3. 如何限制用户的上传空间?

实验:FTP 服务器的使用

实验目的:
掌握 FTP 服务器的使用。

实验内容:
在 Windows Server 2008 服务器上安装 FTP 服务,并指定 IP 地址和主目录,利用 NTFS 权限为 FTP 文件夹设置用户权限。

实验步骤:
(1) 将 Windows Server 2008 服务器加入域并登录。
(2) 安装 FTP 服务。
(3) 为"默认 FTP 站点"指定 IP 地址、端口和主目录。
(4) 在 FTP 服务器中再创建一个虚拟 FTP 站点。
(5) 为 FTP 文件夹指定 NTFS 权限。
(6) 使用 Windows 资源管理器访问 FTP 站点。
(7) 安装 Serv-U,利用 Serv-U 创建一个 FTP 站点。

第 11 章 chapter 11

安装E-mail服务

邮件服务器用来提供电子邮件的收发服务,除了实现文本信息传输以外,还可以传输各种图片及程序文件,方便人们的交流。不过,Windows Server 2008 并没有集成邮件服务,这可利用 Exchange Server 2007 来实现。Exchange Server 2007 SP1 是微软公司目前最新的邮件服务软件,增加了许多新功能,并且更安全、更灵活,可扩展性更强,可以为各种规模的客户提供全面、集成和灵活的邮件解决方案。

11.1 E-mail 服务安装前提与过程

Exchange Server 2007 是一个功能非常强大的软件,不仅可以为用户提供电子邮件收发服务,还可以使网络中的用户通过各种设备,在任何位置访问电子邮件、语音邮件、日历和联系人。当然,Exchange Server 2007 对运行环境也有一定的要求,尤其是需要运行在64 位的 Windows Server 2008 环境中。

11.1.1 案例情景

在该项目网络中,用户与用户、公司与其他公司之间经常会有各种各样的联系和交流。虽然如今电话、手机已经很普遍,但有些文字和图片资料需要直接展示在用户面前。传统的方法是将资料打印成文档,通过专人派送,或者通过邮局邮寄过去。但一来一回将非常耗时,甚至会错过许多重要的决议,尤其是某些尚未定型的资料,来回传送会非常麻烦。为了加快用户或者公司之间联系,最好的方法是在网络中直接传输电子文档。虽然如今网络中有很多即时通信软件,如 QQ、MSN 等,但为了避免员工因沉迷聊天而耽误工作,通常不允许员工使用。

11.1.2 项目需求

如果要让电子文件传输到用户或者公司,比较好的方式就是使用电子邮件,将文件以附件的形式发送。在 Internet 中,有很多大型网络都提供了免费或者收费的电子邮件服务,用户可以申请一个电子邮箱来传输信息。不过,免费的电子邮箱都会有邮件或者容量的限制,而收费邮箱可能会减少限制,但花销也不少,而且一旦忘记续费还会耽误用户的使用。因此,在自己的网络中搭建邮件服务器非常必要,不仅可以完全根据需要设置,而且不会有邮箱和邮件大小的限制,还可以定制日历、任务等共享信息。

11.1.3 解决方案

本章介绍在 Windows Server 2008 中利用 Exchange Server 2007 SP1 部署邮件服务器。Exchange Server 2007 SP1 对服务器的软件和硬件都有一定的需求,尤其是需要 64 位的服务器运行环境。其中,最低硬件需求如下。

(1) CPU:服务器必须配置 64 位处理器。

(2) 内存:推荐为服务器配置 2 GB 的内存。

(3) 磁盘空间:至少有 1.2 GB 的可用磁盘空间,对于要安装的每个统一消息(UM)语言包,需要另外 500 MB 的可用磁盘空间,磁盘分区必须使用 NTFS 文件系统。

(4) 系统空间需求:系统分区至少有 200 MB 的可用空间,用于存储邮件队列数据库的磁盘至少要有 500 MB 的可用空间。

在本网络中,Exchange Server 服务的解决方案如下。

(1) 在一台服务器上安装 Windows Server 2008 X64 操作系统,并且加入域。

(2) 在 Exchange 服务器上,为域用户创建电子邮箱,并设置邮箱和邮件的大小限制。

(3) 客户端使用 Office Outlook,或者 Web 浏览器来访问邮件服务器,并收发自己的电子邮件。

11.1.4 知识链接:POP3 服务和 SMTP 服务

邮件服务器由 SMTP 服务器和 POP 服务器组成。其中,SMTP 服务器使用 SMTP 协议,用于发送电子邮件,POP 服务器使用 POP 协议,用于接收电子邮件。POP3 服务与 SMTP 服务一起使用,但 SMTP 服务用于发送传出电子邮件。而电子邮件客户端则是帮助用户收发自己的电子邮件。

POP3(Post Office Protocol 3)即邮局协议的第 3 个版本,POP3 服务是一种检索电子邮件的电子邮件服务,管理员可以使用 POP3 服务存储以及管理邮件服务器上的电子邮件账户。根据 POP3 协议,允许用户对自己账户的邮件进行管理,例如下载到本地计算机或从邮件服务器删除等。

SMTP(Simple Mail Transfer Protocol)即简单邮件传输协议,它是一组用于由源地址到目的地址传送邮件的规则,用来控制信件的中转方式。SMTP 协议属于 TCP/IP 协议簇,可帮助计算机在发送或中转信件时找到下一个目的地。通过 SMTP 协议所指定的服务器,就可以把 E-mail 寄到收信人的服务器上了。SMTP 服务器则是遵循 SMTP 协议的发送邮件服务器,用来发送或中转发出的电子邮件。

配置好邮件服务器以后,用户就可以收发邮件了。当发送电子邮件时,必须先知道对方的邮件地址,就如同现实生活中写信时,需要写上收信人姓名、收信人地址等。电子邮件的格式为:用户名@邮件服务器。用户名就是在邮件服务器上使用的登录名,而邮件服务器则是邮件服务的域名,例如 lxh@coolpen.net。

11.2 安装和配置 Exchange Server 2007

Exchange Server 2007 的安装过程并不复杂,但对服务器环境要求较高,因此,在安装之前必须做好一系列的准备工作,如升级域控制器、安装必需组件等。通常将 Exchange

Server 2007 安装在域的额外域控制器上。当网络规模不大时,只配置一台 Exchange Server 2007 就足够了。这里准备将一台服务器升级为域控制器,并安装为邮件服务器。

11.2.1 安装 Exchange Server 2007 SP1

1. 安装必需组件

Exchange Server 2007 对系统环境有一定的要求,需要事先安装必需的服务器角色和功能,包括 Web 服务器(IIS 7.0)、应用程序服务器、.Net Framework 3.0 和 Windows PowerShell,并升级 Active Directory 架构。具体安装步骤如下。

(1) 在"服务器管理器"控制台中,单击"添加角色"按钮,运行"添加角色向导",选择"Web 服务器(IIS)"、"文件服务"和"应用程序服务器",如图 11-1 所示。

(2) 连续单击"下一步"按钮,在为"应用程序服务器"选择组件时,选中"Web 服务器(IIS)"复选框。在选择为 Web 服务器安装的角色服务时,选中"IIS 6 管理兼容性"复选框,如图 11-2 所示。

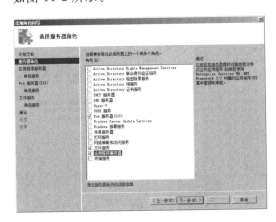

图 11-1 安装服务器角色

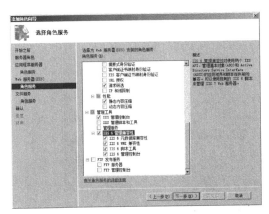

图 11-2 选择 Web 服务器角色

(3) 继续单击"下一步"按钮直至安装完成,其他操作使用默认设置即可。然后,再运行"添加功能向导",选择安装 Windows PowerShell 功能,如图 11-3 所示。

(4) 打开命令提示符,输入如下命令:

Servermanagercmd -i rsat-adds

按 Enter 键运行,开始安装相关组件,用于升级 Active Directory 架构,如图 11-4 所示。安装完成后提示需要重新启动系统以完成安装。

(5) 重新启动服务器,即可开始安装 Exchange Server 2007 SP1 了。

2. 安装 Exchange Server 2007 SP1

当必需的组件安装完成以后,就可以安装 Exchange Server 2007 了,在安装过程中,只需要创建一个 Exchange 组织,而不需其他配置。

(1) 将 Exchange Server 2007 SP1 安装光盘放入光驱,安装程序自动运行,如图 11-5 所示。此时"安装"中的前 3 个步骤均显示"已安装"状态。

(2) 单击"步骤 4:安装 Exchange Server 2007 SP1"链接,显示"简介"对话框,简要介绍

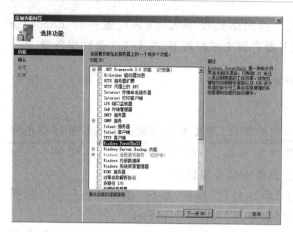

图 11-3　"选择功能"对话框

图 11-4　命令提示符

图 11-5　Exchange Server 2007 SP1 运行界面

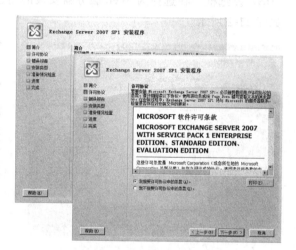

图 11-6　"许可协议"对话框

了 Exchange Server 2007 SP1。单击"下一步"按钮,显示如图 11-6 所示的"许可协议"对话框,选择"我接受许可协议中的条款"单选按钮。

（3）单击"下一步"按钮,显示如图 11-7 所示的"错误报告"对话框,选择"否"单选按钮,不发送错误报告。

（4）单击"下一步"按钮,显示如图 11-8 所示的"安装类型"对话框,选择欲使用的安装方式,包括"典型安装"和"自定义安装"两种。

（5）单击"下一步"按钮,显示如图 11-9 所示的"Exchange 组织"对话框,在"请指定此Exchange 组织的名称"文本框中设置 Exchange 组织名称,例如 coolpen。

（6）单击"下一步"按钮,显示如图 11-10 所示的"客户端设置"对话框。如果组织中运行有 Outlook 2003 及更早版本或 Entourage,可选择"是"单选按钮。

（7）单击"下一步"按钮,显示如图 11-11 所示的"准备情况检查"对话框,安装程序将会对系统和服务器进行检查,完成后显示检查成功和失败的项目。

（8）确认无误后,单击"安装"按钮开始安装。完成后,显示"完成"对话框。单击"完成"按钮,显示如图 11-12 所示的警告框,提示需重新启动计算机才能生效。

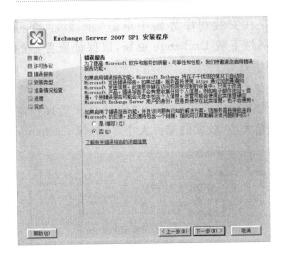

图 11-7　"错误报告"对话框

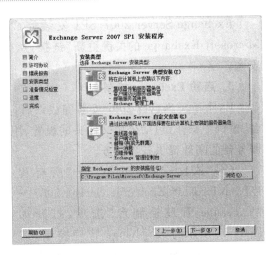

图 11-8　"安装类型"对话框

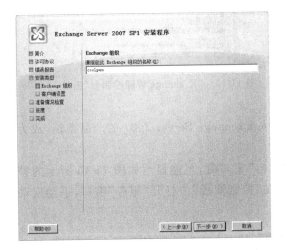

图 11-9　"Exchange 组织"对话框

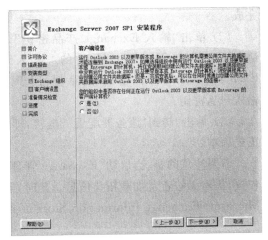

图 11-10　"客户端设置"对话框

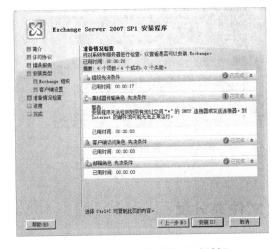

图 11-11　"准备情况检查"对话框

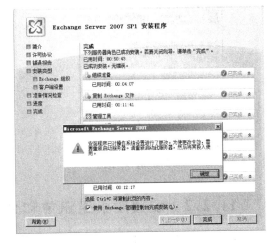

图 11-12　提示重新启动计算机

Exchange Server 2007 SP1 安装完成后，应在安装程序界面中单击"步骤 5：获得 Microsoft Exchange 的关键更新"链接，从微软网站下载 Exchange 更新，以保证服务器的安全。

3. 启动 Exchange 控制台

Exchange Server 2007 安装完成以后，必须先进行详细配置，可在"Exchange 管理控制台"窗口中操作，包括公用文件夹的设置、用户邮箱大小、收发的邮件大小等，确保 Exchange 服务器能高效提供各项服务。

（1）依次选择"开始"→"所有程序"→Microsoft Exchange Server 2007→"Exchange 管理控制台"选项，打开如图 11-13 所示的"Exchange 管理控制台"窗口。Exchange Server 2007 所有的配置如用户、邮箱等，都可以在该控制台中完成。

图 11-13　"Exchange 管理控制台"窗口

（2）单击"输入 Exchange 产品密钥"链接，显示如图 11-14 所示的"输入 Exchange Server 产品密钥"对话框，用于输入产品密钥。

（3）单击"转到'服务器配置'"链接，即可输入 Exchange Server 2007 的产品密钥，成为正式版本。

需要注意的是，当启动"Exchange 管理控制台"窗口时，可能显示如图 11-15 所示的警告框，提示无法正常加载拓扑信息。此时，需要在"控制面板"中打开"服务"窗口，手动启动 Microsoft Exchange Information Store 服务。

图 11-14　"输入 Exchange Server 产品密钥"对话框

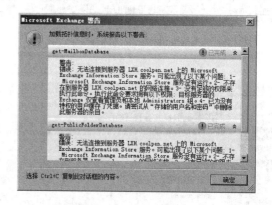

图 11-15　警告框

11.2.2　配置脱机通讯簿和公用文件夹分发

由于一些用户的计算机上可能没有安装 Microsoft Outlook 等软件，只能使用 Web 浏览器来访问电子邮箱，因此，需要启用 Exchange Server 2007 基于 Web 的分发和公用文件夹分发功能,并确认添加 OAB 虚拟目录。

（1）在"Exchange 管理控制台"窗口中,依次选择"组织配置"→"邮箱"选项,在主窗口中选择"脱机通讯簿"选项卡,如图 11-16 所示。

（2）右击"默认脱机通讯簿"选项,选择快捷菜单中的"属性"选项,显示"默认脱机通讯簿属性"对话框。选择"分发"选项卡,确认选中"启用基于 Web 的分发"和"启用公用文件夹分发"复选框,如图 11-17 所示。

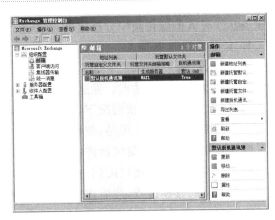

图 11-16　脱机通讯簿

（3）单击"添加"按钮,显示如图 11-18 所示的"选择 OAB 虚拟目录"对话框,可选择需要添加的虚拟目录。

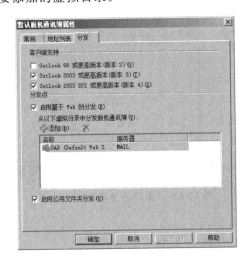

图 11-17　"默认脱机通讯簿属性"对话框

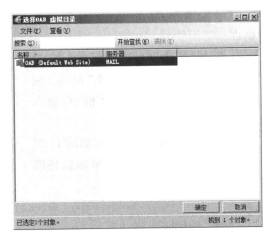

图 11-18　"选择 OAB 虚拟目录"对话框

提示：如果不启用 Web 分发功能,可在"分发"选项卡中删除 OAB 虚拟目录。

（4）单击"确定"按钮,完成默认脱机通讯簿的设置。

11.2.3　部署"集线器传输"

Exchange Server 2007"集线器传输"角色被部署在 Active Directory 目录服务内,它可以提供如下功能。

（1）邮件流：在邮件传递到组织内的收件人收件箱,或者路由到组织外部的用户之前,集线器传输服务器在 Exchange Server 2007 组织内部发送的所有邮件。

（2）分类：分类程序对通过 Exchange Server 2007 传输管道移动的所有邮件,执行收件人解析、路由解析和内容转换。

（3）路由：集线器传输服务器确定在组织中发送和接收的所有邮件的路由路径。

（4）传递：邮件由存储设备传递到收件人的邮箱中,组织中的用户所发送的邮件由存储设备从发件人的发件箱中分拣出来,并放在集线器传输服务器上的提交队列中。

1. 创建发送连接器

Exchange Server 2007 传输服务器向目标地址发送邮件的过程中,需要通过发送连接器将邮件传递到下一个站点。发送连接器控制从发送服务器到接收服务器(或目标电子邮件系统)的出站连接。默认情况下,在安装集线器传输服务器或边缘传输服务器时,不创建任何形式的发送连接器。但是,使用基于 Active Directory 目录服务站点拓扑自动计算的不可见隐式发送连接器,在集线器传输服务器之间,以内部方式路由邮件。只有当使用边缘订阅过程将边缘传输服务器订阅到 Active Directory 站点之后,才能建立端到端邮件流。其他方案必须手动配置连接器,才能建立端到端邮件流。

Exchange Server 2007 默认安装后只有接收连接器,创建邮箱用户还不能对 Internet 的集线器传输服务器,或者未订阅的边缘传输服务器的客户端发送邮件,用户需要在该服务器上创建一个发送连接器,以便发送邮件。

（1）打开"Exchange 管理控制台"窗口,依次选择"组织配置"→"集线器传输"选项,显示如图 11-19 所示的"集线器传输"窗口。

（2）单击"新建发送连接器"链接,启动"新建 SMTP 发送连接器"向导,如图 11-20 所示。在"名称"文本框中,输入发送连接器的名称,如 link。

（3）单击"下一步"按钮,显示如图 11-21 所示的"地址空间"对话框,用来添加将邮件路由到的地址空间。

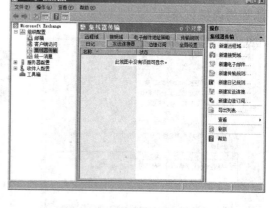

图 11-19　"集线器传输"窗口

图 11-20　"新建 SMTP 发送连接器"向导

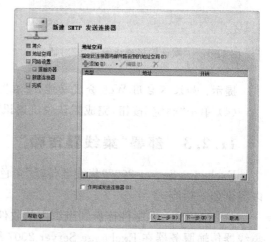

图 11-21　"地址空间"对话框

（4）单击"添加"按钮,显示如图 11-22 所示的"SMTP 地址空间"对话框,在"地址"文本框中输入" * "。单击"确定"按钮保存并返回。

（5）单击"下一步"按钮,显示如图 11-23 所示的"网络设置"对话框,使用默认设置即可。

图 11-22 "SMTP 地址空间"对话框　　　　　　图 11-23 "网络设置"对话框

（6）单击"下一步"按钮，显示如图 11-24 所示的"源服务器"对话框，默认添加了本地邮件服务器。如果没有添加，则需单击"添加"按钮选择。

（7）单击"下一步"按钮，显示"新建连接器"对话框。单击"新建"按钮，显示如图 11-25 所示的"完成"对话框，提示发送连接器已经创建成功。

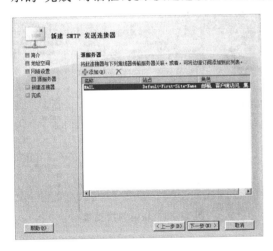

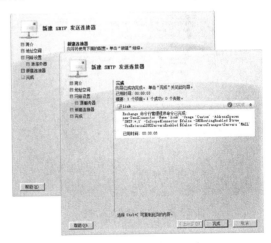

图 11-24 "源服务器"对话框　　　　　　图 11-25 新建连接器完成

（8）单击"完成"按钮，发送连接器创建完成。

2. 创建接受域

作为集线器传输服务器安装的一部分，默认的接受域将作为 Exchange 组织的权威域进行创建。默认的接受域是林根域的完全限定域名（FQDN）。生产环境中可能需要添加组织的权威域，如与内部 SMTP 域不同的外部 SMTP 域等。

（1）在"Exchange 管理控制台"窗口中依次选择"组织配置"→"集线器传输"选项，选择"接受域"选项卡，如图 11-26 所示。

（2）在右侧栏中单击"新建接受域"链接，显示如图 11-27 所示的"新建接受域"对话框，输入欲使用的"名称"和"接受域"域名，选择"权威域"单选按钮。

图 11-26 "接受域"选项卡

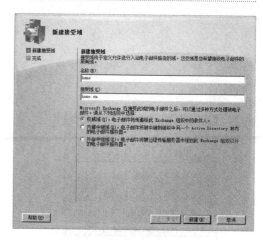

图 11-27 "新建接受域"对话框

（3）单击"新建"按钮，接受域创建成功，显示如图 11-28 所示的"完成"对话框。

（4）单击"完成"按钮返回"Exchange 管理控制台"窗口，可以看到新建的接受域，如图 11-29 所示。

图 11-28 "完成"对话框

图 11-29 新建的接受域

3. 配置电子邮件策略

在 Exchange Server 2007 中，收件人（包括用户、资源、联系人和组）是 Active Directory 目录服务中任何已启用邮件功能的对象，Exchange 可以向其传递或路由邮件。电子邮件地址策略为收件人生成主电子邮件地址和辅电子邮件地址，以保证可接收和发送电子邮件。默认情况下，Exchange 包含适用于所有已启用邮件的用户的电子邮件地址策略。此默认策略将收件人的别名指定为电子邮件地址的本地部分，并使用默认的接受域。

（1）在"Exchange 管理控制台"窗口中，依次选择"收件人配置"→"邮箱"选项，选择需要更改策略的邮箱用户，右击并选择快捷菜单中的"属性"选项，打开用户属性对话框。选择"电子邮件地址"选项卡，如图 11-30 所示。

（2）单击"添加"按钮，显示如图 11-31 所示的"SMTP 地址"对话框，在"电子邮件地址"文本框中设置辅电子邮件名称。

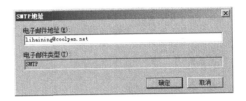

图 11-30　"电子邮件地址"选项卡　　　　　图 11-31　"SMTP 地址"对话框

（3）单击"确定"按钮，两个电子邮件地址已经显示在列表中，如图 11-32 所示。

（4）单击"确定"按钮，保存设置。

在上述实例中，编辑的是默认的电子邮件地址策略。如果要新建一个电子邮件地址策略，可执行如下步骤。

（1）在"Exchange 管理控制台"窗口中，依次选择"组织配置"→"集线器传输"选项，在右侧的操作栏中单击"新建电子邮件地址策略"链接，启动"新建电子邮件地址策略"向导。在"名称"文本框中输入创建的策略名称，例如 book，并选择相应的收件人类型，通常为"所有收件人类型"，如图 11-33 所示。

图 11-32　邮件地址创建成功

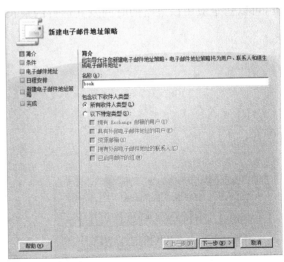

图 11-33　"新建电子邮件地址策略"向导

（2）单击"下一步"按钮，显示"条件"对话框，在"步骤 1：选择条件"列表框中，选择策略要应用的条件。然后，在"编辑条件"列表中，单击"指定的"链接，用来设置指定的条件。例如,在"指定 部门"对话框中输入部门名称,如"技术部",单击"添加"按钮,添加到列表中,如图 11-34 所示。

(3)单击"确定"按钮返回"条件"对话框。单击"下一步"按钮,显示如图 11-35 所示的"电子邮件地址"对话框。

图 11-34　设置条件

图 11-35　"电子邮件地址"对话框

单击"添加"按钮后的下三角按钮,选择"自定义地址"选项,显示如图 11-36 所示的"自定义地址"对话框。在"电子邮件地址"文本框中,输入电子邮件地址的格式,如％g％s@coolpen.net(此处的％g 以及％s 分别表示名和姓),在"电子邮件类型"文本框中输入 smtp。

(4)单击"确定"按钮返回。单击"下一步"按钮,显示如图 11-37 所示"日程安排"对话框,可以指定应用该策略的时间及其运行的最长时间。这里选择"立即"单选按钮。

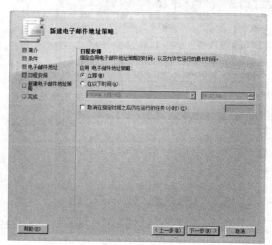

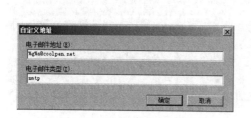

图 11-36　"自定义地址"对话框

图 11-37　"日程安排"对话框

(5)单击"下一步"按钮,显示"新建电子邮件策略"对话框。单击"新建"按钮,开始创建电子邮件策略。完成后显示"完成"对话框,如图 11-38 所示。

（6）单击"完成"按钮，策略创建完成，并显示在管理控制台中，如图11-39所示。

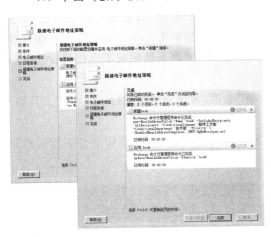

图 11-38　电子邮件策略创建完成

图 11-39　已创建的策略

11.2.4　HELO 信息设置

在邮件服务器中，必须正确设置外发的 HELO（或 EHLO）信息，如果不能正确设置这些信息，会被许多邮件服务器拒绝，邮箱系统外发的信件就会被一些启用"DNS 反向域名解析"的邮件服务器拒收。

提示：如果网络中有多台 Exchange 服务器，需要在每台 Exchange 服务器上都设置 HELO 信息。

在"Exchange 管理控制台"窗口中，依次选择"组织配置"→"集线器传输"选项，选择"发送连接器"选项卡，选择要设置的发送连接器，右击并选择快捷菜单中的"属性"选项，打开属性对话框。在"指定此连接器为响应 HELO 或 EHLO 将提供的 FQDN"文本框中，输入集线器服务器的名称即可，通常为 Exchange 服务器的 DNS 域名 mail.coolpen.net，如图11-40所示。

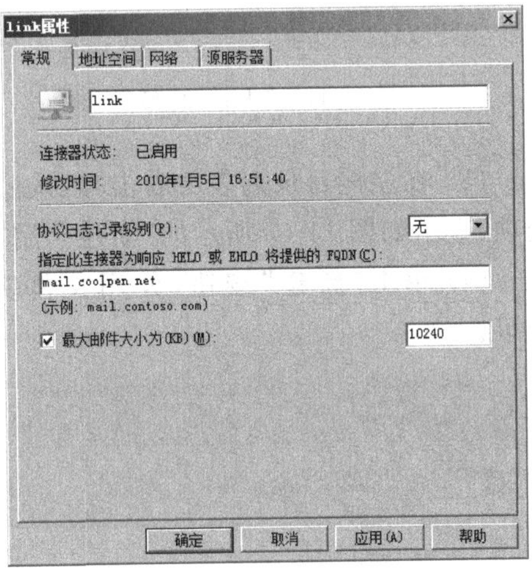

图 11-40　发送连接器属性

11.2.5　公用文件夹设置

公用文件夹是专门为共享访问设计的，为收集、组织信息及与用户的工作组或组织中的其他人共享信息，提供了一种轻松、有效的方式。公用文件夹是分层组织的，存储在专用数据库中，并且可以在 Exchange 服务器之间进行复制。在 Exchange Server 2007 中，公用文件夹是一个可选功能。如果用户使用 Office Outlook 2007，则对于诸如忙/闲信息和脱机通讯簿（OAB）下载等功能，不会依赖公用文件夹。而如果使用 Outlook 2003 或更早版本，则需要部署公用文件夹。

1. 新建公用文件夹

当在网络中的第一个服务器上安装 Exchange Server 2007 时,安装程序就会提示:"您的组织中是否存在任何正在运行 Outlook 2003 以及更早版本或 Entourage 的客户端计算机?",选择"是"单选按钮会创建公用文件夹数据库,选择"否"单选按钮则不会创建。也可以在安装完成后再创建公用文件夹。

(1) 在 Exchange 管理控制台中,选择"工具箱"选项,显示如图 11-41 所示的"工具箱"窗口。

(2) 双击"公用文件夹管理控制台"图标,显示如图 11-42 所示的"公用文件夹管理控制台"窗口。

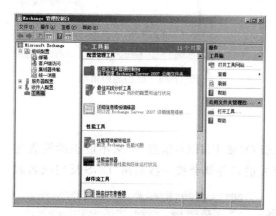

图 11-41　"工具箱"窗口

图 11-42　"公用文件夹管理控制台"窗口

(3) 在左侧目录列表中右击"默认公用文件夹"并选择快捷菜单中的"新建公用文件夹"选项,显示如图 11-43 所示的"新建公用文件夹"对话框,输入要创建的文件夹的名称。

(4) 单击"新建"按钮,公用文件夹创建完成,如图 11-44 所示。单击"完成"按钮即可。

图 11-43　"新建公用文件夹"对话框

图 11-44　公用文件夹创建完成

2. 配置公用文件夹复制

公用文件夹复制是一个过程,公用文件夹内容和层次结构可通过该过程跨多个服务器进行复制,从而提高效率和容错能力。如果分别位于各个独立服务器上的多个公用文件夹数据库都支持一个单一公用文件夹树,则 Exchange 将使用公用文件夹复制保持数据库同步。如果组织中存在多个公用文件夹数据库,则无法使用群集连续复制(CCR)、本地连续复制(LCR)或备用连续复制(SCR),并且即使尚未配置要复制的公用文件夹,也将进行公用文件夹复制。公用文件夹复制和存储组复制不能组合使用。因此,CCR、LCR 和 SCR 仅在组织中没有其他公用文件夹数据库的情况下对公用文件夹数据库可用。

(1) 在"公用文件夹管理控制台"窗口中,右击欲设置的公用文件夹,选择快捷菜单中的"属性"选项,显示"公用属性"对话框。选择"复制"选项卡,如图 11-45 所示。

(2) 单击"添加"按钮,显示如图 11-46 所示的"选择公用文件夹数据库"对话框,选择要复制公用文件夹的公用文件夹数据库即可。

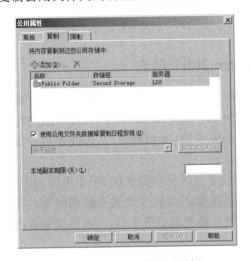

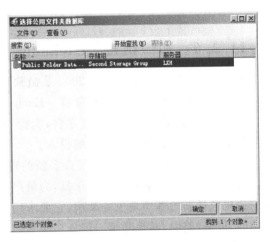

图 11-45 "公用属性"对话框   图 11-46 "选择公用文件夹数据库"对话框

(3) 单击"确定"按钮保存设置。

默认情况下,Exchange 使用为公用文件夹数据库设置的复制日程安排。如果要为公用文件夹创建自定义复制日程安排,在"财务部属性"对话框中取消选中"使用公用文件夹数据库复制日程安排"复选框,并使用自己定义的日程安排。

3. 限制复制邮件的大小

限制复制邮件的大小的步骤如下。

(1) 在"Exchange 管理控制台"窗口中,依次选择"服务器配置"→"邮箱"选项,如图 11-47 所示。

(2) 在窗口下方的"数据库管理"选项卡中,选择欲设置的公用文件夹数据库,右击并选择快捷菜单中的"属性"选项,显示"Public Folder Database 属性"对话框,选择"复制"选项卡,在"复制邮件大小限制值(KB)"文本框中输入邮件大小,范围为 1～2 097 151KB,如图 11-48 所示。

(3) 单击"确定"按钮,保存设置。

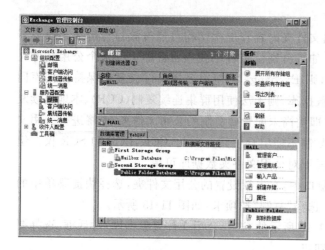

图 11-47 "数据库管理"选项卡

图 11-48 "Public Folder Database 属性"
对话框

11.2.6 知识链接：Exchange Server 2007 简介

Microsoft Exchange Server 2007 是微软开发的一款电子邮件服务器软件，是业界领先的电子邮件、日历和统一信息服务器。Exchange Server 2007 是纯粹的 64 位消息协作平台，作为一套改良的企业统一沟通平台，支持 64 位操作系统，其创新的 LCR 技术可以极大地降低企业在数据备份和恢复上的投入。

Exchange Server 2007 增加了许多新的特性和功能以满足多数组织、企业不同的需求，可以为管理员提供功能强大的新工具，为最终用户提供更多访问方式来连接到邮箱。其主要的变化包括新的基于角色的架构，它要求用户提供 5 种类型的服务器，以支持诸如远程客户访问、传输/路由、邮箱和统一消息功能等。

Exchange Server 2007 Service Pack 1 既可用于执行完整的 Exchange Server 2007 安装，又可用于更新现有的 Exchange Server 2007 安装，而且完全支持 Windows Server 2008 系统。

11.3 创建用户 E-mail 信箱

为了使用户能够使用 Exchange Server 2007 收发邮件，必须先在 Exchange Server 2007 中添加用户并创建用户邮箱及通讯组，并为用户设置邮件地址、限制邮箱大小并配置邮箱功能。不过，Exchange Server 2007 会自动与 Active Directory 集成，可以为域用户添加邮箱，新建的邮箱用户也将自动添加到域中。

11.3.1 创建用户邮箱

为了使客户端用户能够安全地访问 Exchange 服务器，可以配置客户端安全策略，包括 SSL 访问、Exchange ActiveSync、新用户和现有用户邮箱策略等。

1. 创建 Exchange ActiveSync 邮箱策略

通过 Exchange Server 2007 ActiveSync 可以从移动设备安全地访问最新的邮件。若用户的环境中配备了运行 Windows Mobile 5.0 和邮件安全及功能包,以及更高版本 Windows Mobile 软件和移动设备,就需要配置 Exchange ActiveSync。

(1) 在 Exchange 管理控制台中,依次选择"组织配置"→"客户端访问"选项,默认已有一个 Exchange ActiveSync 邮箱策略,如图 11-49 所示。

(2) 在右侧的"操作"任务栏中单击"新建 Exchange ActiveSync 策略"链接,启动"新建 Exchange ActiveSync 邮箱策略"向导,如图 11-50 所示。在"邮箱策略名"文本框中输入邮箱策略名。通常应选中"允许不可设置的设备"和"允许将附件下载到设备"复选框。如果用户需要设置密码,可选中"要求提供密码"复选框,进行相应的设置。

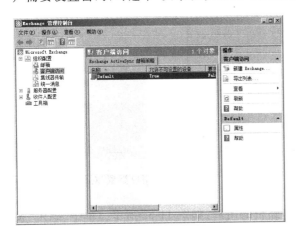

图 11-49　客户端访问

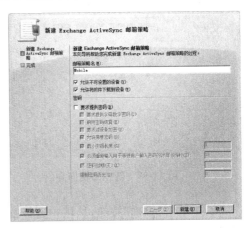

图 11-50　新建 Exchange ActiveSync 策略

(3) 单击"下一步"按钮,即可开始创建。完成后显示如图 11-51 所示的"完成"对话框,单击"完成"按钮即可。

2. 为已有用户创建邮箱

域中通常已创建了大量用户,因此,当 Exchange Server 2007 配置完成以后,就可以为域中已有的用户配置邮箱,并可指定所使用的邮箱策略。

(1) 在"Exchange 管理控制台"窗口中选择"收件人配置"选项,如图 11-52 所示。

图 11-51　"完成"对话框

图 11-52　收件人配置

（2）在右侧的"操作"任务栏中单击"新建邮箱"链接，启动"新建邮箱"向导，如图11-53所示。由于现在要创建用户邮箱，因此，选择"用户邮箱"单选按钮。

（3）单击"下一步"按钮，显示"用户类型"对话框，选择"现有用户"单选按钮，如图11-54所示。

图11-53　新建邮箱向导

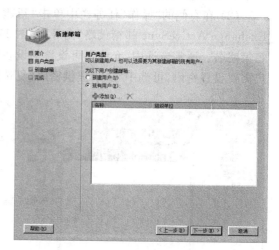

图11-54　"用户类型"对话框

（4）单击"添加"按钮，从域中选择欲创建邮箱的用户，如图11-55所示。单击"确定"按钮添加。

（5）单击"下一步"按钮，显示如图11-56所示的"邮箱设置"对话框。在"邮箱数据库"选项区域中，单击"浏览"按钮，选择邮箱数据库；选中"Exchange ActiveSync邮箱策略"复选框，并单击"浏览"按钮选择一种邮箱策略。

图11-55　选择用户

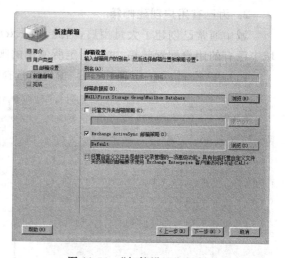

图11-56　"邮箱设置"对话框

（6）单击"下一步"按钮，显示"新建邮箱"对话框，列出了前面所做的设置。单击"新建"按钮，即可创建邮箱，如图11-57所示。

（7）单击"完成"按钮返回"Exchange管理控制台"窗口，即可看到已创建了邮箱的用户，

图 11-57 邮箱创建完成

图 11-58 用户邮箱新建完成

如图 11-58 所示。

3. 创建新用户邮箱

如果有的用户并没有在域中创建,那么,就可以利用 Exchange 的"新建邮箱"向导来为用户创建邮箱,并且同时会在域中创建该用户账户。

(1) 同样在"Exchange 管理控制台"窗口中运行"新建邮箱"向导。当显示"用户类型"对话框时,选择"新建用户"单选按钮,如图 11-59 所示。

(2) 单击"下一步"按钮,显示如图 11-60 所示的"用户信息"对话框,设置新用户的名称、登录名、密码等信息。此处的设置与在域中创建用户账户类似。

图 11-59 "用户类型"对话框

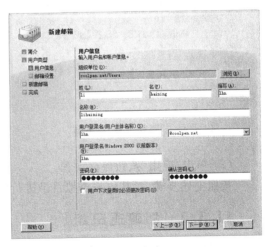

图 11-60 "用户信息"对话框

(3) 单击"下一步"按钮,显示如图 11-61 所示的"邮箱设置"对话框。在"别名"文本框中需要为该邮箱用户设置一个别名;在"邮箱数据库"选项区域中单击"浏览"按钮,选择邮箱数据库;选中"Exchange ActiveSync 邮箱策略"复选框,单击"浏览"按钮选择邮箱策略。

提示：当为现有用户创建邮箱时，系统默认将用户名设置别名。而创建新用户时，则可手动设置别名。

（4）单击"下一步"按钮，即可创建一个用户及邮箱。

4. 配置 SSL 访问

为了保护客户端与 Exchange 服务器之间的通信安全，可以在服务器上配置 SSL 证书。默认情况下，IIS 会对脱机通讯簿虚拟目录之外的所有虚拟目录都要求 SSL，但是，可以为每项客户端访问功能配置其他虚拟目录，此时必须确认每个虚拟目录都配置为要求 SSL。客户端访问的虚拟目录如下。

Outlook Web Access 2007 和 Outlook Web Access 2007 虚拟目录分别为 exchange 和 owa、WebDAV 虚拟目录为 public、ActiveSync 虚拟目录为 Microsoft-Server-ActiveSync、Outlook Anywhere 虚拟目录为 Rpc、自动发现虚拟目录为 Autodiscover、Exchange Web 服务虚拟目录为 EWS、统一消息虚拟目录为 Unified Messaging、脱机通讯簿虚拟目录为 OAB。

在 IIS 管理器中，管理员可以配置所有将要使用的客户端访问虚拟目录，步骤如下。

（1）打开"Internet 信息服务(IIS)管理器"控制台，在"网站"中选择相应的虚拟目录，例如 EWS。然后，在主窗口中选择"SSL 设置"选项，双击，打开"SSL 设置"窗口，选中"要求 SSL"和"需要 128 位 SSL"复选框，如图 11-62 所示。

图 11-61　"邮箱设置"对话框

图 11-62　SSL 设置

（2）单击"应用"按钮保存设置。

按照上述步骤，对其他的虚拟目录进行同样的设置。

11.3.2　创建通讯组

通讯组是已启用了邮件的 Active Directory 目录服务组对象，其主要功能是用于加快对电子邮件以及 Exchange 组织中其他大量信息的发送速度。管理员可以使用"收件人配置"下的"通讯组"选项，针对多种通讯组执行管理任务，同时也可以创建新的通讯组（包括安全组），并修改、删除或禁用现有通讯组。

1. 新建通讯组

新建通讯组的步骤如下。

（1）在"Exchange 管理控制台"窗口中，依次选择"收件人配置"→"通讯组"选项，如图 11-63 所示。

（2）右击"通讯组"并选择快捷菜单中的"新建通讯组"选项，启动"新建通讯组"向导。默认显示"简介"对话框，选择"新组"单选按钮，如图 11-64 所示。

图 11-63 "通讯组"窗口

图 11-64 新建通讯组向导

（3）单击"下一步"按钮，显示如图 11-65 所示的"组信息"对话框，选择"分发"单选按钮，并在"名称"文本框中设置一个名称。

（4）单击"下一步"按钮，显示"新建通讯组"对话框。单击"新建"按钮，即可创建通讯组，如图 11-66 所示。

图 11-65 "组信息"对话框

图 11-66 新建通讯组

（5）单击"完成"按钮退出向导。

2. 设置通讯组属性

当通讯组创建完成以后，就可以为通讯组添加成员、设置收发邮件的电子邮件地址、设置邮件大小限制及邮件传递限制等。

（1）在"Exchange 管理控制台"的"通讯组"窗口中，右击组名并选择快捷菜单中的"属性"选项，打开通讯组的属性对话框。选择"成员"选项卡，如图 11-67 所示。

（2）单击"添加"按钮，可以在"选择收件人-coolpen.net"对话框中选择要添加到组的成员，如图 11-68 所示。

（3）在"电子邮件地址"选项卡中，可以为该通讯组设置收发邮件的电子邮件地址。在如图 11-69 所示的"邮件流设置"选项卡中，选择"邮件大小限制"或"邮件传递限制"选项，并单击"属性"按钮，可以为该通讯组设置邮件大小限制及邮件传递限制。

图 11-67　通讯组属性

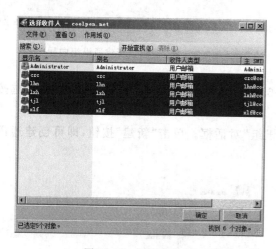

图 11-68　添加组成员

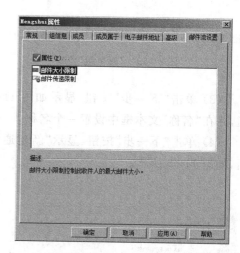

图 11-69　邮件流设置

11.4　用户 E-mail 信箱限制

在 Internet 上的所有网站中，都会限制用户的邮箱容量，以免浪费硬盘空间。在 Exchange Server 2007 SP1 中，管理员同样可以设置用户的默认邮箱大小，也可以单独设置每个用户的邮箱大小，并可设置用户所能发送的邮件大小，以免占用过多的网络带宽。

11.4.1　信箱容量限制

信箱容量限制的设置步骤如下。

（1）在"Exchange 管理控制台"窗口中依次选择"服务器配置"→"邮箱"选项，在"数据库管理"选项卡中展开 First Storage Group 选项，如图 11-70 所示。

（2）右击 Mailbox Database 并选择快捷菜单中的"属性"选项，打开邮箱数据库属性对话框，选择"限制"选项卡，如图 11-71 所示。在"存储限制"选项区域中，可设置用户的邮箱大小;在"删除设置"选项区域中可以指定何时将已经删除的邮件和邮箱从 Exchange 服务器中永久删除。

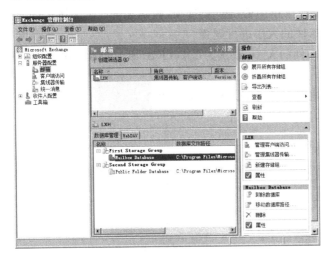

图 11-70 "邮箱"窗口
图 11-71 邮箱数据库属性

① 达到该限度时发出警告:当用户的邮箱容量达到此值时,就会收到系统管理员发来的警告邮件,但此时用户依然可以收发邮件。

② 达到该限制时禁止发送:当用户的邮箱空间达到此值时,将禁止发送邮件,但可以接收邮件。

③ 达到该限度时禁止发送和接收:当用户的邮箱空间达到限制值后,不能收发邮件,只能删除无用邮件,减少空间占用后才能继续使用。

提示:通常情况下,这 3 个值是依次递加的。在"警告邮件间隔"列表中选择(对超过警告空间的用户)发送邮件的时间,通常选择网络使用率低的时候发送,例如每天的午夜、凌晨的某个时刻。

④ 保留已删除项目的期限:设置已删除的邮箱在服务器上保存多少天后再永久删除。设置为 0 表示立即永久删除。

⑤ 保留已删除邮箱的期限:设置已删除邮箱可以在服务器上保留的天数,范围为 0~24855 之间,设置为 0 时表示立即删除。

⑥ 完成对数据库的备份之后才永久删除邮箱及邮件:表示将已删除的邮箱和邮件保存在服务器备份之前不能删除,只有在完成备份之后,才根据设置删除邮箱和邮件。

(3)设置完成后单击"确定"按钮保存即可。

11.4.2 邮件大小限制

在 Exchange 邮件系统中,还需要设置每个邮箱允许收到(和/或发送)的单个邮件的大小。管理员应根据实际需求,并结合网络带宽,设置适当的允许值,以避免网络带宽和磁盘空间的占用。除此之外,还可以设置邮件大小、收件人、发件人和连接筛选等信息。

1. 传输设置

传输设置的步骤如下。

（1）在"Exchange 管理控制台"窗口中,依次选择"组织配置"→"集线器传输"选项,选择"全局设置"选项卡,如图 11-72 所示。

（2）右击"传输设置"选项并选择快捷菜单中的"属性"选项,显示如图 11-73 所示的"传输设置属性"对话框,即对接收及发送邮件的大小进行设置。

① 最大接收大小:设置用户接收邮件的大小,默认为 10240KB,即 10MB。可根据网络带宽和用户要求进行设置。

② 最大发送邮件:设置用户发送邮件的大小,默认为 10240KB。

③ 最大收件人数:设置收件人数,默认为 5000 个。

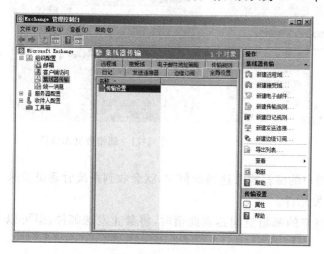

图 11-72　"全局设置"选项卡

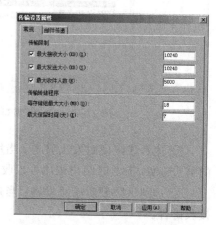

图 11-73　"传输设置属性"对话框

（3）设置完后单击"确定"按钮保存即可。

2. 限制发送单一邮件的大小

在"Exchange 管理控制台"窗口中,依次选择"组织配置"→"集线器传输"选项,在"发送连接器"选项卡中,选择已创建的 link 连接器,右击并选择快捷菜单中的"属性"选项,显示如图 11-74 所示的"link 属性"对话框。在"常规"选项卡中,选中"最大邮件大小为(KB)"复选框,即可设置邮件的大小,默认为 10240KB。

3. 限制接收单一邮件的大小

中心传输服务器安装完成后,系统会自动建立两个接收连接器:Client Server 和 Default Server。Client Server 连接器主要用来接收使用 POP3 或 IMAP4 的客户端应用程序提交的电子邮件,默认情况下,该接收连接器配置为通过 TCP 端口 587 接收电子邮件。Default Server 连接器主要用来接收来自边缘传输服务器的连接,以接收来自 Internet 和其他中心传输服务器的邮件。默认情况下,该接收连接器配置为通过 TCP

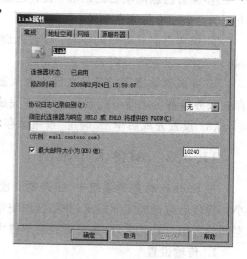

图 11-74　发送连接器属性

端口 25 接收电子邮件。

（1）在"Exchange 管理控制台"窗口中，依次选择"服务器配置"→"集线器传输"选项，显示如图 11-75 所示的"集线器传输"窗口。

（2）选择 Default MAIL 选项，右击并选择快捷菜单中的"属性"选项，显示如图 11-76 所示的"Default MAIL 属性"对话框，在"最大邮件大小为（KB）"文本框中即可设置邮件的大小，默认为 10240KB。

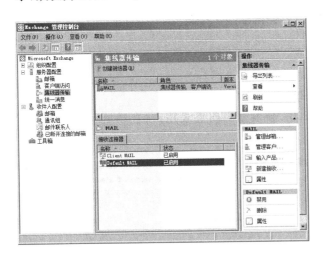

图 11-75　"集线器传输"窗口

图 11-76　Default MAIL 属性

（3）单击"确定"按钮保存设置。Client Server 的设置方法与上述步骤相同，此处不再赘述。

11.5　访问 E-mail 信箱

Exchange Server 的客户端是 Microsoft Outlook 或 Outlook Web Access(OWA)，域客户端上部署的 Office Outlook 2003 可以完全发挥其功能，OWA 能发挥 Exchange 提供的绝大部分功能。而使用其他电子邮件客户端程序如 Outlook Express、Foxmail 等，则只能使用 Exchange 的收发邮件功能。

11.5.1　配置 Outlook 2007

在企业网络中，Exchange Server 2007 通常和 Outlook 配合使用。同时，又是将 Exchange、Outlook 与 Active Directory 配合使用，所以网络中的工作站都应该加入到域，并且安装 Outlook 软件。

Office Outlook 2007 可以提供全面的时间和信息管理功能。利用"即时搜索"和"待办事项栏"等新功能，可以组织和随时查找所需信息。通过新增的日历共享功能、Exchange Server 2007 技术以及经过改进的 Windows SharePoint Services 3.0 信息访问功能，用户可以与同事、朋友和家人，安全地共享存储在 Office Outlook 2007 中的数据。

（1）将需要配置的客户端加入到 Active Directory，并安装 Outlook 2007。

（2）第一次运行 Outlook 时，将显示 Outlook 2007 的启动向导。单击"下一步"按钮，显示如图 11-77 所示的"电子邮件账户"对话框，选择"是"单选按钮。

（3）单击"下一步"按钮，显示如图 11-78 所示的"选择电子邮件服务"对话框，选择"Microsoft Exchange、POP3、IMAP 或 HTTP"单选按钮。

图 11-77　Outlook 2007

（4）单击"下一步"按钮，显示如图 11-79 所示的"自动账户设置"对话框，Outlook 2007 会根据当前登录用户，自动填写"您的姓名"和"电子邮件地址"文本框。

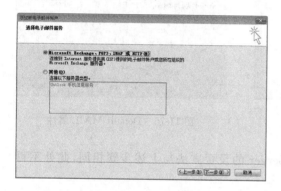

图 11-78　"选择电子邮件服务"对话框

图 11-79　"自动账户设置"对话框

（5）单击"下一步"按钮，开始建立应用程序到服务器的连接，并显示如图 11-80 所示的"正在配置"对话框。

（6）单击"完成"按钮，即可完成配置向导，同时启动 Outlook 2007，如图 11-81 所示。

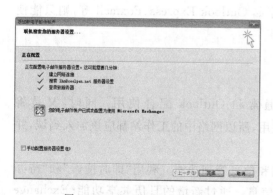

图 11-80　"正在配置"对话框

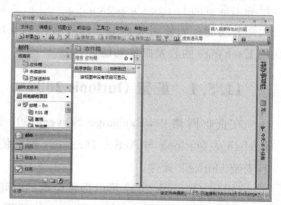

图 11-81　Outlook 2007 主窗口

如果曾经配置过 Outlook 2007,但并未将其配置为 Exchange Server 的客户端,也可再行设置。打开"控制面板",切换到经典视图,双击"邮件"选项,显示如图 11-82 所示的"邮件设置"对话框。

单击"电子邮件账户"按钮,显示如图 11-83 所示的"账户设置"对话框,在"电子邮件"选项卡中即可设置当前邮箱。单击"新建"按钮则可添加用户。

图 11-82　"邮件设置"对话框

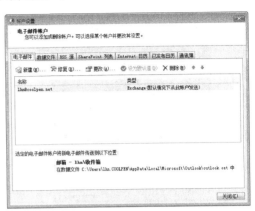

图 11-83　"账户设置"对话框

11.5.2　Web 访问

Exchange Server 还提供了 OWA 访问方式,用户可以在只使用 IE 或其他与 IE 兼容的浏览器的情况下,实现与使用 Outlook 相类似的功能。如果计算机不能连接到网络中的域控制器,或者计算机没有加入到域,或者出差在外的时候,使用 OWA 是另一种替代方案。

(1) 在 IE 浏览器中打开 OWA 网址,格式为:https://Exchange 服务器名或 IP 地址/owa,例如:https://mail.coolpen.net/owa。如果使用的是 IE 7.0,则会提示"此网站的安全证书有问题",如图 11-84 所示。

(2) 单击"继续浏览此网站(不推荐)"链接,显示如图 11-85 所示的 Office Outlook Web Access 窗口,需要输入域用户名及密码登录。

图 11-84　OWA 网站

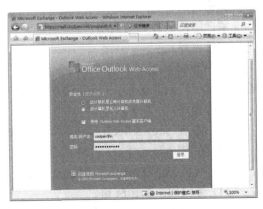

图 11-85　登录 OWA

（3）单击"登录"按钮，由于是第一次使用 OWA 方式登录，所以需要设置时区、界面语言等选项，如图 11-86 所示。

（4）单击"确定"按钮，即可以 OWA 方式登录邮箱，如图 11-87 所示。

此时，用户便可以在自己的邮箱里创建、发送电子邮件，并创建日历、任务等，其使用方法和使用 Outlook 2007 相同。

图 11-86 设置语言和时区

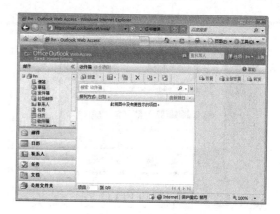

图 11-87 登录成功

习题

1. 邮件服务器的作用是什么？
2. 邮件服务器由哪几部分组成？
3. 什么是 POP3 服务？
4. 什么是 SMTP 服务？
5. 简述 Exchange Server 的作用。

实验：邮件服务器的使用

实验目的：

掌握邮件服务器的使用。

实验内容：

在 Windows Server 2008 服务器上安装 Exchange Server 2007 SP1，部署"集线器传输"，为域用户创建邮箱，并限制用户邮箱和邮件的大小。

实验步骤：

（1）将 Windows Server 2008 服务器加入域。

（2）在 Windows Server 2008 服务器中安装 Exchange Server 2007 SP1。

（3）部署"集线器传输"，创建发送连接器及电子邮件策略。

（4）为域用户创建邮箱。

（5）限制用户邮箱和邮件的大小。

（6）分别使用 Outlook 和 Web 方式访问用户邮箱。

安装WSS服务

Web 网站是当前使用最广的信息发布方式,使用精美的网页来起到宣传产品、网络交流等目的。不过,网页通常由专业的技术人员来制作。实际上,利用微软公司的 Windows SharePoint Services 服务,不需专门的网页制作技术,即可制作出精美的动态网页,创建文档信息和共享协助的网站,还可以向 WSS 网站中发布 Office 文档,进行信息共享和联机协作,并且更容易地共享联系人和其他信息,有助于公司提高效率。

12.1　WSS 服务安装前提与过程

办公自动化已成为广大企业和公司中不可缺少的部分,Windows SharePoint Services 正是一款微软公司专为公司和企业开发的信息共享软件,不仅使用简单、方便,与 Windows 网站完全兼容,而且可以免费下载,是一款理想的办公自动化系统。

12.1.1　案例情景

在该项目网络中,公司内经常会发布各种共享信息,如发布通知、共享文档、定制日历任务等。虽然这些事情可以通过口头传达、写成文件通知或者网络传输等,但不同部门位于不同的楼宇内,有的距离较远,传递信息就很不方便。而且有时可能会因为工作忙而不能通知到所有人,需要使用一种方法来解决这个问题。

12.1.2　项目需求

为了使网络中的用户及时了解公司发布的各种通知、制度和信息,就需要搭建一个信息共享网站,使用户可以向网站中发布信息、上传文档,而摒弃了传统的纸质通知。不过,如果要请专业的网页制作人员来制作,将会花费不少的资金,而且后期的维护、更新都需要不少费用。而如果利用微软公司的 Windows SharePoint Services,这一切都很容易解决了,不仅可以快速地搭建一个动态网站,而且功能强大,维护和管理都很方便。

12.1.3　解决方案

本章介绍在 Windows Server 2008 中部署 Windows SharePoint Services,来实现信息共享服务。在本网络中,WSS 服务的解决方案如下。

（1）在 Windows Server 2008 中安装 WSS，同时安装 Web 服务，将 Web 网站配置为 WSS 网站。

（2）将域中的用户添加到在 WSS 网站中，使网络中的用户可以访问 WSS。

（3）为公司领导分配权限，使其可以发布公告和通知。

（4）为 WSS 网站开通博客功能，使用户可以在博客上发表文章以进行交流。

（5）创建文档库，用户上传公司中欲向用户发布的文档。

12.1.4　知识链接：WSS 服务简介

Windows SharePoint Services（以下简称 WSS）由 Microsoft 开发，不仅使用简单、方便，与 Windows 网站完全兼容，是一款理想的办公自动化系统，而且是一款免费软件。不过，在 Windows Server 2008 操作系统中，WSS 服务并没有被集成到系统中，但用户可以从微软网站免费下载，配置 WSS 服务器，搭建一个功能强大的集成办公网站。

WSS 程序当前最新版本为 WSS 3.0 SP2，可以从微软官方网站直接下载，下载地址为：http://www.microsoft.com/downloads/details.aspx?FamilyID＝ef93e453-75f1-45df-8c6f-4565e8549c2a&DisplayLang＝zh-cn。

12.2　安装和配置 WSS

WSS 对服务器的软件和硬件配置都有一定的要求，为了使 WSS 能够正确运行，WSS 服务器的硬件配置必须满足表 12-1 所示的要求。

表 12-1　WSS 服务器的最低配置和推荐配置需求

硬件组件	最低配置	推荐配置
CPU	2.5GHz	3GHz 双核或更高
内存	1GB	1GB
硬盘	至少 3GB 的可用空间，且为 NTFS 格式	至少 3GB 的可用空间，且为 NTFS 格式
显示设备	支持 1024×768 的分辨率	支持 1024×768 的分辨率
网卡	网卡或 Modem	网卡或 Modem

WSS 对服务器的软件要求如下。

（1）为操作系统安装最新补丁程序，以保护系统的安全。在安装 WSS 时，还需要同时安装 IIS 和 Microsoft .NET Framework 3.0 组件。

（2）WSS 服务器应作为域成员服务器，并且服务器场中的成员必须属于同一个域。当然，WSS 也可以安装在独立服务器上（即不加入域）。在 DNS 服务器上应设置 WSS 服务器域名，例如：wss.coolpen.net，使其 IP 地址指向 WSS 服务器。

（3）避免将 WSS 网站的用户数据保存在系统分区，可在其他分区（如 D、E 等）创建一个文件夹，专门用来保存 WSS 网站文件。

WSS 需要 Web 服务的支持，不过，WSS 3.0 SP2 在安装时会自动安装 IIS 7.0，并创建 WSS 网站，因此，不需用户手动安装。WSS 的安装过程如下。

（1）运行已下载的 WSS 3.0 安装程序，显示如图 12-1 所示的"阅读 Microsoft 软件许可证条款"对话框，选中"我接受此协议的条款"复选框。

（2）单击"继续"按钮，显示如图 12-2 所示的"选择所需的安装"对话框，用来选择安装方式。

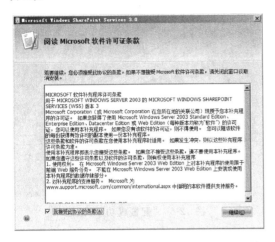 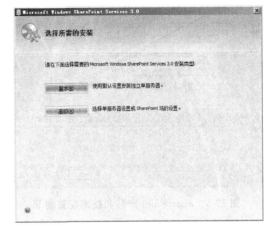

图 12-1　"阅读 Microsoft 软件许可证条款"对话框　　　图 12-2　"选择所需的安装"对话框

（3）如果要在独立服务器上安装，可单击"基本"按钮；如果要在域成员服务器上安装，应单击"高级"按钮，如图 12-3 所示。在"数据位置"选项卡中可以指定数据库的安装路径，通常使用默认设置即可。

（4）单击"立即安装"按钮，开始安装 WSS，并显示"安装进度"对话框。安装完成后，显示如图 12-4 所示的对话框。默认选中"立即运行 SharePoint 产品和技术配置向导"复选框，在安装完成以后，可运行配置向导对 WSS 进行配置。

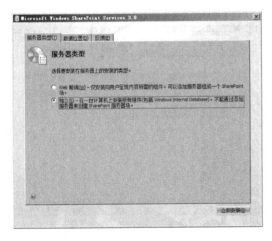 

图 12-3　"服务器类型"对话框　　　　　　　　图 12-4　WSS 安装完成

（5）单击"关闭"按钮，启动"SharePoint 产品和技术配置向导"，用来配置 WSS。单击"下一步"按钮，显示如图 12-5 所示的提示对话框，列出了配置期间可能需要启动或重置的服务。

（6）单击"是"按钮，显示"正在配置 SharePoint 产品和技术"对话框，开始配置 SharePoint，共有 10 项配置任务。配置完成后，显示如图 12-6 所示的"配置成功"对话框。

图 12-5　SharePoint 产品和技术配置向导　　　　　图 12-6　"配置成功"对话框

（7）单击"完成"按钮，WSS SP1 安装完成。

　　WSS 安装完成后，会自动打开 WSS 网站主页，如图 12-7 所示。也可以在 IE 浏览器中输入 WSS 服务器的计算机名或 IP 地址，直接连接 WSS 网站。WSS 在刚刚安装完成时，默认只是生成了一个基本框架，没有任何内容，需要管理员逐渐进行完善，如添加通知、事件，上传文档、图片，新建讨论、调查、个人网站等。

　　至此，管理员就可以在网络中的任何一台计算机上登录 WSS 网站，对 WSS 网站进行访问或者管理。不过，默认情况下，只有 Administrator 用户才能登录 WSS 网站，其他用户账户无法访问，如图 12-8 所示，必须由管理员在 WSS 网站为其他用户分配权限。

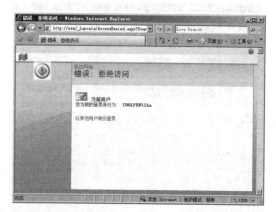

图 12-7　登录 WSS　　　　　　　　　　图 12-8　拒绝其他用户访问

12.3　管理 WSS 站点

　　WSS 网站具有创建简单、维护方便的特点，管理员可以在 WSS 网站中添加多个用户，并分别赋予不同的访问权限；可以在 WSS 网站中发布通知和事件；可以上传 Word 文档和 Excel 列表或者在 WSS 网站中直接编辑；可以创建一个或多个网站，分别设置不同的信息或外观,从而满足企业级、部门级及个人使用。

12.3.1 用户管理

默认情况下,新创建的 WSS 网站,只有 Administrator 账户才能访问和管理。为了让其他用户也能使用 WSS 网站,应将域中的其他用户账户也添加进来,并根据用户的权力不同,为其分配不同的访问权限。用户权限分为以下 4 种。

① 读者:对网站只有访问权。

② 参与讨论:可以向文档库和列表中添加内容。

③ 设计:除了"参与讨论"权限外还能创建列表和文档库,以及自定义网页的权限。

④ 完全控制:对网站具有完全的控制权限。

1. 为用户分配权限

现在,将要为办公区的用户分配"参与讨论"权限,普通用户只分配"读者"权限。

(1)使用管理员账户登录 WSS 网站主页,单击右上角的"网站操作",在下拉列表中选择"网站设置"选项,显示如图 12-9 所示的"网站设置"窗口。在该窗口中可以完成"用户和权限"、"外观"、"库"和"网站管理"等的设置。

(2)单击"人员和组"链接,显示如图 12-10 所示的"人员和组"窗口,默认显示"工作组网站成员"窗口,可以添加用户账户。在左侧的"组"栏中,有 3 种用户组,添加到这些组中的用户将分别拥有相应的权限。

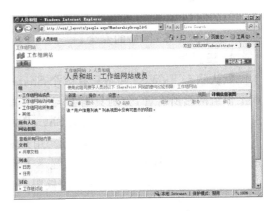

图 12-9 "网站设置"窗口   图 12-10 "人员和组"窗口

① 工作组网站成员:该组的成员将具有对 WSS 网站参与讨论的权限。默认没有任何用户。

② 工作组网站访问者:该组的成员具有对 WSS 网站的读取权限,即仅有浏览权限。默认没有任何用户。

③ 工作组网站所有者:该组的成员具有对 WSS 网站的完全控制权限。默认只有 Administrator 用户。

(3)现在添加办公区的用户组,赋予"参与讨论"权限。单击"新建"按钮,显示如图 12-11 所示的"添加用户"窗口。在"用户/用户组"文本框中输入用户组名称,当添加多个用户或组时,要用分号(;)隔开。在"授予权限"选项区域中,从"向 SharePoint 用户组添加用户"选择"工作组网站成员[参与讨论]"权限,如图 12-11 所示。也可以选择"直接授予用户权限"单选按钮,然后选择为用户分配的权限。

(4)单击"确定"按钮,用户添加完成,如图 12-12 所示。该组的用户具有对 WSS 网站参与讨论的权限。按照同样的操作,继续添加其他网络区的用户。

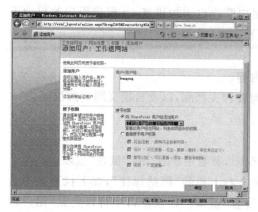

图 12-11 "添加用户"窗口

图 12-12 用户添加完成

提示:如果要将用户删除,可选中相应的复选框,在"操作"下拉列表中选择"从用户组中删除用户"选项即可。

通常情况下,对于员工及网站的普通访问者,可以授予"读者"或"讨论参与者"权限,对于部门的网站管理者,可以授予"网站设计者"的权限。而"完全控制"权限,则应为管理员所拥有,以保护 WSS 网站的安全。

2. 设置用户组权限

默认状态下,WSS 网站只有 3 个 SharePoint 组,即工作组网站成员、工作组网站访问者和工作组网站所有者,分别具有参与讨论、读取和完全控制权限。网站管理员也可以更改 SharePoint 组的权限,或者再添加 SharePoint 组。

(1)在"网站设置"窗口中,单击"用户和权限"选项区域中的"高级权限"链接,显示如图 12-13 所示的"权限"窗口。默认显示了系统内置的 3 个 SharePoint 组。

(2)如果要更改某个用户组的权限,可单击 SharePoint 组名,显示如图 12-14 所示的"编辑权限"窗口,在"权限"选项区域中可以重新选择欲赋予的权限。

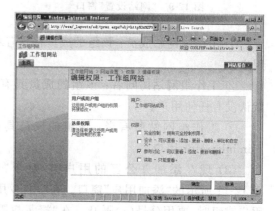

图 12-13 "权限"窗口

图 12-14 "编辑权限"窗口

（3）如果要添加新的 SharePoint 组，可以在"权限"窗口单击"新建"按钮右侧的黑色箭头，在下拉菜单中单击"新建用户组"选项，显示如图 12-15 所示的"新建用户组"窗口。在"名称"文本框中输入新组的名称，"用户组所有者"文本框中为该组的所有者用户，默认为当前的登录用户；在"授予用户组对此网站的权限"选项区域中，选择欲授予该组的权限。

（4）单击"创建"按钮，一个新的用户组创建完成。返回"网站权限"窗口，可以看到所创建的用户组，如图 12-16 所示。这样，当添加用户时，也可以添加到该组中。

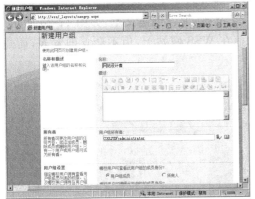
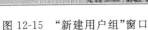

图 12-15 "新建用户组"窗口

图 12-16 已创建的组

12.3.2 设置博客

博客又称网络日志，是当前非常流行的一种网站，很多大型网站都免费提供了博客功能。其实，WSS 也提供了博客功能，可以让用户在公司博客上发表自己的文章。

1. 开通博客功能

开通博客功能的步骤如下。

（1）打开"网站设置"窗口，单击"网站和工作区"链接，显示如图 12-17 所示的"网站和工作区"窗口。

（2）单击"创建"按钮，显示如图 12-18 所示的"新建 SharePoint 网站"窗口。在"标题"和"说明"文件框中输入博客网站的标题和说明；在"URL 名称"文本框中为新网站定义一个地址，用户使用该地址可以直接访问博客；在"选择模板"列表框中选择"博客"选项。

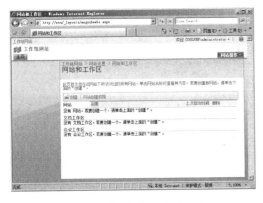

图 12-17 "网站和工作区"窗口

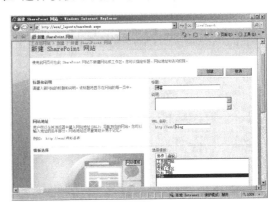

图 12-18 "新建 SharePoint 网站"窗口

（3）单击"创建"按钮，新博客网站创建完成，在 WSS 网站主页中即可看到，如图 12-19 所示。

2．管理文章

博客创建完成，客户端用户即可访问 WSS 该网站的博客，并根据所拥有的权限查看、发表文章及评论。用户在博客中的权限和 WSS 网站中是一样的，具有"完全控制"和"参与讨论"权限的用户可以在博客中发布文章和评论，具有"读取"权限的用户只能查看而不能发表文章和评论。而用户写了新文章以后，必须经过管理员的批准才能发布。

客户端用户登录到博客主页后，单击"创建文章"链接，即可创建文章，如图 12-20 所示。文章编辑完成后，单击"另存为草稿"按钮，将其保存在 WSS 网站上，但不会立即发表，而是需要经管理员批准后才能发布。

图 12-19　个人网站

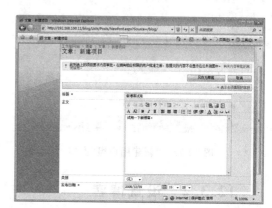
图 12-20　创建文章

用户写了新文章以后，只是保存在 WSS 网站，管理员需要查看文章的内容，以决定批准或者拒绝发布。操作步骤如下。

（1）管理员登录到 WSS 网站，在"博客"主页中单击"管理文章"链接，即可看到用户所添加的文件，在"审批状态"中，未批准的文章显示为"待定"。单击文章名称可查看其内容，如果允许该文章发布，可单击文章名称右侧的下拉按钮，在下拉菜单中选择对该文章的管理操作，如图 12-21 所示。

（2）选择下拉菜单中的"批准/拒绝"选项，显示如图 12-22 所示的"批准/拒绝"窗口，选择"已批准"单选按钮，允许该文件发布。如果拒绝发布则选择"已拒绝"单选按钮。

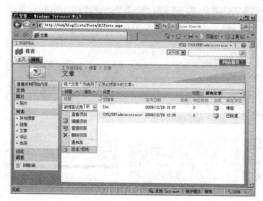
图 12-21　管理文章

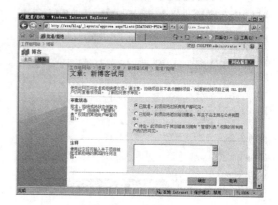
图 12-22　批准文章

（3）单击"确定"按钮,该文章被批准发布。

这样,任何用户登录到博客网站以后,都可以看到所发布的文章了。

12.3.3 设置网站外观

WSS 网站的主页标题默认为"工作组网站",为了能够彰显公司的标志,可修改为个性的标题及徽标。并且可以使用不同的主题,使网站变得更漂亮。

1. 标题和说明

标题和说明的设置步骤如下。

（1）打开"网站设置"窗口,单击"外观"选项区域中的"标题、说明和图标"超链接,显示如图 12-23 所示的"标题、说明和图标"窗口。在"标题"和"说明"文本框中分别输入网站的标题和说明;URL 文本框中可输入作为网站徽标的图片文件链接地址,可使用绝对路径（例如 http://www.coolpen.net/logo.gif）,也可以使用相对路径（例如/logo.gif）。

（2）单击"确定"按钮,保存网站设置,该 WSS 网站就会使用新名称。

2. 修改网站主题

修改网站主题的步骤如下。

（1）在"网站设置"窗口中,单击"外观"选项区域中的"网站主题"链接,显示如图 12-24 所示的"网站主题"窗口。在主题列表中即可选择主题,同时,在左侧"预览"区域中显示预览图像。

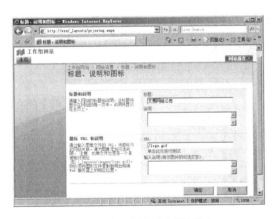

图 12-23 "标题、说明和图标"窗口

图 12-24 "网站主题"窗口

（2）单击"应用"按钮,即可应用已选择的主题。对于已创建的个人网站,也可以选择使用不同的主题。

3. 将网站另存为模板

WSS 提供了一个"导入/导出"功能,当网站管理员将 WSS 网站的整体框架配置完成之后,就可以将整个网站保存成一个模板,以后如果再创建类似的网站时就不必重新建立,只需将此模板导入,即可生成一个与原来网站相同的网站。

（1）在"网站设置"窗口中,单击"外观"选项区域中的"将网站另存为模板"链接,显示如图 12-25 所示的"将网站另存为模板"窗口。在"文件名"文本框中输入模板文件名,"模板名称"文本框中输入该模板的名称。为了在以后使用该模板创建新网站时,可以包含当前网站所有列表、文档库等内容，需选中"包含内容"复选框。

（2）单击"确定"按钮，即可将网站成功保存为模板，并显示如图 12-26 所示的"操作成功完成"窗口。当新建网站时，即可应用此模板了。

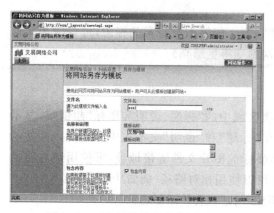

图 12-25　"将网站另存为模板"窗口

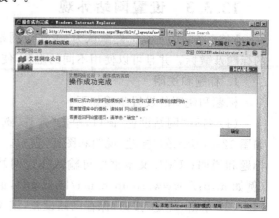

图 12-26　"操作成功完成"窗口

12.3.4　自定义主页

默认状态下，WSS 已经创建好了网页，并且网页上的各种部件都采用模块化，可以随意修改。如果用户对网页的布局不满意，就可以进行编辑，不需使用专门的制作软件，只需添加、删除或者移动相应的部件即可制作成自己喜欢的网页。

（1）在 WSS 网站主页中单击"网站操作"按钮，选择下拉菜单中的"编辑网页"选项，进入网站编辑模式，如图 12-27 所示。此时，所有的部件都可以删除或者更改位置。

（2）现在要在左栏添加一个 Web 部件。单击左栏中的"添加 Web 部件"按钮，显示如图 12-28 所示的"向左栏添加 Web 部件"对话框，在列表框中选择欲添加的部件即可。

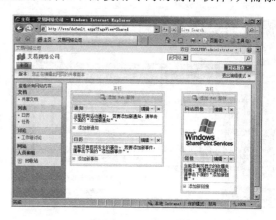

图 12-27　编辑网页

（3）单击"添加"按钮，所选择的部件将被添加到 WSS 网页中。按照同样的操作，也可以向右栏中添加部件。设置完成的网页如图 12-29 所示。

（4）网页设计完成以后，单击右上角的"退出编辑模式"链接，退出编辑模式，网页设置完成。

12.3.5　发布通知

在 WSS 网站中，可以轻松地向网站发布通知等信息，并且不需要专业网页制作技术。即使用户对网页制作一窍不通，也可以利用"通知"功能在很短的时间内发布一封专业的通知，当企业中的员工浏览该网站时即可看到。

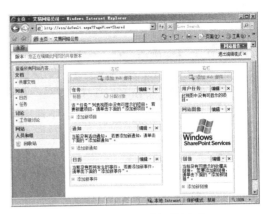

图 12-28 "向左栏添加 Web 部件"对话框   图 12-29 已设计好的网页

1. 添加通知

添加通知的步骤如下。

（1）登录到 WSS 主页以后，在"通知"选项区域中单击"添加新通知"链接，显示如图 12-30 所示的"通知：新建项目"窗口。在"标题"文本框中输入新通知的名称，"正文"文本框中输入通知的内容，在"到期日期"文本框中输入通知的到期日期，当到了"到期日期"以后，该通知就会自动删除。

（2）单击"确定"按钮，一条通知添加完成，同时也显示在 WSS 主页的"通知"区域中，如图 12-31 所示。

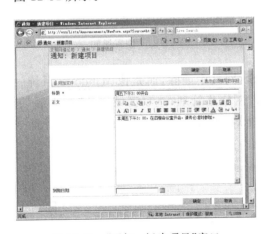

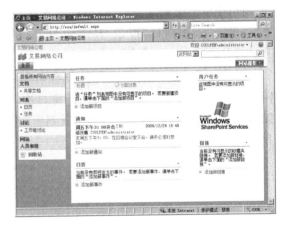

图 12-30 "通知：新建项目"窗口   图 12-31 新通知

（3）单击"通知"链接，显示如图 12-32 所示的"通知"窗口，所有添加的通知都将显示在该窗口中。按照同样的操作步骤，可继续添加其他通知。

2. 编辑通知

如果发布了通知以后，发现通知内容有误，或者需要进一步更改，还可以重新编辑通知。

（1）在"通知"窗口中，单击欲修改的通知，显示如图 12-33 所示的窗口，列出了通知的内容及属性信息。

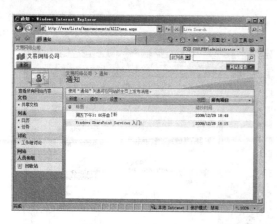

图 12-32　"通知"窗口

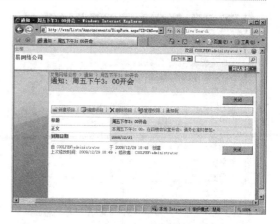

图 12-33　通知的内容及属性信息

（2）单击"编辑项目"按钮，打开通知编辑窗口，即可对通知的内容进行更改，如图 12-34 所示。编辑完成后，单击"确定"按钮即可。

3. 删除通知

如果通知设置了自动过期功能，那么，当到了规定日期后，通知就会自动删除，不需管理干预。不过，如果有的通知没有设置自动过期功能，就需要管理员手动删除了。在"通知"窗口中单击欲删除的通知，打开通知属性窗口，单击"删除项目"按钮，显示如图 12-35 所示的对话框，单击"确定"按钮即可。

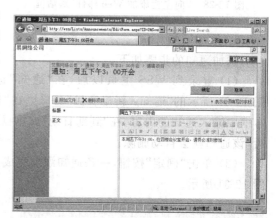

图 12-34　编辑通知

需要注意的是，删除的通知并没有彻底从 WSS 网站中删除，而是像 Windows 系统一样，放到了回收站里。在"网站设置"窗口中，单击"网络集管理"选项区域中的"回收站"链接，打开"网络集回收站"窗口，即可看到所删除的通知，如图 12-36 所示。此时，可以删除或者还原通知，也可以清空回收站。

图 12-35　删除通知

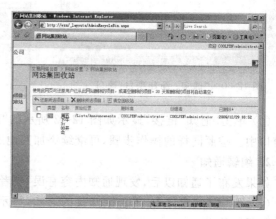

图 12-36　"网络集回收站"窗口

12.3.6 发布事件

企业中经常会有一些"事件"要发生或者通知,例如,每月的工资发放日、每周的例会日、各种法定或传统节日等。这些事情都可以在 WSS 网站中通过添加事件进行发布。而且,由于这些事情每次发生的内容都几乎相同,不必每次都要重复添加,可以在 WSS 网站中一次创建这些事情,并且按照指定的时间发布即可。

现在,设置一个重复事件,让员工在每月 5 号去财务科领工资。

(1) 在 WSS 主页中,单击"日历"选项区域中的"添加新事件"链接,显示"日历:新建项目"窗口,分别设置"标题"、"开始时间"和"结束时间"、"说明"等信息。然后,在"重复"选项区域中选中"将此事件设置为重复事件"复选框,并选择"按月"单选按钮,设置为每 1 个月的 5 日,如图 12-37 所示。

(2) 单击"确定"按钮,新事件创建完成,当用户查看日历时,就会看到当月所定义好的事件,如图 12-38 所示。而当每个事件过期以后,就会自动从"日历"区域中消失。

和通知一样,已添加的事件也可以进行修改或者删除。在"日历"窗口中,单击欲修改或删除的事件,即可编辑或者删除该事件,如图 12-39 所示。不过,重复事件和非重复事件的修改方式不同。修改普通事件时,只需单击"编辑项目"即可,而修改重复事件则需单击"编辑序列"。

图 12-37 "日历:新建项目"窗口

图 12-38 已发布的事件

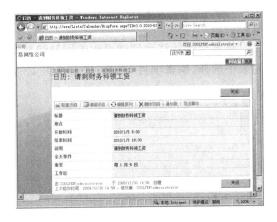

图 12-39 事件属性

12.3.7 链接管理与使用

网站中一般都会添加其他网站或网页的链接,比如友情链接等,当用户单击该链接时,即可直接打开相应的网站,从而起到方便访问、广告宣传等作用。在 WSS 网站中也可添加多个网站链接。

1. 添加链接

添加链接的步骤如下。

（1）在 WSS 主页中，单击"链接"选项区域中的"添加新链接"超链接，显示如图 12-40 所示的"链接-新建项目"窗口，在 URL 文本框中添加欲链接网站的 URL 地址，并输入说明和注释信息。

（2）单击"确定"按钮，链接添加完成。按照同样的操作步骤，可以添加多个链接，所添加的链接将显示在 WSS 主页的"链接"区域中，如图 12-41 所示。

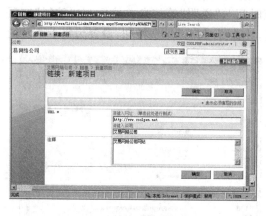

图 12-40 "链接-新建项目"窗口

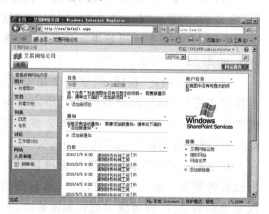

图 12-41 链接添加完成

2. 编辑链接

如果发现已添加的网站链接有错误，或者网址有所变动等，可以更改网络链接。在 WSS 主页中单击"链接"按钮，显示如图 12-42 所示的"链接"窗口。在该窗口中，显示了所有的链接。

将鼠标指针移动到欲更改的网站链接上，单击链接名称右侧的黑色箭头，在打开的下拉列表中选择"编辑项目"选项，显示如图 12-43 所示的窗口，即可更改该链接的内容。

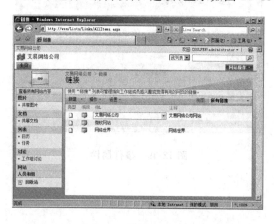

图 12-42 "链接"窗口

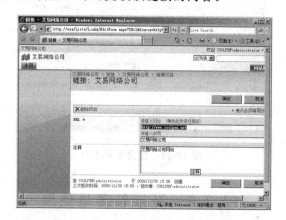

图 12-43 更改链接

12.3.8 文档库的使用

"库"是与网站用户共享文件的集合和保存体,通常应根据要共享的文件类型选择所需要的库。如果要共享数字图片或图形集合,可使用图片库;如果要存储一组基于XML的业务表格,则使用表单库;对于大多数的其他文件类型,如文档和电子表格,则使用文档库。文档库是用户与工作组成员所共享的文件集合。

1. 上传共享文档

WSS网站默认创建了一个名为"共享文档"的文档库,用户可以将文档上传到该文档库中,将文档共享给网络中的其他用户。为了便于查看和管理,应先在"共享文档"中创建不同的文件夹,以便存储不同类型的文档。

(1) 在WSS网站主页中,单击左侧"文档"栏中的"共享文档",显示如图12-44所示的"共享文档"窗口。

(2) 单击"新建"右侧的下拉按钮,选择快捷菜单中的"新建文件夹"选项,显示如图12-45所示的"新建文件夹:共享文档"窗口。在"名称"文本框中设置新文件夹的名称。

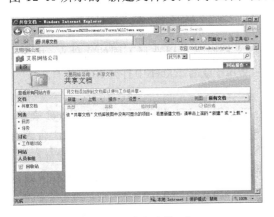

图12-44 "共享文档"窗口

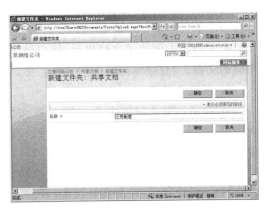

图12-45 "新建文件夹:共享文档"窗口

(3) 单击"确定"按钮,一个新文件夹创建成功。按照同样的步骤,可继续创建多个不同的文件夹,如图12-46所示。

(4) 创建完成以后,单击要上载文档的文件夹名称,进入该文件夹,如图12-47所示。

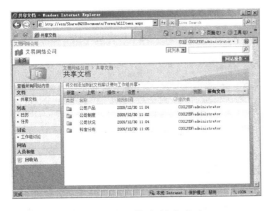

图12-46 文件夹创建成功

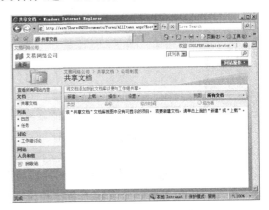

图12-47 文件夹

（5）单击"上载"按钮，显示如图 12-48 所示的"上载文档"窗口。单击"浏览"按钮，选择欲上载的文档。

（6）单击"确定"按钮，即可将该文档上传到文件夹中，如图 12-49 所示。按照同样的操作步骤，可继续上传其他文档。

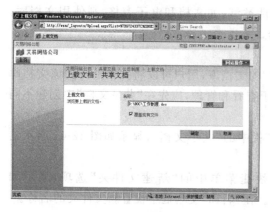

图 12-48　上载文档　　　　　　　图 12-49　已上传的文档

向文档库中创建了文档以后，用户访问该共享文档时就可以选择不同的文件夹，并查看相应的文档了，直接单击相应的文件名称，即可在 Word 或者 Excel 中打开并查看了。

2．创建文档库

WSS 网站默认只创建了一个"共享文档"，为了向网站中上传不同的文档、Excel 表单、列表等，就需要创建多个不同类型的库。现在来创建一个图片库，用来发布公司的广告等宣传图片，步骤如下。

（1）在 WSS 主页中，单击左侧栏中的"文档"按钮，显示如图 12-50 所示的"所有网站内容"窗口。

（2）单击"创建"按钮，显示如图 12-51 所示的"创建"窗口，用来选择要创建的项目。

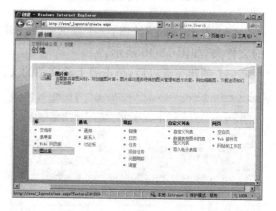

图 12-50　"所有网站内容"窗口　　　　　图 12-51　"创建"窗口

（3）在"库"选项区域中单击"图片库"链接，显示如图 12-52 所示的"新建"窗口。在"名称"和"说明"文本框中分别输入名称和说明即可。

（4）单击"创建"按钮，图片库创建完成，如图 12-53 所示。此时，即可在该图片库中创建文件夹、上传共享图片了。

图12-52 "新建"窗口

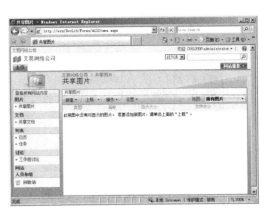

图12-53 新文档库

　　文档库或图片库创建完成以后,如果需要修改,可单击"设置"按钮,在下拉菜单中选择"文档库设置"选项,显示如图12-54所示的"自定义"窗口,可以修改文档库的常规设置、权限、视图等。同时,也可以删除库。

3. 从Word中发布文档库

　　Word内置了文档发布功能,用户可以直接在客户端登录,将编辑好的文档直接上传到WSS网站并创建一个文档工作区,而不必登录到WSS网站。不过,为安全起见,在发布文档时,必须先将WSS网址添加到IE浏览器的信任区域。

　　(1)打开IE浏览器,选择"工具"菜单中的"Internet选项"选项,打开"Internet选项"对话框。选择"安全"选项卡,如图12-55所示。

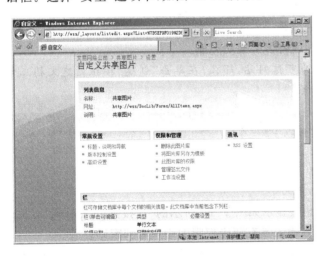

图12-54 "自定义"窗口

图12-55 "安全"选项卡

　　(2)在"选择要查看的区域或更改安全设置"列表中选择"本地Intranet"选项,单击"站点"按钮,显示"本地Intranet"对话框。单击"高级"按钮,显示如图12-56所示的"本地Intranet"对话框。选中"自动检测Intranet网络"复选框。

　　(3)单击"高级"按钮,在"将该网站添加到区域"文本框中输入WSS网站地址,单击"添加"按钮添加到"网站"列表中,如图 12-57 所示。

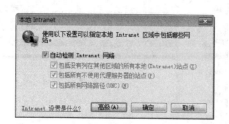

图 12-56　"本地 Intranet"对话框

图 12-57　添加信任网站

　　(4) 依次单击"关闭"按钮,并依次单击"确定"按钮,IE 浏览器设置完成。

　　(5) 在 Word 中将文档编辑好以后,选择"工具"菜单中的"共享工作区"选项,显示如图 12-58 所示的"共享工作区"。在"文档工作区名称"文本框中输入 WSS 网站文档工作区的名称,"新工作区位置"文本框中输入访问地址。

　　(6) 单击"创建"按钮,即可开始新建文档工作区,如图 12-59 所示。如果当前计算机没有加入域,则会显示要求输入用户名和密码的登录框;已经加入域并且以域用户登

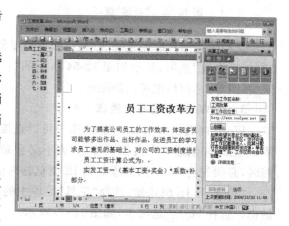

图 12-58　Word 文档

录,则将不会出现登录框,创建文档工作区就可以成功完成。

　　提示:如果没有将 WSS 网站添加为可信网站,那么,在单击"创建"按钮创建文档工作区时,就会显示如图 12-60 所示的警告框。

图 12-59　正在创建文档工作区

图 12-60　警告框

图 12-61　登录框

　　同时,也会显示如图 12-61 所示的"连接到 wss. coolpen. net"对话框,需要输入具有相应权限的用户名和密码登录。

　　(7) Word 文档发布成功以后,在"共享工作区"栏中也显示了该文档工作区的网址,如图 12-62 所示。

　　(8) 单击该网址,或者在 IE 浏览器中直接输入该网址,即可登录到该文档工作区,如图 12-63 所示。此时单击文档名称,即可在 Word 中打开并进行编辑,也可以再向该工作区中添加新文档。

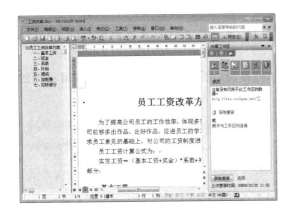

图 12-62　文档发布成功

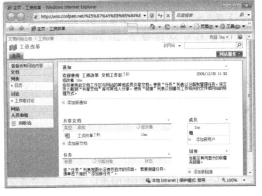

图 12-63　文档工作区

如果服务器上此文件被修改了，那么，就需要在本地计算机上获取更新，以保持文档的同步。在 Word 中打开该文档以后，单击"获取更新"按钮，即可将该文档与服务同步。

12.3.9　列表的使用

在 WSS 网站中，列表是用户与工作组成员共享的信息集合。SharePoint 工作组网站默认包括了一组内置列表库，如链接、任务、日历和通知等，但默认情况下，列表中没有包含任何内容。用户还可以再创建列表，或者向列表中添加内容等。例如，可以为事件创建签约表，或者创建建议列表等。

1. 创建列表事件

创建列表事件的步骤如下。

（1）在 WSS 主页中，单击左侧栏中的"列表"按钮，显示如图 12-64 所示的窗口，列出了已包含的列表。

（2）以日历为例。单击"日历"链接，显示如图 12-65 所示的"日历"窗口，可以创建在某个日期的事件。

图 12-64　"列表"窗口

图 12-65　日历

提示：如果要修改某个列表，例如修改日历，可单击"设置"按钮，在下拉列表中选择"列表设置"选项，显示如图 12-66 所示的"自定义"窗口，可以修改该列表库的常规设置、权限等，与文档库的设置类似。

（3）单击"新建"按钮，显示如图 12-67 所示的"日历：新建项目"窗口，可以编辑日历的标题、开始和结束时间及说明等。

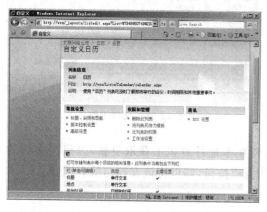

图 12-66　"自定义"窗口

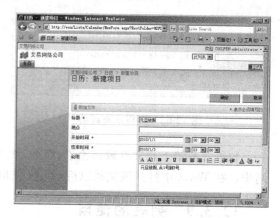

图 12-67　新建日历

（4）编辑完成后，单击"确定"按钮，一个日历创建完成，如图 12-68 所示。当用户查看日历时，就可以看到日历中定义的事件了。

2. 在 Excel 中直接发布列表

在 Word 中可以向 WSS 网站发布 Word 文档，同样，在 Excel 中也可以发布列表，步骤如下。

（1）在 Excel 中打开文档，选中表格，右击并选择快捷菜单中的"创建列表"选项，显示如图 12-69 所示的"创建列表"对话框。

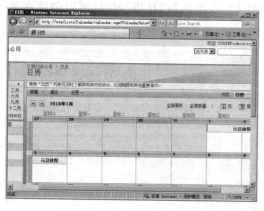

图 12-68　定义好的日历

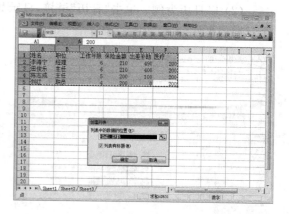

图 12-69　创建列表

（2）单击"确定"按钮，关闭该对话框。再次右击选中的表格，在快捷菜单中依次选择"列表"→"发布列表"选项，显示如图 12-70 所示的"发布列表到 SharePoint 网站"对话框。在"地址"文本框中输入 WSS 网站地址，"名称"文本框中输入文档标题。

（3）单击"下一步"按钮，显示如图12-71所示的登录框，输入具有上载权限的用户名和密码登录。

图 12-70　"发布列表到 SharePoint 网站"对话框　　　　图 12-71　登录框

（4）单击"确定"按钮，显示如图12-72所示的"发布列表到 SharePoint 网站"对话框，提示需要验证所列出的列是否与正确的数据类型关联。

（5）单击"完成"按钮，显示如图12-73所示的对话框，提示列表已被成功发布，并显示了列表的发布地址。

（6）单击该链接，或者登录到 WSS 网站后打开该列表项，即可看到所上传的 Excel 文档，如图12-74所示。此时，即可对列表网站上的数据进行在线实时修改。

图 12-72　验证列表中的列

图 12-73　发布成功

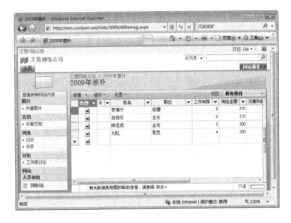

图 12-74　包含列表的网页

12.4　使用 WSS 模板

微软公司为 WSS 服务提供了一些模板，尤其是为中国用户定制了 12 款 WSS 中文模板，并且可以免费下载。用户可以根据自己的需要，直接从微软网站上下载需要的模板，上传到自己的 WSS 网站，用来创建自己喜欢的站点。

微软此次发布的 WSS 中文模板主要包括政府部门内部网站模板、企业销售部门网站模板、企业人事部门网站模板、企业 IT 技术部门网站模板、学校班级网站模板等，专为中国的大中小企业、政府部门、学校等各类用户以及销售、人力资源或财务等特定工作团队量身打造。微软提供的中文 WSS 模板下载地址为（图 12-75）：http://office.microsoft.com/zh-cn/assistance/HA011929182052.aspx。

用户可以预览这些模板，并可以下载到本地计算机上。模板下载以后，需要先解压缩。运行模板安装程序。单击"是"按钮接受许可协议，显示如图 12-76 所示的对话框，单击"浏览"按钮，选择模板文件的存储位置。单击"确定"按钮即可。

图 12-75　WSS 模板下载页面

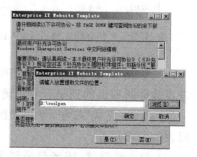

图 12-76　许可协议

模板解压缩以后，即可上传到 WSS 网站，步骤如下。

（1）打开"网站设置"窗口，在"库"选项区域中单击"网站模板"链接，显示如图 12-77 所示的"网站模板库"窗口。

（2）单击"上载"按钮，显示如图 12-78 所示的"上载模板"窗口，单击"浏览"按钮选择欲上传的模板。

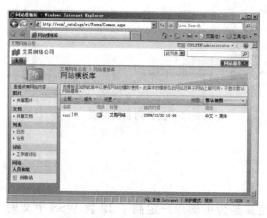

图 12-77　"网站模板库"窗口

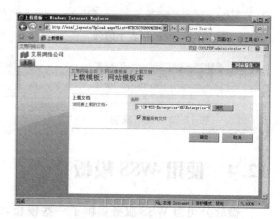

图 12-78　"上载模板"窗口

（3）单击"确定"按钮，即可将模板上传到 WSS 网站，完成后显示如图 12-79 所示的窗口，可以设置新模板的名称、标题和说明信息。

（4）设置完成后单击"确定"按钮，一个模板上载成功，如图 12-80 所示。重复操作，可继续上载其他模板。

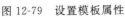

图 12-79　设置模板属性

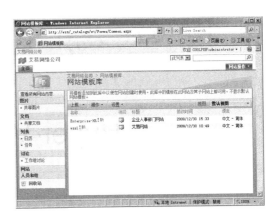

图 12-80　已上载的模板

WSS 模板创建完成以后,在创建新网站或者新博客时,即可选择应用所上传的新模板。具体操作可参见前面所述内容。

习题

1. 什么是 WSS?
2. WSS 有什么作用?
3. 如何获得 WSS 安装程序?

实验:WSS 服务器的使用

实验目的:
掌握 WSS 服务器的使用。

实验内容:
在 Windows Server 2008 服务器上安装 WSS 服务器,管理并发布 WSS 站点,为公司创建博客,并从微软网站下载新模板创建 WSS 网站。

实验步骤:
(1) 将 WSS 服务器加入域并登录。
(2) 在 Windows Server 2008 中安装 WSS。
(3) 在 WSS 网站中添加域用户。
(4) 设置 WSS 网站外观。
(5) 在 WSS 网站中创建一个博客。
(6) 向 WSS 网站中上传文档。
(7) 从微软网站下载模板并应用于 WSS 网站。

第 13 章 chapter 13

Hyper-V虚拟服务

虚拟化是当前流行的一种技术,可以在一台物理计算机上运行多台虚拟机,虚拟机和物理机的功能完全一样。Windows Server 2008 X64 操作系统也支持虚拟化功能,称为 Hyper-V 服务,可以在一台物理计算机上创建多台虚拟计算机,并可以像独立计算机一样提供所有的服务。在客户端看来,虚拟机和物理机没有任何区别。

13.1 Hyper-V 服务安装前提与过程

Hyper-V 是一个底层的虚拟机程序,可以让多个操作系统共享一个硬件,位于操作系统和硬件之间,是一个很薄的软件层,里面不包含底层硬件驱动。Hyper-V 直接接管虚拟机管理工作,把系统资源划分为多个分区。其中主操作系统所在的分区叫做父分区,虚拟机所在的分区叫做子分区,可以确保虚拟机的性能最大化,几乎可以接近物理机器的性能,性能高于 Virtual PC/Virtual Server 基于模拟器创建的虚拟机。

13.1.1 案例情景

在该项目网络中,由于需要用到的网络服务比较多,所需的服务器也比较多。但是由于服务器价格比较高,没有购买太多的服务器。而如果使用普通计算机充当服务器,不仅硬件配置不达标,而且普通计算机稳定性较差,无法长时间提供网络服务。

13.1.2 项目需求

为了使网络中运行的服务都能在一台单独的服务器中运行,并且不与其他网络服务共同安装,以免产生冲突或者其他故障,就可利用 Windows Server 2008 中的 Hyper-V 服务来实现。在服务器创建多个虚拟机,每个虚拟机分别独立运行,并且安装不同的网络服务。不过,Hyper-V 服务器必须配置有足够大的内存和硬盘,以便存储和运行较多的虚拟机。

13.1.3 解决方案

本章介绍 Windows Server 2008 中的 Hyper-V 服务,以及如何创建虚拟机并安装操作系统。在本章中,将按如下步骤实现 Hyper-V 服务。

(1) 安装 Hyper-V 角色。

(2) 创建虚拟网络,用于虚拟机与虚拟机之间、虚拟机与外网之间的连接。

(3) 创建虚拟硬盘,用于存储虚拟机数据。

(4) 创建虚拟机,指定虚拟网络和虚拟硬盘,并设置映像光盘文件。

(5) 启动虚拟机,安装虚拟机操作系统,作为一台真正的服务器为网络提供服务。

13.1.4 知识链接:Hyper-V 服务的优点

相对 Virtual PC/Virtual Server 创建的虚拟机,Hyper-V 创建的虚拟机除了高性能之外,至少还具有以下优点。

(1) 多核支持,可以为每个虚拟机分配 8 个逻辑处理器,利用多处理器核心的并行处理优势,对要求大量计算的大型工作负载进行虚拟化,物理主机要具有多内核。而 Virtual PC/Server 只能使用一个内核。

(2) 支持创建 X64 位的虚拟机,Virtual PC/Server 如果要创建 X64 的虚拟机,宿主操作系统必须使用 X64 操作系统,然后安装 X64 的 Virtual PC/Server 应用系统。

(3) 使用卷影副本(Shadow Copy)功能,Hyper-V 可以实现任意数量的 SnapShot(快照)。可以创建"父-子-子"模式以及"父-并列子"模式的虚拟机,而几乎不影响虚拟机的性能。

(4) 支持内存的"写时复制"(Copy on Write)功能,多个虚拟机如果采用相同的操作系统,可以共享同一个内存页面,如果某个虚拟机需要修改该共享页面,可以在写入时复制该页面。

(5) 支持非 Windows 操作系统,例如 Linux 操作系统。

(6) 支持 WMI 管理模式,可以通过 WSH 或者 PowerShell 对 Hyper-V 进行管理,也可以通过 MMC 管理单元对 Hyper-V 进行管理。

(7) Hyper-V 支持 Server Core 操作系统,可以将 Windows Server 2008 的服务器核心安装用作主机操作系统。服务器核心具有最低安装需求和低开销,可以提供尽可能多的主服务器处理能力来运行虚拟机。

(8) 在 System Center Virtual Machine Manager 2007 R2 等产品的支持下,Hyper-V 支持 P2V(物理机到虚拟机)的迁移,可以把虚拟机从一台计算机无缝迁移到另外一台计算机上(虚拟机无需停机),支持根据虚拟机 CPU、内存或者网络资源的利用率设置触发事件,自动给运行关键业务的虚拟机热添加 CPU、内存或者网络资源等功能。

(9) Hyper-V 创建的虚拟机(X86)支持 32GB 的内存,Virtual Server 虚拟机最多支持 16.6GB 内存。Hyper-V 虚拟机支持 64 位 Guest OS,最大内存支持 64GB。

(10) 高性能,在 Hyper-V 中,物理机器上的 Windows OS 和虚拟机的 Guest OS,都运行在底层的 Hyper-V 之上,所以物理操作系统实际上相当于一个特殊的虚拟机操作系统,只是拥有一些特殊权限。Hyper-V 采用完全不同的系统架构,性能接近于物理机器,这是 Virtual Server 无法比拟的。

(11) 提供远程桌面连接功能。

(12) 支持动态添加硬件功能,Hyper-V 可以在受支持的来宾操作系统运行时向其动态添加逻辑处理器、内存、网络适配器和存储器。此功能便于对来宾操作系统精确分配 Hyper-V 主机处理能力。

(13) 网络配置灵活,Hyper-V 为虚拟机提供高级网络功能,包括 NAT、防火墙和 VLAN

分配,这种灵活性可用于创建更好地支持网络安全要求的 Windows Server Virtualization 配置。

（14）支持磁盘访问传递功能,可以将来宾操作系统配置为直接访问本地或 iSCSI 存储区域网络（SAN）存储,为产生大量 I/O 操作的应用程序（如 SQL Server 或 Microsoft Exchange）提供更高的性能。

（15）提高服务器的利用率,正常应用中,一台服务器的利用率在 10％左右。通过运行几个虚拟服务器,可以将利用率提高到在 60％或 70％,减少硬件投资。

13.2   安装与配置 Hyper-V

当 Windows Server 2008 X64 操作系统安装完成后,即可安装 Hyper-V 服务了。Windows Server 2008 R2 系统中集成了当前最新版本的 Hyper-V 版本,可以将服务器部署成为 Hyper-V 服务器,为网络提供虚拟机服务。

13.2.1   安装 Hyper-V 角色

安装 Hyper-V 角色的步骤如下。

（1）打开"服务器管理器"窗口,启动"添加角色向导",当显示"选择服务器角色"对话框时,在"角色"列表中,选中 Hyper-V 复选框,如图 13-1 所示。

提示：安装 Hyper-V 服务的计算机必须支持虚拟化功能,并且已经在 BIOS 中启用了该功能。否则,选择 Hyper-V 服务时就会提示无法安装 Hyper-V,如图 13-2 所示。

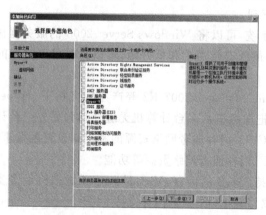

图 13-1   "选择服务器角色"对话框

图 13-2   无法安装 Hyper-V

（2）单击"下一步"按钮,显示如图 13-3 所示的 Hyper-V 对话框,简要介绍了 Hyper-V。

（3）单击"下一步"按钮,显示如图 13-4 所示的"创建虚拟网络"对话框。在"以太网卡"列表中,选择需要用于虚拟网络的物理网卡,建议至少为物理计算机保留一块物理网卡。

（4）单击"下一步"按钮,显示如图 13-5 所示的"确认安装选择"对话框。

（5）单击"安装"按钮,开始安装 Hyper-V 角色。安装完成后,单击"关闭"按钮,显示如图 13-6 所示的提示对话框,提示需要重新启动计算机才能生效。

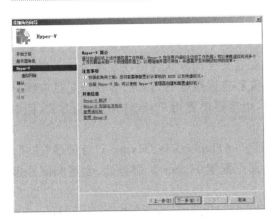

图 13-3 Hyper-V 对话框

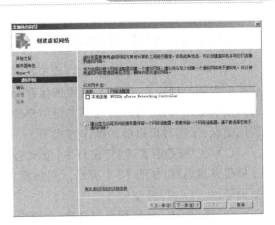

图 13-4 "创建虚拟网络"对话框

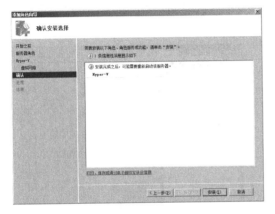

图 13-5 "确认安装选择"对话框

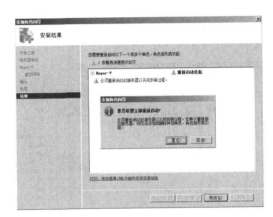

图 13-6 提示重新启动

（6）单击"是"按钮重新启动计算机。重新启动后，继续执行安装进程，完成后，显示如图 13-7 所示的"安装结果"对话框，提示 Hyper-V 已经安装。

（7）单击"关闭"按钮，退出安装向导。

依次选择"开始"→"管理工具"→"Hyper-V 管理"选项，打开如图 13-8 所示的"Hyper-V 管理器"窗口，用来管理服务器中的虚拟机。

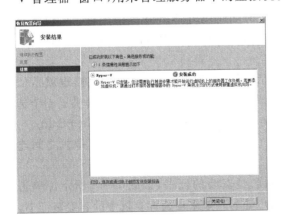

图 13-7 "安装结果"对话框

图 13-8 "Hyper-V 管理器"窗口

13.2.2　配置 Hyper-V 服务器

Hyper-V 服务器安装完成后，虚拟机和虚拟磁盘文件均默认存储在系统分区。但由于虚拟磁盘和物理磁盘一样，都是用来保存操作系统和普通数据的，因此，为安全起见应保存为其他非系统分区。同时，为了方便用户的操作，也需要设置用户对虚拟的控制方式，例如利用键盘、鼠标对虚拟机的操作方式等。

（1）在"服务器管理器"窗口中，依次选择"角色"→Hyper-V→"Hyper-V 管理器"选项，选择服务器名称，如图 13-9 所示。在该窗口中，即可配置 Hyper-V 服务器、创建和配置虚拟机等。

（2）右击 Hyper-V 服务器名称，在快捷菜单中选择"Hyper-V 设置"选项，显示"Hyper-V 设置"对话框。在"虚拟硬盘"窗口中，可以设置虚拟硬盘文件的存储位置，如图 13-10 所示。默认存储位置为 C:\Users\Public\Documents\Hyper-V\Virtual Hard Disks。不过，通常设置为其他非系统分区。

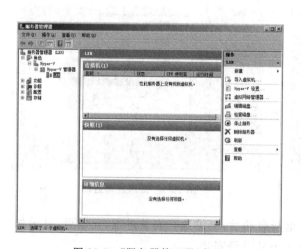

图 13-9　"服务器管理器"窗口

图 13-10　"虚拟硬盘"对话框

（3）选择"虚拟机"选项，显示如图 13-11 所示的"虚拟机"对话框，可以设置虚拟机的默认存储文件夹。默认路径为 C:\ProgramData\Microsoft\Windows\Hyper-V。

（4）选择"键盘"选项，可以设置在运行虚拟机时如何使用 Windows 组合键。可以选择在物理计算机上使用、在虚拟机上使用还是仅当全屏幕运行时在虚拟机上使用，应根据需要设置功能键生效的场合，如图 13-12 所示。

（5）选择"鼠标释放键"选项，如图 13-13 所示，可以设置释放鼠标的组合键，也就是如何将鼠标从虚拟机释放回物理机中。默认快捷键为 Ctrl＋Alt＋向左键。这里提供了 4 个选项，分别为：Ctrl＋Alt＋向左键、Ctrl＋Alt＋向右键、Ctrl＋Alt＋空格以及 Ctrl＋Alt＋Shift。

（6）选择"用户凭据"选项，如图 13-14 所示。可以设置在物理计算机和虚拟机之间连接时，使用默认用户证书进行验证。

（7）选择"删除保存的凭据"选项，用来删除已经安装的证书，如图 13-15 所示。单击"删除"按钮，即可删除安装在物理计算机中的用户证书。如果当前计算机中没有安装证书，则"删除"按钮不可用。

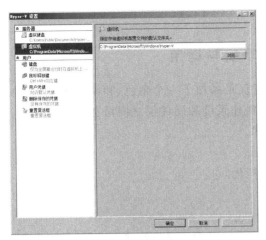

图 13-11 "虚拟机"对话框

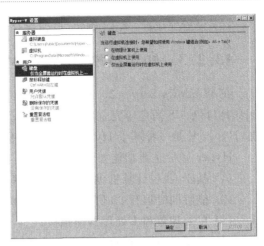

图 13-12 "键盘"对话框

图 13-13 鼠标释放键

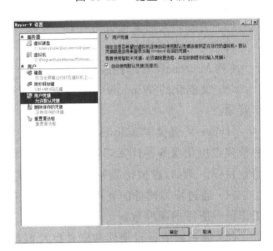

图 13-14 用户凭据

（8）选择"重置复选框"选项，用于还原通过选中复选框而隐藏的 Hyper-V 确认消息和向导页面，如图 13-16 所示的对话框。单击"重置"按钮，即可恢复原始设置。

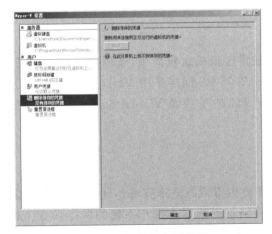

图 13-15 删除保存的凭据

图 13-16 重置复选框

（9）设置完成后，单击"确定"按钮保存。

13.2.3　知识链接：Hyper-V 的功能与适用

在 Windows Server 2008 中，Hyper-V 功能仅是添加了一个角色，和添加 DNS 角色、DHCP 角色、IIS 角色等完全相同。Hyper-V 在操作系统和硬件层之间添加一层 Hyper-V 层，Hyper-V 是一种基于 Hyper-V 的虚拟化技术。

Hyper-V 的主要功能如下。

（1）基于 64 位计算机虚拟机管理程序的虚拟化。

（2）能够同时运行 32 位和 64 位虚拟机。

（3）单处理器和多处理器虚拟机。

（4）虚拟机快照，捕获正在运行的虚拟机的状态。快照记录系统状态，以便可以将虚拟机恢复为以前的状态。

（5）支持较大的虚拟机内存。

（6）支持虚拟 LAN。

（7）Microsoft 管理控制台（MMC）3.0 管理工具。

（8）文档化的 Windows Management Instrumentation（WMI）界面，便于编写脚本和进行管理。

Hyper-V 提供 Windows Server 2008 中的软件基础结构和基本管理工具，可用于创建和管理虚拟化服务器计算环境。此虚拟化环境可用来实现旨在提高效率和降低成本的各种商业目标。例如，虚拟化服务器环境可以实现如下内容。

（1）通过增加硬件的利用率降低运行和维护物理服务器的成本，可以减少运行服务器工作负载所需的硬件数量。

（2）通过减少设置硬件和软件以及再现测试环境所需的时间提高开发和测试效率。

（3）提高服务器可用性，而无须使用物理计算机的故障转移配置中所需数量的物理计算机。

（4）增加或减少服务器资源以响应所需的更改。

13.3　创建和管理虚拟机

在 Windows Server 2008 的 Hyper-V 中，创建虚拟机比较简单，按照向导操作即可。Hyper-V 和 Virtual PC 2007 以及 Virtual Server 2005 R2 同样采用 VHD 虚拟磁盘格式，三者之间实际上通用，但是并不能直接把 Virtual PC 2007 或者 Virtual Server 2005 R2 的 VHD 磁盘直接挂载到 Hyper-V 虚拟机中。

13.3.1　创建和配置虚拟网络

虚拟机与虚拟机、虚拟与外部网络的连接，需要由虚拟网络来实现。Hyper-V 支持"虚拟网络"功能，提供多种网络模式，设置的虚拟网络将影响宿主操作系统的网络设置。对 Hyper-V 进行初始配置时需要为虚拟环境提供一块用于通信的物理网卡，当完成配置后，会为当前的宿主操作系统添加一块虚拟网卡,用于宿主操作系统与网络的通信。而此时的物理网卡除了作为网络的物理连接外,还兼做虚拟交换机,为宿主操作系统及虚拟机操作系统提供网络通信。Virtual Server/PC 的通信模式如图 13-17 所示。

Hyper-V 提供 3 种网络虚拟交换机功能,具体包括如下内容。

(1) Hyper-V Internal Network:交换机只能连接到 Hyper-V 创建的虚拟机中,即只能在虚拟机之间通信。

(2) Hyper-V External Network:连接到宿主计算机上的某一块网卡。在 Hyper-V 上配置外部网络后,自动添加一块虚拟网卡用于宿主操作系统通信,而物理网卡则用于物理连接及虚拟交换机,如图 13-18 所示。

(3) Hyper-V Private Network:私有网络。

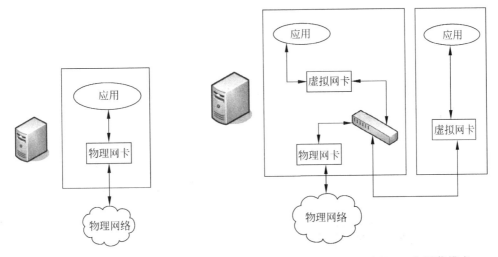

图 13-17　Virtual Server/PC 的通信模式　　图 13-18　Hyper-V External Network 通信模式

创建虚拟网络的操作步骤如下。

(1) 在"Hyper-V 管理器"窗口右侧的"操作"面板中,单击"虚拟网络管理器"超链接,显示如图 13-19 所示的"虚拟网络管理器"对话框,可以选择要创建的网络类型。其中,使用"外部"时,将连接到物理机的某一块网卡,用于连接外部网络及虚拟机;"内部"则只能连接到 Hyper-V 创建的虚拟机中,也就是说只能在虚拟机之间通信。

(2) 单击"添加"按钮,显示如图 13-20 所示的"新建虚拟网络"对话框,设置以下选项。

① 名称:在该文本框中输入虚拟网络的名称。

② 连接类型:选择虚拟网络类型。如果选择"外部"和"仅内部"类型,将可以设置虚拟网络所在的 Vlan 区域。如果选择"专用虚拟机网络"类型,则只为虚拟机之间提供网络连接。这里选择"外部"单选按钮,在下拉列表中选择关联的网卡。

③ 启用父分区的虚拟 LAN 标识:若选中该复选框,将设置新创建的虚拟网络所处的VLAN。

(3) 单击"确定"按钮,显示如图 13-21 所示的"应用网络更改"对话框,提示应用更改时,将断开网络连接。

图 13-19   "虚拟网络管理器"对话框

图 13-20   "新建虚拟网络"对话框

（4）单击"是"按钮，即可成功创建虚拟网络。然后，打开"网络和共享中心"窗口，单击"管理网络连接"超链接，即可看到已创建的虚拟网络，如图 13-22 所示。

图 13-21   "应用网络更改"对话框

图 13-22   已创建的虚拟网络

13.3.2   创建和配置虚拟磁盘

虚拟磁盘也就是虚拟机的磁盘，类似于物理机的硬盘，用来保存运行的操作系统以及应用程序。Hyper-V 服务中的虚拟磁盘实际上是一种扩展名为 .VHD 的文件，当虚拟机向虚拟磁盘中写入文件时，将存储在 .VHD 文件中。虚拟磁盘也可以在虚拟机中进行分区、格式化等操作，并且操作方式和物理磁盘完全一样。

1. 创建虚拟磁盘

创建虚拟磁盘的步骤如下。

（1）打开"Hyper-V 管理器"窗口，选择服务器名，右击并选择快捷菜单中的"新建"→"硬盘"选项，启动"新建虚拟硬盘向导"。

（2）单击"下一步"按钮，显示如图 13-23 所示的"选择磁盘类型"对话框，选择虚拟磁盘的类型。Hyper-V 支持"动态扩展"、"固定大小"以及"差异"3 种类型，这里选择"动态扩展"选项。

（3）单击"下一步"按钮，显示如图13-24所示的"指定名称和位置"对话框。在"名称"文本框中输入新虚拟硬盘的名称，在"位置"文本框中输入虚拟硬盘的保存路径。

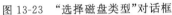
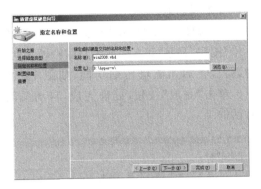

图13-23　"选择磁盘类型"对话框　　　　　　　图13-24　"指定名称和位置"对话框

（4）单击"下一步"按钮，显示如图13-25所示的"配置磁盘"对话框。在"大小"文本框中输入创建的虚拟磁盘大小。

（5）单击"下一步"按钮，显示如图13-26所示的"正在完成新建虚拟硬盘向导"对话框，显示了虚拟磁盘的配置信息。

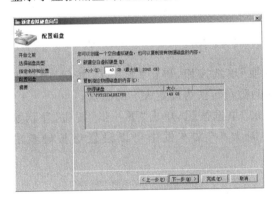
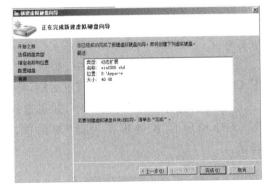

图13-25　"配置磁盘"对话框　　　　　　　图13-26　"正在完成新建虚拟硬盘向导"对话框

（6）单击"完成"按钮，完成虚拟磁盘的创建。

2. 配置虚拟磁盘

虚拟磁盘配置完成，或者使用一段时间之后，将会占用很多空间。此时，就可以使用硬盘压缩功能进行整理。使用差异虚拟磁盘时，也可以将子硬盘合并到父虚拟磁盘中。虚拟磁盘可以在服务器之间复制，如果创建的虚拟磁盘类型为差异虚拟磁盘，在服务器之间复制时，需要将父虚拟磁盘和子虚拟磁盘一起复制，建议存放在同一个目录下。

（1）在"Hyper-V管理器"窗口中，选择虚拟机名称，单击"操作"面板中的"编辑磁盘"超链接，启动"编辑虚拟磁盘向导"。

（2）单击"下一步"按钮，显示"查找虚拟硬盘"对话框，单击"浏览"按钮，选择虚拟磁盘文件,如图 13-27 所示。

　　(3)单击"下一步"按钮,显示如图 13-28 所示的"选择操作"对话框,选择需要完成的功能。该向导提供 3 种磁盘处理功能:压缩、转换以及扩展功能。

　　(4)如果选择"压缩"单选按钮,单击"下一步"按钮,显示"正在完成编辑虚拟硬盘向导"对话框,将启用磁盘压缩功能,如图 13-29 所示。单击"完成"按钮,处理完成,自动关闭该对话框。

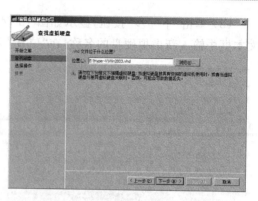

图 13-27　"查找虚拟硬盘"对话框

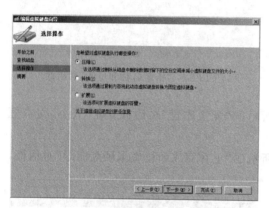

图 13-28　"选择操作"对话框

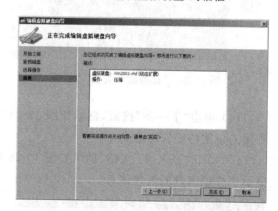

图 13-29　"正在完成编辑虚拟硬盘向导"对话框

　　(5)在"选择操作"对话框中,如果选择"转换"单选按钮,单击"下一步"按钮,显示如图 13-30 所示的"转换虚拟硬盘"对话框,将选择的磁盘转换为固定大小的磁盘。

　　(6)在"选择操作"对话框中,如果选择"扩展"单选按钮,单击"下一步"按钮,显示如图 13-31 所示的"扩展虚拟硬盘"对话框。在"新大小"文本框中可以设置虚拟硬盘的容量。

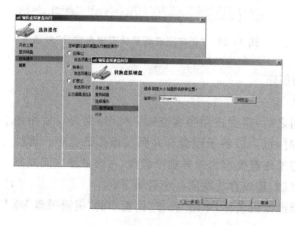

图 13-30　"转换虚拟磁盘"对话框

图 13-31　"扩展虚拟硬盘"对话框

（7）设置完成后，单击"完成"按钮，即可执行所选择的操作。

13.3.3　创建虚拟机

利用 Hyper-V 创建的虚拟机，使用时可以达到和物理机一样的效果。当 Hyper-V 服务器设置完成，并创建了虚拟网络和虚拟磁盘以后，就可以创建虚拟机并安装操作系统了。虚拟机创建完成以后，还可以设置它的虚拟硬件，如内存、虚拟磁盘、网络适配器等。

（1）在"Hyper-V 管理器"窗口中，选择"操作"面板中的"新建"→"虚拟机"选项，启动"新建虚拟机向导"，如图 13-32 所示。

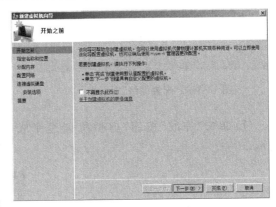

图 13-32　新建虚拟机向导

（2）单击"下一步"按钮，显示如图 13-33 所示的"指定名称和位置"对话框。在"名称"文本框中输入虚拟机的名称，默认虚拟机配置文件保存在 C:\ProgramData\Microsoft\Windows\Hyper-V\目录中。这里选中"将虚拟机存储在其他位置"复选框，并输入保存虚拟机的文件夹路径。

（3）单击"下一步"按钮，显示如图 13-34 所示的"分配内存"对话框，设置欲分配给该虚拟机的内存大小。

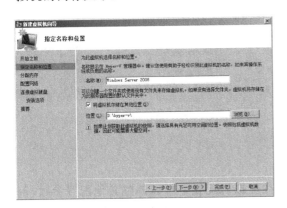

图 13-33　"指定名称和位置"对话框

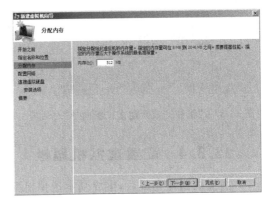

图 13-34　"分配内存"对话框

（4）单击"下一步"按钮，显示如图 13-35 所示的"配置网络"对话框，配置虚拟网络。这里选择所创建的"虚拟网络"。

（5）单击"下一步"按钮，显示"连接虚拟硬盘"对话框，设置虚拟机使用的虚拟硬盘。可以选择"创建虚拟硬盘"单选按钮，创建一个新的虚拟磁盘；也可以使用已经存在的虚拟磁盘，选择"使用现有虚拟硬盘"单选按钮，单击"浏览"按钮选择已创建的虚拟硬盘文件即可，如图 13-36 所示。

（6）单击"下一步"按钮，显示如图 13-37 所示的"正在完成新建虚拟机向导"对话框，显示虚拟机的配置信息。

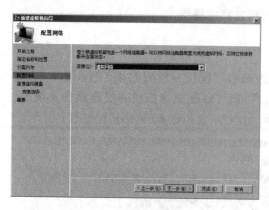

图 13-35　"配置网络"对话框

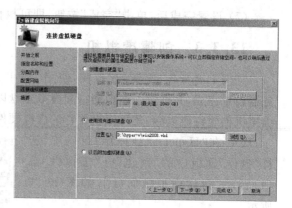

图 13-36　"连接虚拟硬盘"对话框

（7）单击"完成"按钮，虚拟机创建完成，并显示在"虚拟机"列表框中，如图 13-38 所示。

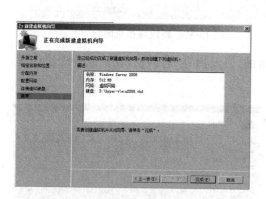

图 13-37　"正在完成新建虚拟机向导"对话框

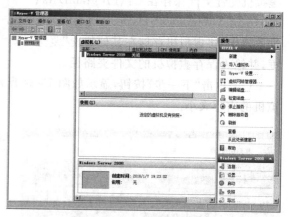

图 13-38　虚拟机创建完成

13.3.4　配置虚拟机属性

虚拟机创建完成后，生成基本虚拟机配置，在虚拟机配置中可以调整其他配置参数，例如内存、硬盘、CD/DVD、SCSI 适配器、网络适配器、软驱、COM 端口与 LPT 端口等。以创建的 Windows Server 2003 虚拟机为例，介绍修改虚拟机配置的方法。在"Hyper-V 管理器"窗口中，在中间窗口中选择目标虚拟机，在右侧的"操作"面板中，单击"设置"超链接，即可打开服务器设置对话框。

1．设置硬件

默认情况下，在虚拟机设置对话框中，选择"添加硬件"选项，如图 13-39 所示。在右侧允许添加的硬件列表中，显示允许添加的硬件设备，分别为"SCSI 控制器"、"网络适配器"以及"旧版网络适配器"。单击"添加"按钮，可以添加新的硬件。

选择 BIOS 选项，如图 13-40 所示，在右侧列表中，可以调整硬件设备启动的顺序，默认从 CD 启动。

图 13-39　添加硬件

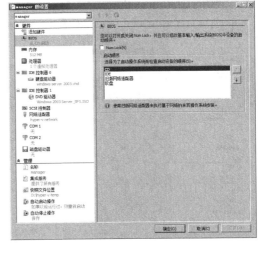

图 13-40　BIOS 属性

选择"内存"选项,如图 13-41 所示,在"启动 RAM"文本框中输入虚拟机的内存。

选择"处理器"选项,如图 13-42 所示,设置当前虚拟机使用的内核数量。虚拟机使用的内核取决于物理计算机内核的数量,以及虚拟机运行时的资源分配状况。

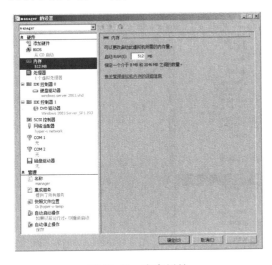

图 13-41　内存属性

图 13-42　处理器属性

选择"IDE 控制器 0"选项,如图 13-43 所示,在当前 IDE 控制器上,添加新的硬盘或者光盘驱动器。在右侧的列表中选择需要添加的"IDE 控制器",单击"添加"按钮,即可添加新的 IDE 设备,同时允许关联新的虚拟磁盘或者物理光盘驱动器。

选择"IDE 控制器 1"中的"DVD 驱动器"选项,可以设置操作系统安装映像。选择"图像文件"单选按钮,单击"浏览"按钮选择安装光盘映像文件即可,如图 13-44 所示。

选择"网络适配器"选项,如图 13-45 所示,显示虚拟机使用的虚拟网络,在右侧的"网络"下拉列表中,可以调整虚拟网络的设置。同时,允许调整该虚拟机的 MAC 地址分配参数,以及所隶属的 VLAN。

图 13-43　IDE 控制器属性

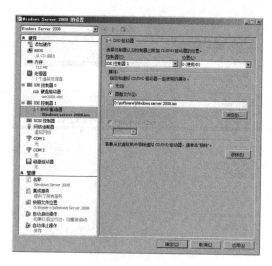

图 13-44　DVD 驱动器

2. 管理设置

依次选择"管理"→"名称"选项,如图 13-46 所示,根据需要可以编辑当前虚拟机的名称以及描述信息。

图 13-45　网络适配器属性

图 13-46　名称属性

选择"集成服务"选项,如图 13-47 所示,设置物理计算机为虚拟机提供的服务。在"服务"列表框中,根据需要选中所要提供的服务名称即可。

选择"快照文件位置"选项,如图 13-48 所示,设置虚拟机快照存储位置。

选择"自动启动操作"选项,如图 13-49 所示,设置当物理计算机启动时虚拟机执行的操作,建议选择"无"选项,以加快物理计算机的执行效率。

选择"自动停止操作"选项,如图 13-50 所示,设置当物理计算机关闭时虚拟机执行的操作,建议选择"关闭虚拟机"单选按钮,关闭物理计算机时,同时关闭虚拟机。

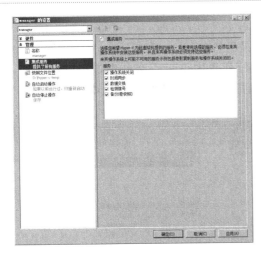

图 13-47　集成服务属性

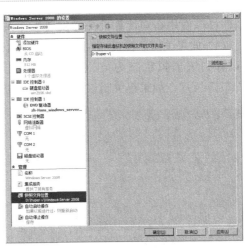

图 13-48　快照文件位置属性

图 13-49　自动启动操作属性

图 13-50　自动停止操作属性

13.3.5　安装虚拟机操作系统

当虚拟机创建完成以后,就可以向该虚拟机中安装操作系统了。这里将安装一台
Windows Server 2008 虚拟机。

(1) 在"Hyper-V 管理"控制台中,设置虚拟机
属性,在"DVD驱动器"窗口中选择"图像文件"单
选按钮,选择安装光盘的镜像文件。

(2) 单击"确定"按钮,关闭服务器设置对话框
并返回。在虚拟机列表中,选中该虚拟机,右击并
选择快捷菜单中的"连接"选项,打开如图 13-51 所
示的"虚拟机连接"窗口,默认没有启动。

(3) 单击标题栏上的"启动"按钮,即可启动
虚拟机,并且从光盘引导,如图 13-52 所示。此

图 13-51　虚拟机连接

时,即可像使用物理计算机一样安装操作系统了。

(4)如果关闭该窗口,虚拟机并不会关闭,而是仍然在运行。在"Hyper-V 管理器"窗口中可以看到该虚拟状态为"正在运行",并且"快照"列表中显示了当前虚拟机的缩略图,如图 13-53 所示。如果想关闭该虚拟机,可右击并选择快捷菜单中的"关闭"选项,即可关机。

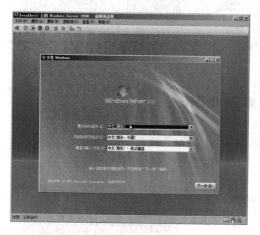

图 13-52　安装虚拟机操作系统

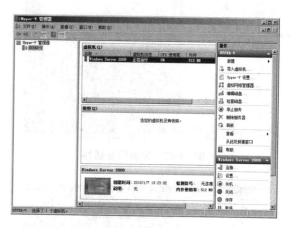

图 13-53　虚拟机正在运行

当操作系统安装完成以后,用户就可以在虚拟机中安装网络服务及应用程序了,操作时和真正的物理机完全相同。

习题

1. Hyper-V 服务有什么作用?
2. Hyper-V 服务有什么特点?
3. 虚拟磁盘有什么作用?

实验:Hyper-V 服务器的安装与配置

实验目的:
掌握 Hyper-V 服务器的安装与配置。

实验内容:
在 Windows Server 2008 服务器上安装 Hyper-V 服务,创建虚拟网络、创建虚拟硬盘、创建虚拟机,并安装操作系统。

实验步骤:
(1)将 Windows Server 2008 服务器加入域并登录。
(2)安装 Hyper-V 服务。
(3)创建一个虚拟网络。
(4)创建一个虚拟硬盘,用来安装操作系统。
(5)创建一个虚拟机,并指定操作系统映像文件。
(6)启动虚拟机并在虚拟机中安装操作系统。

第 14 章 chapter 14

安装WSUS服务

Windows 操作系统是当前市场上使用最多的操作系统,不仅简单易用而且界面美观。但是 Windows 系统却有着层出不穷的漏洞,需要经常检测并从微软网站下载更新。当网络中计算机数量较多时,大量计算机同时更新还会占用大量 Internet 带宽。因此,可以通过部署 WSUS 服务器,从微软网站下载所有的 Windows 更新,供局域网中的客户端下载安装,从而提高下载速度,并节省大量 Internet 带宽。

14.1 WSUS 服务安装前提与过程

WSUS 即 Windows Server Update Services,是微软推出的网络化补丁分发方案,Windows Server 2008 已经集成了 WSUS 服务,可以集中下载所有微软产品的更新程序。对于客户端计算机来说,不必再连接到微软网站,直接从网络中配置的 WSUS 服务器上即可下载并安装更新程序,速度非常快,而且可以为网络节省 Internet 带宽。

14.1.1 案例情景

在该项目网络中,计算机数量较多,职员数量也较多而且计算机水平不同,很多计算机因没有及时安装更新,经常会感染病毒,导致计算机和网络通信故障。因此,大部分计算机都会启用自动更新功能,从微软网站下载并安装更新。但是,大量计算机同时从微软网站下载更新时,也会占用大量 Internet 带宽,影响其他用户和网络服务的应用。

14.1.2 项目需求

系统更新是保障 Windows 系统安全的最好方法之一,如果要使局域网中的计算机既能下载安装系统更新,又不会占用 Internet 带宽,就需要在网络中配置系统更新服务器。微软推出了 WSUS 功能,将 Windows Server 2008 配置为系统更新服务器,可以定期连接微软网站并下载网络中所需的所有更新,而客户端只需连接到 WSUS 服务器下载即可。

14.1.3 解决方案

根据网络中各部门的分布情况,可以使用不同的方式部署 WSUS 服务器。在公司的某一个场地中,可以部署一台 WSUS 服务器,供本网段的客户端计算机下载更新,如图 14-1 所示。这样,不仅大大减少了带宽的占用,并且可以管理工作站使其"自动"升级。

由于企业网络规模比较大,在其他场地也有一定数量的计算机,仅有一台 WSUS 服务器不能满足需要,可以采用"多级"WSUS 的体系结构,即为其他网络也配置一台 WSUS 服务器,称为"下游"WSUS 服务器。下游服务器从主 WSUS 服务器中下载更新,主 WSUS 服务器被称为"上游"WSUS 服务器。"上游"WSUS 服务器直接从 Microsoft Update 站点下载更新,如图 14-2 所示。

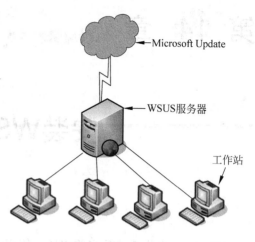

图 14-1　WSUS 体系结构

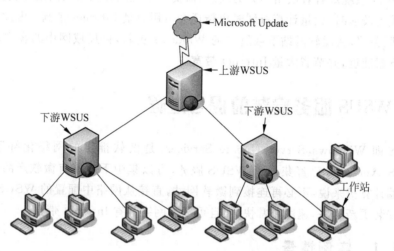

图 14-2　多级 WSUS 体系结构

WSUS 服务器的配置过程如下。

(1) 在 Windows Server 2008 服务器上安装 WSUS 服务。

(2) 运行 WSUS 配置向导,配置要下载的更新程序的语言类型和产品。

(3) 创建审批规则,自动审批允许安装的更新。

(4) 在网络中的计算机上利用组策略,指定 WSUS 服务器地址。

14.1.4　知识链接:WSUS 服务简介

WSUS 服务器作为在局域网中应用的 Windows 升级服务器,可以将所有的 Windows 更新都集中下载到服务器中,并可为不同的网络分别配置上游和下游服务器,下游服务器可以从上游服务器下载更新程序,通常也不需要 Internet。同时,WSUS 服务器可以配置为定期与微软更新服务器同步,保证能够及时下载最新的补丁程序,保证客户机的安全。

WSUS 3.0 SP2 除了可以更新 Windows 补丁以外,同时还具有报告功能和导入导出性能,并可以将报告导出成表格。管理员还可以控制更新过程,可以对网络中的计算机进行统计和分析,了解已经安装补丁和需要安装的情况。

从 Windows Server 2008 系统开始,集成了 WSUS 服务,用户不必再从微软网站下载。Windows Server 2008 R2 中集成的 WSUS 版本为 WSUS 3.0 SP2,也是目前最新版本。与 Windows Server 2008 中集成的 WSUS 3.0 SP2 相比,功能并没有太大改进,最大的区别是增加了对 Windows 7 和 Windows Server 2008 R2 的支持。

14.2 安装和配置 WSUS 服务

由于 WSUS 3.0 已经集成在了 Windows Server 2008 系统中,因此,不需专门从微软网站下载,利用"添加角色向导"即可安装。不过,由于在安装过程中需要连接微软网站并下载应用程序,因此,WSUS 服务器必须已经连接到 Internet。WSUS 安装完成后,会启动配置向导,用来完成一系列的配置工作。

14.2.1 安装 Report Viewer

Microsoft Report Viewer 是使用 WSUS 3.0 SP1 用户界面的必备组件,用来查看 WSUS 更新或同步的各种报告。如果没有安装 Report Viewer,则安装 WSUS 时将显示如图 14-3 所示的"使用管理 UI 所需的组件"对话框,并且不能查看报告。

Microsoft Report Viewer 2008 Redistributable 的下载地址为:http://www.microsoft.com/downloads/details.aspx?familyid=6AE0AA19-3E6C-474C-9D57-05B2347456B1&displaylang=zh-cn。

Report Viewer 2008 Redistributable 下载后即可安装在 WSUS 服务器上,安装过程如下。

(1) 运行 Report Viewer 安装程序,启动报表安装向导,如图 14-4 所示。

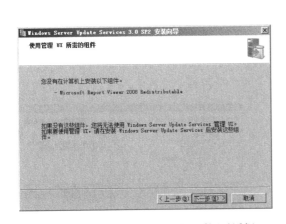

图 14-3 "使用管理 UI 所需的组件"对话框

图 14-4 Report Viewer 安装向导

(2) 单击"下一步"按钮,显示如图 14-5 所示的"许可条款"对话框。选中"我已阅读并接受许可条款"复选框,接受许可协议。

（3）单击"下一步"按钮，开始安装 Report Viewer，完成后显示如图 14-6 所示的"安装完成"对话框。单击"完成"按钮，Report Viewer 安装完成。

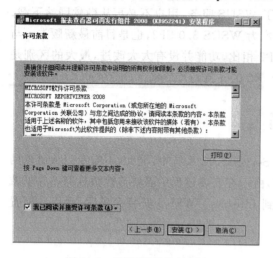 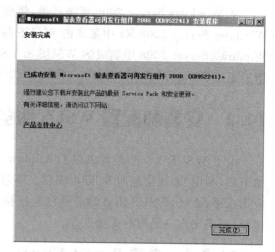

图 14-5　"许可条款"对话框　　　　　　图 14-6　"安装完成"对话框

14.2.2　安装 WSUS 服务器

安装 WSUS 服务器的步骤如下。

（1）以管理员账户登录到 WSUS 服务器以后，在"服务器管理器"中启动"添加角色向导"，当显示如图 14-7 所示的"选择服务器角色"对话框时，选中 Windows Server Update Services 复选框。

选中 Windows Server Update Services 复选框，同时会显示如图 14-8 所示的"是否添加 Windows Server Update Services 所需的角色服务和功能"对话框，单击"添加必需的角色服务"按钮，同时安装 Windows Server Update Services 和"Web 服务器"。

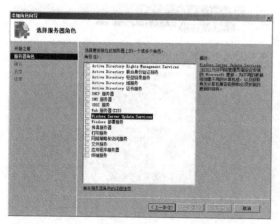

图 14-7　"选择服务器角色"对话框　　　　　图 14-8　添加 Web 服务器

（2）单击"下一步"按钮，在"Web 服务器（IIS）"对话框中显示了 Web 服务器的简介信息。在"选择角色服务"对话框中可以选择 Web 服务器的组件，保持默认值即可，如图 14-9

所示。

（3）单击"下一步"按钮，显示如图 14-10 所示的 Windows Server Update Services 对话框，简要介绍了 WSUS 的信息。

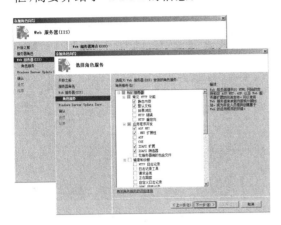

图 14-9　Web 服务器

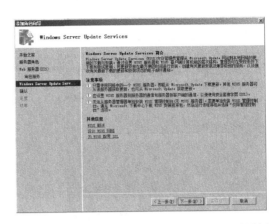

图 14-10　Windows Server Update Services 对话框

（4）单击"下一步"按钮，显示如图 14-11 所示的"确认安装选择"对话框，显示了前面所做的设置。

提示：当前服务器必须能够连接 Internet，否则安装将不能成功。

（5）单击"安装"按钮开始安装，则会自动连接 Internet 并下载 WSUS 安装程序。下载完成后自动启动 WSUS 3.0 SP2 安装向导。

（6）单击"下一步"按钮，显示如图 14-12 所示的"许可协议"对话框。选择"我接受许可协议条款"单选按钮，接受许可协议。

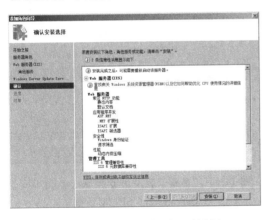

图 14-11　"确认安装选择"对话框

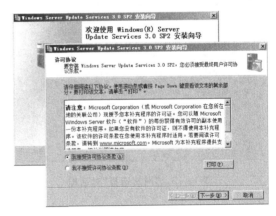

图 14-12　接受许可协议

提示：如果没有安装 Report Viewer，则单击"下一步"按钮就会提示安装 Microsoft Report Viewer 2008 Redistributable。

（7）单击"下一步"按钮，显示如图 14-13 所示的"选择更新源"对话框，用来设置更新程序在本地计算机上的存储位置。选中"本地存储更新"复选框，并设置一个保存路径即可。

提示：保存系统更新的磁盘尽量为非系统分区，并且至少有 6GB 的空间。

（8）单击"下一步"按钮，显示如图 14-14 所示的"数据库选项"对话框，用于设置 WSUS 数据库的存储位置。通常与系统更新保存在同一位置即可。

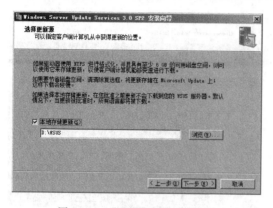

图 14-13 "选择更新源"对话框

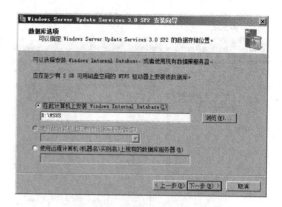

图 14-14 "数据库选项"对话框

（9）单击"下一步"按钮，显示如图 14-15 所示的"网站选择"对话框，WSUS 需要创建一个 Web 站点以供客户端计算机访问。如果当前服务器不配置为其他 Web 网站，选择"使用现有 IIS 默认网站（推荐）"单选按钮即可。如果当前服务器要为其他服务提供 Web 网站功能，则需选择"创建 Windows Server Update Services 3.0 SP2 网站"单选按钮。

（10）单击"下一步"按钮，显示如图 14-16 所示的"准备安装 Windows Server Update Services 3.0 SP2"对话框，列出了前面所做的配置。

图 14-15 "网站选择"对话框

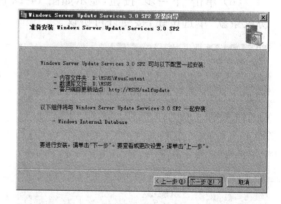

图 14-16 "准备安装 Windows Server Update Services 3.0 SP2"对话框

（11）单击"下一步"按钮，开始安装 WSUS。完成后显示如图 14-17 所示的"正在完成 Windows Server Update Services 3.0 SP2 安装向导"对话框。

（12）单击"完成"按钮，返回"添加角色向导"，显示如图 14-18 所示的"安装结果"对话框，提示 WSUS 和 Web 服务器已安装完成。

（13）单击"关闭"按钮，退出向导，WSUS 服务器安装完成，并自动启动配置向导，用来配置 WSUS。

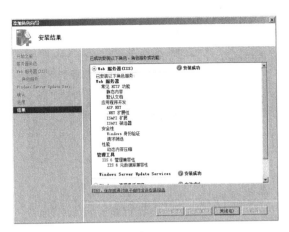

图 14-17 "正在完成 Windows Server Update Services 3.0 SP2 安装向导"对话框

图 14-18 "安装结果"对话框

14.2.3 WSUS 3.0 配置向导

当使用"添加角色向导"安装完 WSUS 以后,会立即启动 WSUS 配置向导,用来配置 WSUS 的同步方式、同步计划、所更新的产品和分类等。如果不想立刻配置,也可以将其取消,以后第一次启动 WSUS 时,或者在 WSUS 的控制台中,可以再次启动 WSUS 配置向导。

(1) 退出 WSUS 向导时,即可启动 WSUS 配置向导,如图 14-19 所示。

(2) 单击"下一步"按钮,显示如图 14-20 所示的"加入 Microsoft Update 改善计划"对话框,可以选择是否加入 Microsoft Update 改善计划。

(3) 单击"下一步"按钮,显示如图 14-21 所

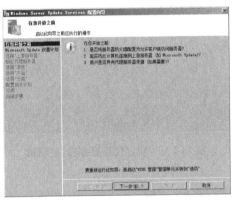

图 14-19 WSUS 配置向导

示的"选择'上游服务器'"对话框。默认选择 "从 Microsoft Update 进行同步"单选按钮,从微软网站进行同步;但如果网络中已经配置有 WSUS 服务器,可以选择"从其他 Windows Server Update Services 服务器进行同步"单选按钮,并输入上游 WSUS 服务器的 IP 地址,从已有的 WSUS 服务器同步更新。

(4) 单击"下一步"按钮,显示如图 14-22 所示的"指定代理服务器"对话框,用来设置代理服务器。如果不需要代理,则不设置。

(5) 单击"下一步"按钮,显示如图 14-23 所示的"连接到上游服务器"对话框,需要连接上游服务器并下载同步更新的信息。

(6) 单击"开始连接"按钮,开始连接上游服务器并下载相关信息,如图 14-24 所示。

(7) 单击"下一步"按钮,显示如图 14-25 所示的"选择'语言'"对话框,需要选择网络中使用的更新语言。通常选中"中文(简体)"复选框即可。如果网络中也使用了英文版的系统或者应用程序,则需同时选中"英语"复选框。

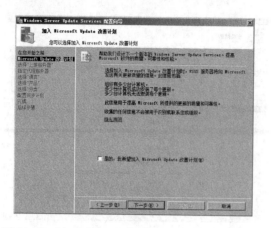

图 14-20　"加入 Microsoft Update 改善计划"对话框

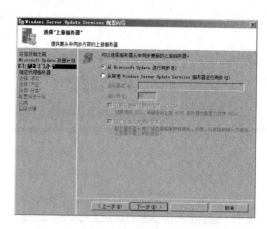

图 14-21　"选择'上游服务器'"对话框

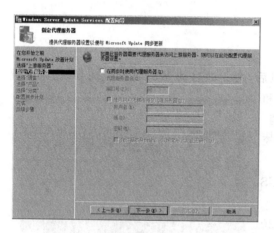

图 14-22　"指定代理服务器"对话框

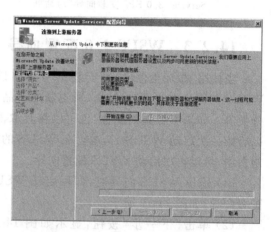

图 14-23　"连接到上游服务器"对话框

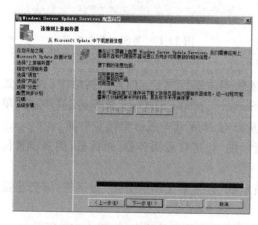

图 14-24　连接上游服务器

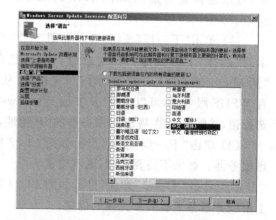

图 14-25　"选择'语言'"对话框

（8）单击"下一步"按钮，显示如图 14-26 所示的"选择'产品'"对话框，需要选择更新的产品。应根据网络中所使用的操作系统和应用程序版本来选择。

（9）单击"下一步"按钮，显示如图 14-27 所示的"选择'分类'"对话框，指定要同步的更新分类。

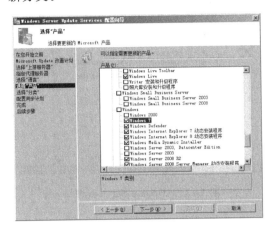
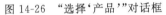

图 14-26　"选择'产品'"对话框

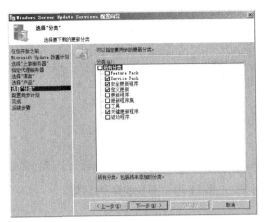

图 14-27　"选择'分类'"对话框

（10）单击"下一步"按钮，显示如图 14-28 所示的"设置同步计划"对话框，设置如何与上游服务器同步。为了方便管理，减少管理员的操作，建议选择"自动同步"单选按钮，并设置同步时间和次数，使服务器自动同步。

（11）单击"下一步"按钮，显示如图 14-29 所示的"完成"对话框。选中"开始初始同步"复选框，准备在完成后进行第一次同步。

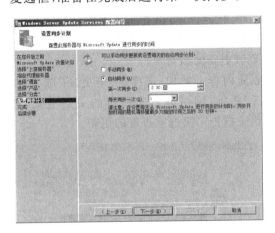

图 14-28　"设置同步计划"对话框

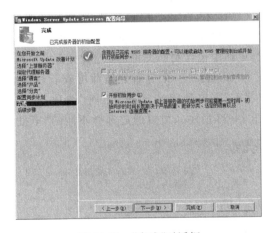

图 14-29　"完成"对话框

（12）单击"下一步"按钮，显示如图 14-30 所示的"后续步骤"对话框，列出了完成配置的后续操作。

（13）单击"完成"按钮安装完成。

依次选择"开始"→"管理工具"→Windows Server Update Services 选项，打开 WSUS 控制台，显示如图 14-31 所示的 Update Services 窗口。在该窗口中既可管理 WSUS，也可以看到同步状态、已下载的更新数量等信息。

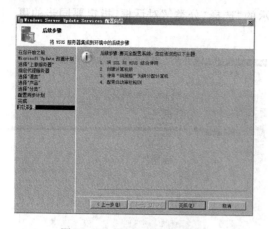

图 14-30　"后续步骤"对话框

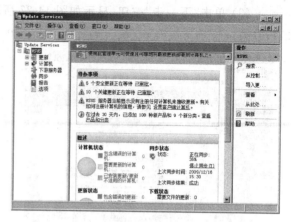

图 14-31　Update Services 窗口

14.2.4　WSUS 的更新设置

WSUS 下载了更新以后,默认不允许直接被客户端计算机下载安装,必须先经过管理员的审批。审批之后的更新才允许分发,从而避免不适用于计算机或者可能会造成故障的更新被客户端所安装。不过,如果手动逐个审批就太麻烦了,因此,可以使用自动审批方式,使系统按照所制定的规则,自动审批更新。

1. 查看更新

查看更新的步骤如下。

(1) 在 WSUS 控制台中,选择左侧树形目录中的"更新",可以看到各种更新的状况,包括所有更新、关键更新、安全更新和 WSUS 更新,如图 14-32 所示。同时,分别显示了每一类更新中包含更新文件的数量、所有客户端中需要该更新的数量等。

(2) 选择一个更新分类即可查看所包含的更新内容。例如,选择"关键更新"选项,在"状态"下拉列表中选择"任何"选项,单击"刷新"图标,即可显示出所有的关键更新,如图 14-33 所示。可以通过选择不同的"审批"和"状态报告",筛选欲查看的更新。

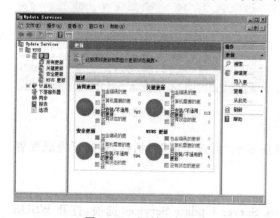

图 14-32　"更新"窗口

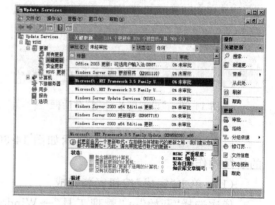

图 14-33　"关键更新"窗口

2. 手动审批

审批是指管理员允许或拒绝将更新程序分发到客户端计算机。为安全起见,对于一些关键服务器,管理员应事先进行测试,确认不会影响系统正常运行时,才可允许其安装。对于不适用于指定客户端的更新,可以选择拒绝审批或删除。

(1)在更新程序详细信息窗口中(以"关键更新"为例),右击欲审批的更新,选择快捷菜单中的"审批"选项,显示"审批更新"对话框。单击欲审批的计算机组左侧的箭头,在如图14-34所示的下拉菜单中,可以选择审批方式。选择"已审批进行安装"选项,即表示同意将更新安装到该组中的所有计算机。

(2)经过审批的计算机分组,会由原来的灰色变为绿色,同时,在"审批"列表中显示为"安装",如图14-35所示。

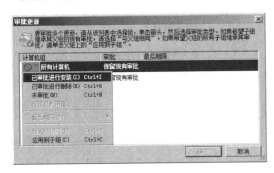

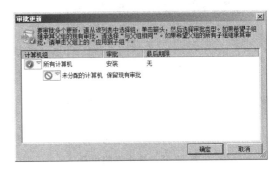

图14-34 "审批更新"对话框   图14-35 已审批的分组

(3)审批完成后,单击"确定"按钮,显示如图14-36所示的"审批进度"对话框,根据审批更新数量的不同,所需时间也会有所不同。审批成功后,在"结果"列表中显示为"成功";如果出现错误,则审批结果显示为"失败"。

(4)单击"关闭"按钮,关闭"审批进度"对话框,返回Update Services窗口。

3. 拒绝更新

如果某个更新可能对计算机有负面影响,则可以在WSUS服务器的更新管理窗口中将其拒绝。在拒绝更新时,默认情况下,"更新"窗口中将不再显示,并且无法对其进行审批。但可在"更新"窗口中查看被拒绝的更新。

(1)右击想要拒绝的更新,并选择快捷菜单中的"拒绝"选项,显示如图14-37所示的"拒绝更新"对话框。

图14-36 "审批进度"对话框   图14-37 "拒绝更新"对话框

(2)单击"是"按钮,即可拒绝该更新。同时,该更新程序的"审批"状态变为"已拒绝",如图14-38所示。

4. 自动审批

默认情况下，WSUS 服务器不会自动审批任何更新，所有更新都必须由网络管理员手动审批。但更新程序较多，审批的工作量也非常大。因此，可利用审批规则来自动审批比较信任的更新，从而减轻管理员的工作负担。不过，自动审批仅限于可靠性较高的更新。

（1）在 WSUS 控制台中，选择"选项"选项，显示如图 14-39 所示的窗口。

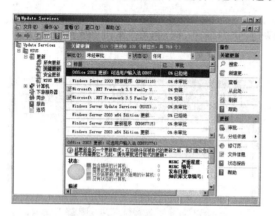

图 14-38　被拒绝的更新　　　　　　　　　　图 14-39　"选项"窗口

（2）在右侧窗口中单击"自动审批"链接，显示如图 14-40 所示的"自动审批"对话框，可以设置自动批准规则。

现在，创建一条审批规则，只允许 WSUS 自动审批 Windows Vista 操作系统的更新。操作步骤如下。

（1）单击"新建规则"按钮，显示如图 14-41 所示的"添加规则"对话框。在"步骤 1：选择属性"列表框中，选择用于批准的更新属于特定分类还是特定产品；当选中一种属性后，在"步骤 2：编辑属性"列表框中也会自动增加相应项的详细设置；在"步骤 3：指定名称"文本框中输入新规则的名称。

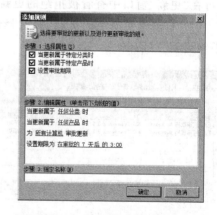

图 14-40　"自动审批"对话框　　　　　　　图 14-41　"添加规则"对话框

（2）在"步骤 2：编辑属性"列表框中，用来对选定的分类进行详细编辑。单击"任何分类"链接，显示如图 14-42 所示的"选择'更新分类'"对话框，选择允许的分类即可。单击"确定"按钮保存。

（3）在"步骤2：编辑属性"列表框中，单击"任何产品"链接，显示"选择'产品'"对话框，取消所有复选框只选中"Windows Vista"复选框，如图14-43所示。单击"确定"按钮保存。

图14-42 "选择'更新分类'"对话框

图14-43 "选择'产品'"对话框

（4）在"步骤2：编辑属性"列表框中，单击"在审批的7天后的3：00"链接，显示如图14-44所示的"选择期限"对话框。

（5）返回"自动审批"对话框，可以看到所设置的规则。同时，在"步骤3：指定名称"文本框中，为该规则设置一个名称，如图14-45所示。

（6）单击"确定"按钮，一条名为"允许安装"的自动审批规则创建完成，如图14-46所示。

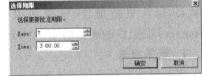

图14-44 "选择期限"对话框

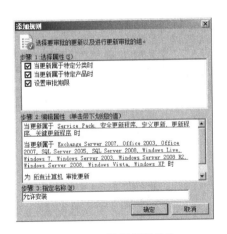

图14-45 设置规则名称

图14-46 规则创建完成

（7）为了使新创建的审批规则立即生效，可选中新规则，单击"运行规则"按钮，显示"正在运行规则"对话框，即可开始运行规则。运行完后显示了已审批的更新数量，如图14-47所示。

（8）单击"关闭"按钮关闭即可。

在"自动审批"对话框中，切换到"高级"选项卡，如图14-48所示。默认情况下，系统自动审批WSUS产品本身更新及修订，并自动拒绝过期的更新。

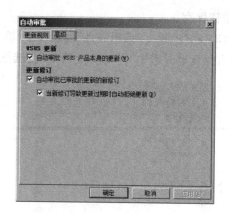

图 14-47　运行规则

图 14-48　"高级"选项卡

14.2.5　查看 WSUS 报告

在 WSUS 服务器上安装 Microsoft Report Viewer 2008 Redistributable 以后,就可以查看 WSUS 服务器的报告了。报告功能可以实时监控 WSUS 服务器运行情况和客户端安全状态,包括更新报告、计算机报告和同步报告 3 类(图 14-49)。默认情况下,WSUS Reporters 安全组的成员和本地 Administrator 账户具有运行和查看 WSUS 报告的权限。

1. 更新报告

更新报告共包括如下 4 种。

(1) 更新状态摘要报告:可以提供每个更新的详细摘要,包括更新属性和审批状态。生成此报告时,将会显示报告条件中包含的所有更新。

(2) 更新状态详细报告:可以显示所有计算机中各个更新的状态。

(3) 更新状态表格报告:可以提供多个更新的更新状态。生成此报告时,将会在表中看到报告条件中包含的所有更新。

(4) 更新已审批更新的表格状态:表格视图 14-49 显示了已审批更新的更新状态摘要,适用于导出到电子表格。

查看不同更新报告的方式基本相同。这里以查看"更新状态摘要"报告为例,操作步骤如下。

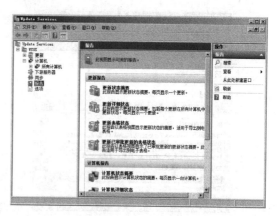

图 14-49　"报告"窗口

(1) 在"报告"窗口中,单击"更新状态摘要"链接,显示如图 14-50 所示的"更新报告"窗口。该窗口可以显示的信息包括更新级别、所属产品类型、计算机分组、更新执行结果等,用户可以选择欲查看的更新类型和级别。

提示:如果 WSUS 服务器中没有安装 Microsoft Report Viewer 2008 SP1 Redistributable,单击报告时就会显示如图 14-51 所示的警告框,提示需要安装。

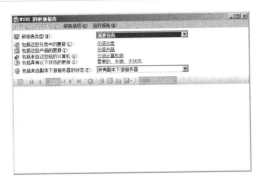

图 14-50　设置生成报告的更新属性

图 14-51　缺少 Report Viewer

（2）单击"运行报告"按钮，开始生成报告，根据所选更新的不同，生成报告所需的时间及内容也会有所不同。报告生成以后，显示如图 14-52 所示的"更新状态摘要报告"窗口。默认情况下，每页仅显示一项更新的相关信息，包括描述、分类、严重等级、编号以及审批情况等。

（3）为了便于日后查看更新报告，可以将报告导出为 Excel 文件或者 PDF 文件。单击工具栏上的"导出"按钮，在下拉菜单中选择 Excel 选项，即可保存成 Excel 文件。

其他更新报告的查看方式与之类似，此处不再赘述。

2. 计算机报告

计算机报告主要用于显示客户端系统更新状态和系统信息。网络管理员可以根据计算机报告来了解当前网络安全状态，包括如下 4 种。

（1）计算机状态摘要报告：提供每台计算机的详细摘要，包括计算机组信息和更新安装状态。

（2）计算机状态详细报告：显示计算机状态摘要以及每个更新的状态。

（3）计算机状态表格报告：提供多台计算机的计算机状态。生成此报告时，将会在表中看到报告条件中包含的所有计算机。

（4）已审批更新的计算机表格状态：表格视图 14-49 显示了计算机已审批的更新状态摘要，适用于导出到电子表格。

在"报告"窗口中选择一种计算机报告，例如"计算机状态摘要"，打开"计算机报告"窗口。单击"运行报告"按钮，即可显示从 WSUS 服务器获取更新的客户端计算机信息（图 14-53），包括该计算机所使用的操作系统、语言、IP 地址等信息，以及所安装的更新数量。

图 14-52　"更新状态摘要报告"窗口

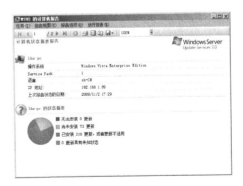

图 14-53　计算机报告

3. 同步报告

"同步报告"显示 WSUS 服务器的上次同步结果,或者显示特定时间段内的同步结果。用户可以查看有关这些更新的同步状态的详细信息。默认情况下,同步报告仅显示最近 30 天的同步结果,但可以根据需要选择不同的时间段来筛选报告结果。

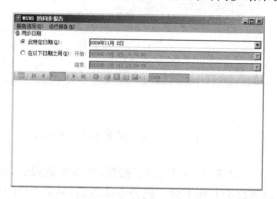

图 14-54　同步报告

(1) 在"报告"窗口中单击"同步结果"链接,显示如图 14-54 所示的"同步报告"窗口。可以设置为查看特定日期,或者某个日期时间段的同步报告。

(2) 单击"运行报告"按钮,开始生成报告。完成后即可显示曾经进行的同步操作,以及更新程序的数量,如图 14-55 所示。

(3) 如果要查看某一个同步的详细信息,可在"同步摘要"区域中单击该同步,显示如图 14-56 所示的窗口,显示了该次同步的时间及更新等。

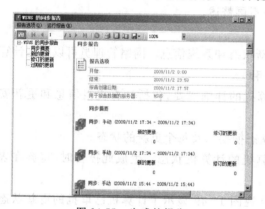

图 14-55　生成的报告

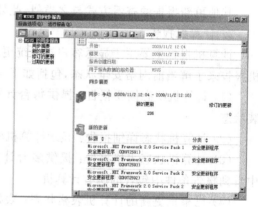

图 14-56　查看同步信息

(4) 如果要查看同步操作中某个更新的详细信息,可单击更新名称,显示如图 14-57 所示的"更新报告"窗口。可以查看该更新的描述信息、所属类型、发布日期等信息,从而决定是否需要在客户端安装。

图 14-57　"更新报告"窗口

图 14-58　WSUS 选项设置

14.2.6　WSUS 选项配置

WSUS 配置完成以后,即可为网络提供系统更新了。如果需要重新配置 WSUS,可在"选项"窗口中设置,如图 14-58 所示。

14.3　Windows 客户端配置

当 WSUS 安装完成从微软网站下载的更新以后,即可为网络提供更新服务了。而客户端计算机只需要在组策略中配置为从 WSUS 服务器下载更新即可。不过,早期版本的 Windows 操作系统需要安装 WSUS 客户端才能从 WSUS 服务器获取更新。

14.3.1　安装 WSUS 客户端

默认情况下,Windows XP/2003/Vista/2008 可以直接配置为从 WSUS 服务器下载更新,但是,Windows 2000 SP1 系统由于未安装 SUS 客户端程序,因此,无法从 WSUS 服务器获取更新,用户需要下载 WSUS 客户端程序并安装,才能配置为通过 WSUS 服务器获取系统更新。而 Windows 2000 SP2 系统之后的版本均内置了 SUS 客户端程序,不需安装即可直接从 WSUS 服务器获取更新。

SUS 客户端程序的下载地址为:http://nj.onlinedown.net/soft/35844.htm。

14.3.2　通过本地策略配置客户端

通过组策略或本地策略编辑器配置 WSUS 客户端是最常用的方法之一。如果是在域环境中,管理员还可以利用组策略来集中部署;而工作组中的计算机则需要在每台计算机上修改本地策略,使其成为 WSUS 客户端。

1. Windows 2000 的设置

Windows 2000 的设置步骤如下。

(1) 安装好 SUS 客户端以后,以管理员身份登录,依次选择"开始"→"运行"选项,在"运行"对话框中输入 gpedit.msc 命令,单击"确定"按钮,打开如图 14-59 所示的"组策略"窗口。

(2) 依次选择"计算机配置"→"管理模板"选项,右击"管理模板"并选择快捷菜单中的"添加/删除模板"选项,打开如图 14-60 所示的"添加/删除模板"对话框。

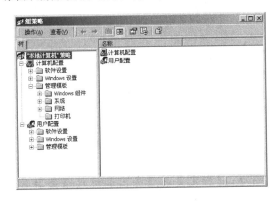

图 14-59　"组策略"窗口

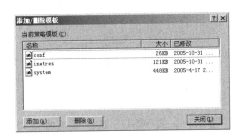

图 14-60　"添加/删除模板"对话框

（3）单击"添加"按钮，在"策略模板"对话框中选择 wuau.adm，如图 14-61 所示。单击"打开"按钮，添加到"添加/删除模板"对话框。

（4）单击"关闭"按钮，返回"组策略"窗口。依次选择"管理模板"→Windows 组件→Windows Update 选项，如图 14-62 所示。此时，即可配置从 WSUS 服务器获取更新。

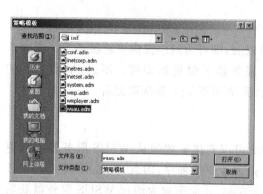

图 14-61　选择策略模板

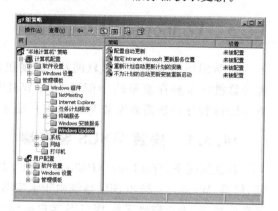

图 14-62　Windows Update 窗口

（5）双击"配置自动更新"项目，显示如图 14-63 所示的"配置自动更新 属性"对话框。选择"启用"单选按钮，在"配置自动更新"下拉列表中选择自动更新的方式，建议选择"3-自动下载并提醒安装"选项。完成后单击"确定"按钮即可。

（6）在 Windows Update 窗口中双击"指定 Intranet Microsoft 更新服务器位置"，显示"指定 Intranet Microsoft 更新服务器位置 属性"对话框。选择"已启用"单选按钮，在"为检测更新设置 Intranet 更新服务"和"设置 Intranet 统计服务器"文本框中分别输入 WSUS 服务器地址，格式为"http://WSUS 名称或 IP 地址"，如图 14-64 所示。

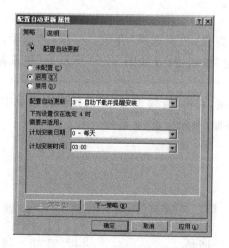

图 14-63　"配置自动更新 属性"对话框

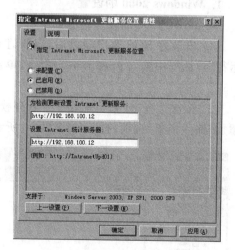

图 14-64　"指定 Intranet Microsoft 更新
服务器位置 属性"对话框

提示：如果 WSUS 服务器没有使用默认端口，则指定更新服务器和统计服务器时，也需要指定匹配的通信端口，如 http://211.82.216.33:8530。

（7）单击"确定"按钮保存设置。这样，Windows 2000 即可自动从 WSUS 服务器获取更新了。

2. Windows XP/Vista 的设置

Windows XP/2003/Vista/2008 系统通过组策略配置自动更新的操作步骤都相同，这里以 Windows Vista 为例进行介绍。

（1）以管理员账户登录计算机，运行 gpedit. msc 命令，打开"策略对象编辑器"窗口。依次选择"计算机配置"→"管理模板"→"Windows 组件"→Windows Update 选项，如图 14-65 所示。

（2）在右侧窗口中双击"配置自动更新"策略，打开如图 14-66 所示的"配置自动更新属性"对话框。选择"已启用"单选按钮，在"配置自动更新"下拉列表中选择更新方式。

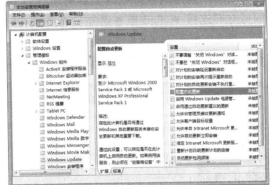

图 14-65 "策略对象编辑器"窗口

① 2-通知下载并通知安装：对于计算机比较精通的用户可以选择该项，可以检查哪些更新是必需的，可以不下载和安装无用的更新。

② 3-自动下载并提醒安装：选择该项会下载所有更新，并由用户选择安装哪些。不建议使用该项。

③ 4-自动下载并计划安装：如果用户对系统应用不太熟悉，可选择该项，并设置安装时间，由系统自动下载并安装。

④ 5-允许本地管理员选择设置：如果选择该项，使用管理员账户登录后，可在控制面板的 Windows Update 窗口中选择更新方法。

（3）在 Windows Update 窗口中双击"指定 Intranet Microsoft 更新服务位置"策略，显示"指定 Intranet Microsoft 更新服务位置 属性"对话框。在"设置检测更新的 Intranet 更新服务"和"设置 Intranet 统计服务器"文本框中分别输入 WSUS 服务器地址，格式为"http：//WSUS 服务器名称或 IP 地址"，如图 14-67 所示。

图 14-66 "配置自动更新 属性"对话框

图 14-67 "指定 Internet Microsoft 更新服务位置 属性"对话框

提示：如果客户端计算机已经加入域，也可以通过组策略来配置客户端，而不必逐台设置计算机。

（4）单击"确定"按钮保存设置。

这样，Windows Vista 就会根据设置自动从 WSUS 服务器搜索并下载更新，而不会通过 Internet 连接微软服务器下载更新。打开 Windows Update 窗口，单击"检查更新"链接即可立即连接 WSUS 服务器并检查更新，并显示出更新数量及大小，如图 14-68 所示。

单击"查看可用更新"链接，显示如图 14-69 所示的"选择希望安装的更新"窗口，可以选择欲安装的更新，同时取消不安装的更新。最后，单击"安装"按钮即可开始安装。

图 14-68　检查更新

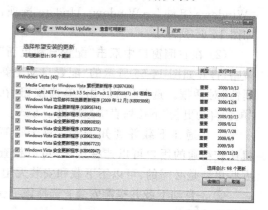

图 14-69　查看可用更新

习题

1. WSUS 服务有什么作用？
2. WSUS 3.0 增加了对哪些操作系统的支持？
3. "上游"WSUS 服务器和"下游"WSUS 服务器有什么区别？

实验：WSUS 服务器的安装与配置

实验目的：
掌握 WSUS 服务器的安装与配置。

实验内容：
在 Windows Server 2008 服务器上安装 WSUS 服务，对微软进行同步更新，创建审批规则审批更新，并使客户端能够从 WSUS 服务器获得更新。

实验步骤：
（1）将 Windows Server 2008 服务器加入域并登录。
（2）安装 Report Viewer。
（3）安装 WSUS 服务，并运行配置向导配置 WSUS。
（4）将 WSUS 服务进行同步。
（5）创建自动审批规则。
（6）配置 Windows 客户端，使其从 WSUS 服务器获得更新。

第 15 章 chapter 15

安装WDS服务

由于网络中的计算机数量较多,为机房中的计算机安装操作系统将是一项不小的工作。通常,安装一台计算机至少需要半个小时左右,而大量计算机所需的时间更多。利用 Windows Server 2008 系统自带的 Windows 部署服务,可以远程为多台计算机同时安装操作系统,而不需要使用光盘,也不需要繁琐的设置步骤,非常方便。如果使用无人值守安装文件,则安装时无需设置,完全自动化安装,从而大大提高效率。

15.1 WDS 服务安装前提与过程

Windows 部署服务(Windows Deployment Services,WDS)用来在局域网中的计算机上快速远程部署 Windows 操作系统。Windows 部署服务客户端依赖 Windows PE 提供启动服务和部署。而且,Windows Server 2008 中的 Windows 部署服务增加了对 Windows Vista 和 Windows Server 2008 的支持。

15.1.1 案例情景

在该项目网络中,除了服务器以外,各个部门、不同的办公区域都有数量不等的计算机,管理员在配置各个办公室计算机时,首先就需要安装操作系统,但由于计算机太多,逐台安装需要很长时间,工作量非常大。另外,各职员的计算机操作水平不同。有些人员因计算机水平较低,经常会因误操作而导致系统故障甚至瘫痪,只得找网络管理员重新安装系统,这样不仅浪费时间,而且经常会因计算机故障而耽误工作。

15.1.2 项目需求

为了使普通用户也能在计算机瘫痪时自己安装操作系统,而不必每次都找管理员来帮忙,就可以在网络中安装 Windows 部署服务,将网络中所用到的操作系统映像添加到服务器中。当用户计算机出现故障时,只需重新启动时选择安装所需要的操作系统即可,不需选择设置。而用户也不需要复杂的学习,只需简单地指点一下就很容易学会。

15.1.3 解决方案

本章介绍在 Windows Server 2008 中安装 Windows 部署服务器,以及如何添加操作系统映像。在本网络中,Windows 部署服务的解决方案如下。

在 Windows Server 2008 服务器上安装 Windows 部署服务器。

(1)准备操作系统安装映像,向 Windows 部署服务器添加安装和启动映像。

(2)客户端安装具有远程启动功能的网卡,以便能够连接到 Windows 部署服务器。

(3)为了方便用户的安装,管理员可以创建无人值守安装文件,使用户在安装时不需参与即可自动完成,即使用户不懂得如何安装也能轻松完成。

(4)管理员可以用一台计算机安装并配置好操作系统,安装常用的应用软件、系统更新,然后将该操作系统捕获到 Windows 部署服务器,这样,用户安装系统后不需要专门的配置。

(5)为客户端计算机创建用户账户,用来在安装时登录 WDS 服务器。

15.1.4　知识链接：WDS 服务简介

Windows Server 2008 中的 Windows 部署服务的功能更加强大,在企业应用中能够有效降低手动安装效率低下所带来的相关成本,并且客户端不需要使用光驱和安装光盘,也不需要移动磁盘等设置,甚至使用了应答文件后用户不需任何手动设置,只需按 F12 键,即可迅速安装好操作系统,从而大大减少了安装操作系统和常用应用程序所耗费的时间。

Windows Server 2008 系统中的 Windows 部署服务功能更加强大,效率更高。主要具有以下功能。

(1)支持 Windows PE 启动操作系统的安装程序。

(2)支持 WIM 格式的操作系统映像。

(3)高性能的可扩展 PXE 服务器组件,使 Windows 部署服务可以每秒处理 1600 次以上的请求。

(4)全新的可以选择启动操作系统的启动菜单。

(5)全新的图形界面,可用于选择和部署映像以及管理服务器和客户端。

(6)提供了将 RIS 镜像迁移到 WIM 镜像的方法。

(7)支持远程管理 Windows 部署服务。

(8)不但支持最新的 WIM 镜像部署,还继续支持 RIS 镜像部署。

(9)提供了 MMC 与 CLI 两种管理方式。

(10)提供更多的客户端安装体验,如映像的选择、磁盘配置。

(11)增强型 TFTP 性能。使用 TFTP 下载网络引导程序和 Windows 预安装环境(PE)引导映像。

(12)诊断技术。可以记录有关其客户端的详细信息,当发生问题时,可以进行问题的诊断,以了解详细情况。

(13)多播部署。可以将 Windows 操作系统同时部署到多台计算机中,从而节省了网络带宽。

15.2　安装和配置 WDS

安装和配置 WDS 的步骤如下。

(1)在"服务器管理器"窗口中,单击"添加角色"按钮,运行"添加角色向导"。单击"下一步"按钮,显示如图 15-1 所示的"选择服务器角色"对话框,选中"Windows 部署服务"复选框。

(2)单击"下一步"按钮,显示如图 15-2 所示的"Windows 部署服务概述"对话框,简要介绍了 Windows 部署服务。

(3)单击"下一步"按钮,显示如图 15-3 所示的"选择角色服务"对话框,根据实际需要选择所要安装的角色服务。

① 部署服务器。提供 Windows 部署服务的完整功能,可以使用它来配置和远程安装 Windows 操作系统。但部署服务器依赖于传输服务器的核心部分。

② 传输服务器。提供 Windows 部署服务

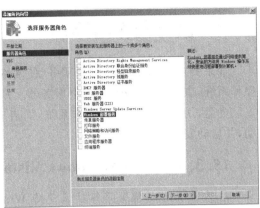

图 15-1 "选择服务器角色"对话框

功能的子集,它只包括核心网络部分,可以使用该部分在独立服务器上通过多播来传输数据。如果使用多播传输数据,而又不希望合并所有 Windows 部署服务,则应选择该角色服务。

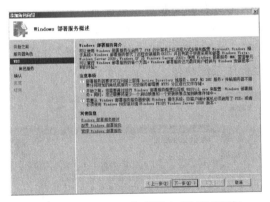

图 15-2 "Windows 部署服务概述"对话框

图 15-3 "选择角色服务"对话框

(4)单击"下一步"按钮,显示如图 15-4 所示的"确认安装选择"对话框。

(5)单击"安装"按钮,即可开始安装 Windows 部署服务。完成后显示如图 15-5 所示的"安装结果"对话框。

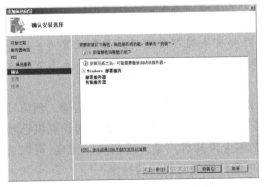

图 15-4 "确认安装选择"对话框

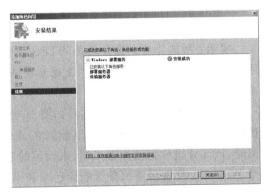

图 15-5 安装完成

(6)单击"关闭"按钮,关闭"添加角色向导",完成 Windows 部署服务的安装。

15.3　映像制作与添加

如果要实现 Windows 部署服务,使网络中的客户端计算机能够使用远程安装功能安装操作系统,应当在 Windows 部署服务器上添加操作映像。其中,安装映像相当于操作系统安装光盘,用来安装相应的操作系统,而启动映像则使客户端计算机使用 Windows PE 启动,并启动安装程序进行安装。

15.3.1　添加 Windows Vista 映像

由于 Windows 部署服务默认支持 Windows Vista,因此,可以直接将 Windows Vista 安装光盘中的安装映像添加到 Windows 部署服务器。但是,为了使用户在安装时,不需再安装各种应用程序和设置,可以将一台配置好的 Windows Vista 系统捕获,并添加到 Windows 部署服务器中。

(1)依次选择"开始"→"管理工具"→"Windows 部署服务"选项,打开如图 15-6 所示的"Windows 部署服务"窗口。默认情况下,Windows 部署服务安装后没有配置。

(2)右击服务器名称,在快捷菜单中选择"配置服务器"选项,启动"Windows 部署服务配置向导"。单击"下一步"按钮,显示如图 15-7 所示的"远程安装文件夹的位置"对话框。单击"浏览"按钮,指定一个文件夹路径,用来保存操作系统映像。

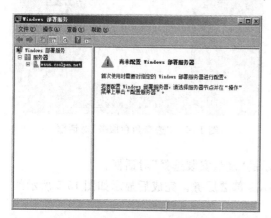

图 15-6　"Windows 部署服务"窗口

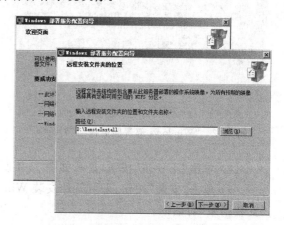

图 15-7　"远程安装文件夹的位置"对话框

提示:所选择的分区必须是 NTFS 分区,并且要有足够可用空间。如果设置为系统分区,则会显示如图 15-8 所示的"系统卷警告"对话框,建议将远程安装文件夹放在和系统卷不同的物理磁盘上。

(3)单击"下一步"按钮,显示如图 15-9 所示的"PXE 服务器初始设置"对话框。预启动执行(PXE)环境客户计算机可以预留在 Active Directory 域服务中。当客户端计算机已预留时,该计算机称为已知客户端,未预留的客户端称为未知客户端。根据实际需要,可以选择 Windows 部署服务服务器响应已知和未知客户端计算机时执行的操作。

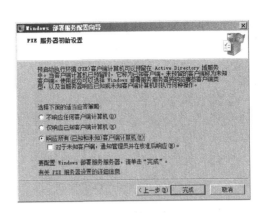

图 15-8 "系统卷警告"对话框　　　　图 15-9 "PXE 服务器初始设置"对话框

提示：如果 DHCP 服务安装在当前服务器上，则还需在配置过程中设置 DHCP 选项。

（4）单击"完成"按钮，开始启动并配置 Windows 部署服务。完成后，显示如图 15-10 所示的"配置完成"对话框。默认选中"立即在 Windows 部署服务器上添加映像"复选框，Windows 部署服务配置向导完成后，开始添加映像。

（5）单击"完成"按钮，启动"添加映像向导"，用来添加安装映像。首先显示如图 15-11 所示的"Windows 映像文件位置"对话框，在"路径"文本框中选择 Windows Vista 安装光盘中的映像文件夹，默认为 sources 文件夹。

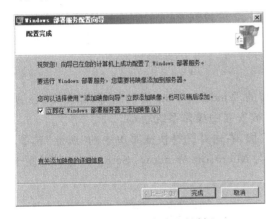

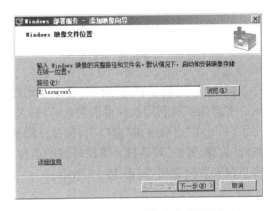

图 15-10 "配置完成"对话框　　　　图 15-11 "Windows 映像文件位置"对话框

（6）单击"下一步"按钮，显示"映像组"对话框，要求创建一个映像组，用来保存所添加的安装映像。这里设置映像组名称为 Windows Vista，如图 15-12 所示。

（7）单击"下一步"按钮，显示如图 15-13 所示的"复查设置"对话框，列出了前面所做的设置。

（8）单击"下一步"按钮，显示如图 15-14 所示的"任务进度"对话框，开始向 Windows 部署服务器中添加映像。

（9）添加完成后单击"完成"按钮，返回"Windows 部署服务"控制台，可以看到所添加的 Windows Vista 映像，如图 15-15 所示。

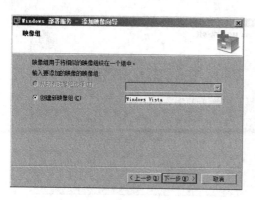

图 15-12 "映像组"对话框

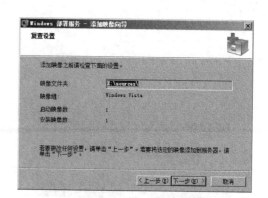

图 15-13 "复查设置"对话框

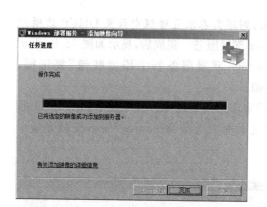

图 15-14 "任务进度"对话框

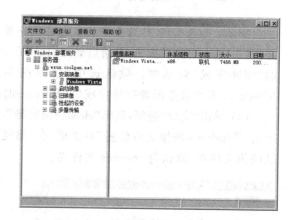

图 15-15 Windows Vista 安装映像

（10）选择"启动映像"窗口，可以看到已添加的 Windows Vista 启动映像，如图 15-16 所示。客户端需要利用此映像启动计算机，并选择欲安装的操作系统版本。

（11）在"启动映像"窗口中，选择已添加的映像，右击并选择快捷菜单中的"属性"选项，打开"映像 属性"对话框。将该映像的名称修改为 Microsoft Windows Setup（x86），以便于客户端安装时识别，如图 15-17 所示。

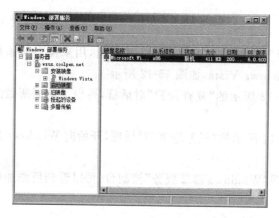

图 15-16 Windows Vista 启动映像

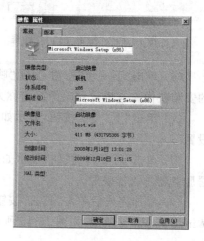

图 15-17 "映像 属性"对话框

（12）单击"确定"按钮完成设置。至此，Windows 部署服务已经可以为网络提供 Windows 系统的部署服务了。

15.3.2 添加 Windows XP 映像

Windows XP 与 Windows Vista/2008 操作系统的差异非常大，添加映像的方式也不同，不能直接通过安装光盘添加映像，而是需要利用已添加的 Windows Vista 映像来创建一个捕获映像，将已封装的客户端 Windows XP 系统捕获并上传到 Windows 部署服务器。

1. 创建捕获文件

创建捕获文件的步骤如下。

（1）在"Windows 部署服务"控制台中打开"启动映像"窗口，选择已添加的 Windows Vista 启动映像，右击并选择快捷菜单中的"创建捕获启动映像"选项，启动"创建捕获映像向导"，首先显示如图 15-18 所示的"捕获映像元数据"对话框。在"映像名称"和"映像说明"文本框中输入相关的名称和说明信息。在"位置和文件名"文本框中输入新捕获文件的保存路径和名称。

提示：如果没有在"启动映像"窗口中添加 Windows Vista 映像，则需先添加该映像，即 Windows Vista 系统光盘下的 BOOT.WIM 文件。

（2）单击"下一步"按钮，开始创建捕获映像。创建完成后，显示如图 15-19 所示的"操作完成"对话框。

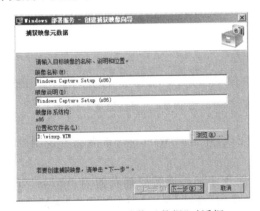

图 15-18 "捕获映像元数据"对话框

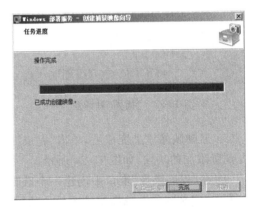

图 15-19 "操作完成"对话框

（3）单击"完成"按钮，捕获映像创建成功。

（4）再次右击 Windows 部署服务控制台中的"启动映像"，选择快捷菜单中的"添加启动映像"选项，启动"添加映像向导"，用于添加新创建的捕获映像文件。在"文件位置"文本框中输入 Windows XP 捕获文件的路径，如图 15-20 所示。

（5）单击"下一步"按钮，显示如图 15-21 所示的"映像元数据"对话框。在"映像名称"和"映像说明"文本框中分别设置映像名称和说明。

（6）单击"下一步"按钮，显示如图 15-22 所示的"摘要"对话框，列出了前面所做的配置。如果需要更改，可单击"上一步"按钮返回。

（7）单击"下一步"按钮，开始添加启动映像，并显示"任务进度"对话框，如图 15-23 所示。

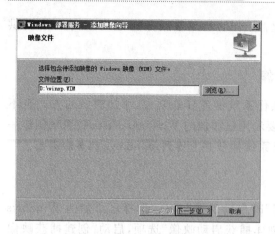

图 15-20　添加捕获映像文件

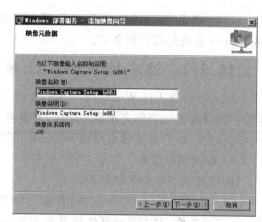

图 15-21　"映像元数据"对话框

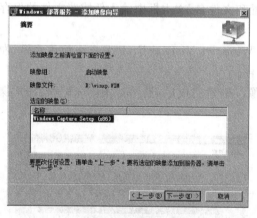

图 15-22　"摘要"对话框

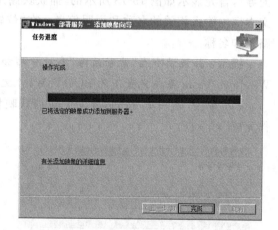

图 15-23　"任务进度"对话框

（8）启动映像添加完成后，单击"完成"按钮完成，并返回 Windows 部署服务控制台，即可看到所添加的映像，如图 15-24 所示。

（9）在"安装映像"窗口中创建一个映像组，用于添加后面将要捕获的 Windows XP 映像。右击"安装映像"，选择快捷菜单中的"添加映像组"选项，显示"添加映像组"对话框。在"输入要创建的组名"文本框中输入 Windows XP，如图 15-25 所示。

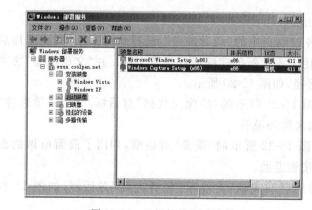

图 15-24　已添加的启动映像

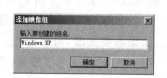

图 15-25　"添加映像组"对话框

（10）单击"确定"按钮，Windows XP 映像组创建完成，如图 15-26 所示。

2. 客户端系统封装

Windows XP 系统需要先使用 Sysprep.exe 程序进行封装，才能进行捕获。不过，为了方便用户的使用，在捕获之前应对客户端系统进行设置和优化，例如安装相关的软件、安装系统更新、清理垃圾文件等。默认情况下，Windows XP 的 Sysprep.exe 程序位于安装光盘的 SUPPORT\TOOLS 目录中，有一个 DEPLOY.CAB 文件，将其解压缩到一个文件夹中，即可得到 Sysprep.exe 程序。

不过，如果仅仅使用 Sysprep.exe 程序进行封装，则重新启动后将不能进入操作系统，必须重新安装或者修复。为了保证不破坏系统，应先使用安装管理器准备配置集和应用文件，当捕获完成重新进入操作系统后，可利用 Windows 设置向导重新设置计算机名、网络配置、用户账户、安装序列号等信息。

提示：为了方便用户的使用，在捕获之前应对客户端系统进行设置和优化，例如安装相关的软件、安装系统更新、清理垃圾文件等。

（1）将 DEPLOY.CAB 文件解压以后，运行其中的 setupmgr.exe 文件，启动"安装管理器"。单击"下一步"按钮，显示如图 15-27 所示的"新的或现有的应答文件"对话框。选择"创建新文件"单选按钮，创建一个新应答文件。

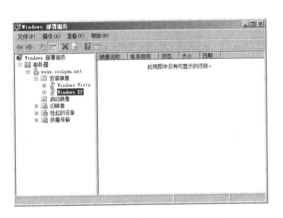

图 15-26　Windows XP 映像组

图 15-27　"新的或现有的应答文件"对话框

（2）单击"下一步"按钮，显示如图 15-28 所示的"安装的类型"对话框。选择"Sysprep 安装"单选按钮，用来创建一个名为 Sysprep.inf 的应答文件。

（3）单击"下一步"按钮，显示如图 15-29 所示的"产品"对话框，用于选择当前的 Windows XP 版本。这里选择 Windows XP Professional 单选按钮。

（4）单击"下一步"按钮，显示如图 15-30 所示的"许可协议"对话框，选择"是，安全自动安装"单选按钮，以便于自动安装 Windows 而不需手动输入。

（5）单击"下一步"按钮，显示如图 15-31 所示的"名称和单位"对话框，分别设置所提供的名称和单位信息。

（6）单击"下一步"按钮，显示如图 15-32 所示的"显示设置"对话框，可以选择 Windows 颜色、屏幕区域和刷新频率设置。

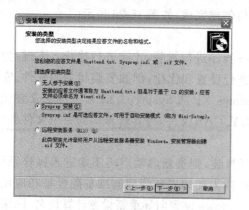

图 15-28　"安装的类型"对话框

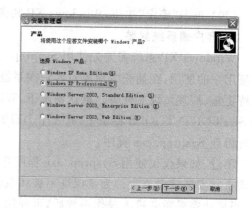

图 15-29　"产品"对话框

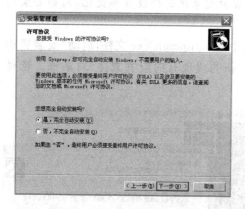

图 15-30　"许可协议"对话框

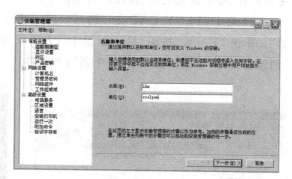

图 15-31　"名称和单位"对话框

（7）单击"下一步"按钮，显示如图 15-33 所示的"时区"对话框。在"时区"下拉列表中选择中国北京时区即可。

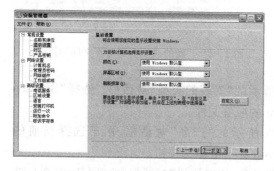

图 15-32　"显示设置"对话框

图 15-33　"时区"对话框

（8）单击"下一步"按钮，显示如图 15-34 所示的"产品密钥"对话框，输入 Windows XP 的产品密钥。

（9）单击"下一步"按钮，显示如图 15-35 所示的"计算机名"对话框，选择"自动产生计算机名"单选按钮，在安装操作系统时可以自动配置计算机名。

图 15-34 "产品密钥"对话框

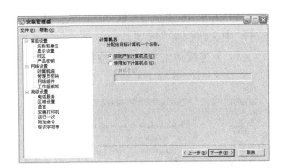

图 15-35 "计算机名"对话框

（10）单击"下一步"按钮，显示如图 15-36 所示的"管理员密码"对话框，用来为 Administrator 账户设置管理员密码，也可以为空。

（11）单击"下一步"按钮，显示如图 15-37 所示的"网络组件"对话框，使用默认的"典型设置"即可。

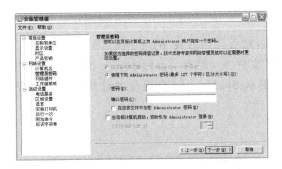

图 15-36 "管理员密码"对话框

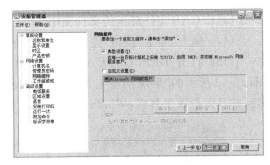

图 15-37 "网络组件"对话框

（12）单击"下一步"按钮，显示如图 15-38 所示的"工作组或域"对话框。如果客户端计算机不加入域，选择"工作组"单选按钮即可；如果要求目标计算机加入域，则需选择"域"单选按钮，并设置域名、用户账户和密码。

（13）连续单击"下一步"按钮，显示如图 15-39 所示的"区域设置"对话框，使用默认设置即可。

图 15-38 "工作组或域"对话框

图 15-39 "区域设置"对话框

（14）单击"下一步"按钮，显示如图 15-40 所示的"语言"对话框。在"语言组"列表框中选择"中文（简体）"选项。

（15）连续单击"下一步"按钮，在后面的对话框中均使用默认设置即可，如图 15-41 所示。

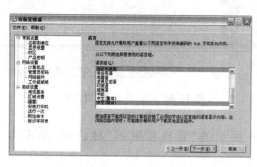

图 15-40　"语言"对话框

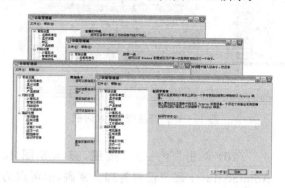

图 15-41　安装设置

（16）单击"完成"按钮，设置应答文件的保存路径，如图 15-42 所示。默认保存在 DEPLOY.CAB 文件解压的文件夹中。

（17）单击"确定"按钮，完成应答文件的创建，然后开始封装 Windows XP。

（18）打开 DEPLOY.CAB 文件的解压缩文件夹，运行 Sysprep.exe 文件，显示如图 15-43 所示的"系统准备工具 2.0"对话框。提示 Sysrep.exe 会更改此计算机的安全设置，并且运行该工具后，Windows 会自动关机。

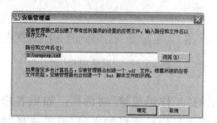

图 15-42　设置应答文件的保存路径

图 15-43　"系统准备工具 2.0"对话框

（19）单击"确定"按钮，显示如图 15-44 所示的"系统准备工具 2.0"主界面。在"关机模式"下拉列表中，选择执行完操作后所执行的操作，一般情况下，选择"关机"选项即可。

（20）单击"重新封装"按钮，显示如图 15-45 所示的警告框，提示下一次重新启动时将重新生成安全识别（SID）。

（21）单击"确定"按钮，即可开始封装，封装完成后系统会自动关机。

3．捕获客户端系统

在客户端计算机上进行封装以后，即可捕获客户端操作系统了。不过需要注意的是，客户端计算机的内存至少要为 256MB，否则将不能成功启动。

（1）启动客户端计算机，进入 BIOS 设置，将第一启动设备设置为网卡。

（2）保存 BIOS 设置并重新启动计算机，系统会检测网络，并从 DHCP 服务器获取 IP 地址信息，如图 15-46 所示。获取到 IP 地址以后，就会显示 Press F12 for network service boot，提示需要按 F12 键启动网络服务。

图 15-44 设置封装选项

图 15-45 警告框

（3）迅速按 F12 键，即可从网络启动，显示 Windows Boot Manager 界面，如图 15-47 所示。在启动菜单中选择 Windows 部署服务器上创建的捕获映像。

图 15-46 计算机从网卡启动

图 15-47 启动菜单

（4）选择捕获映像后按 Enter 键，开始从 Windows 部署服务器上载入启动文件，如图 15-48 所示。

（5）加载完成后，会启动"Windows 部署服务映像捕获向导"，用于捕获当前计算机上的操作系统，如图 15-49 所示。

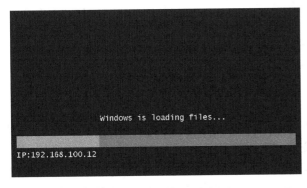

图 15-48 加载启动文件

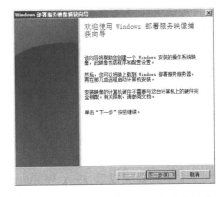

图 15-49 "Windows 部署服务映像捕获向导"对话框

（6）单击"下一步"按钮，显示如图15-50所示的"映像捕获源"对话框。在"要捕获的卷"下拉列表中，选择要捕获的卷，这里选择C盘。在"映像名称"文本框中设置一个名称，该名称也就是在Windows部署服务器上显示的映像名称；在"映像描述"文本框中设置描述信息。

（7）单击"下一步"按钮，显示如图15-51所示的"映像捕获目标"对话框。单击"浏览"按钮选择要捕获映像的存储位置。选中"将映像加载到WDS服务器"复选框，将所捕获的映像加载到WDS服务器上。在"服务器名"文本框中输入Windows部署服务器的名称，例如wsus. coolpen. net。

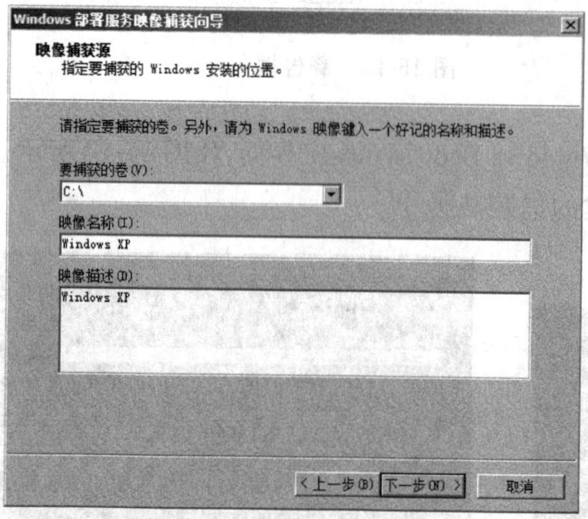

图15-50　"映像捕获源"对话框 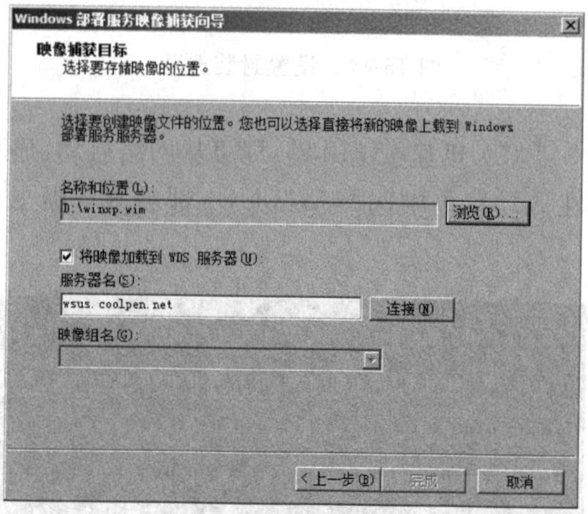　　　　　　图15-51　"映像捕获目标"对话框

（8）单击"连接"按钮，显示如图15-52所示的对话框。分别在"用户名"和"密码"文本框中输入允许执行捕获操作的域用户名和密码。需要注意的是，用户名需要使用"用户名@域名"的形式。

提示：有时因网络设置等原因，用户可能无法连接到目标服务器。此时，可取消选中"将映像加载到WDS服务器"复选框，只将映像保存在当前计算机上。待捕获完成后再利用网络共享等方式复制到WDS服务器，然后添加到WDS控制台的安装映像中。

图15-52　使用用户名和密码连接到服务器

（9）单击"确定"按钮返回。在"映像组名"下拉列表中即可选择将该捕获映像保存在Windows部署服务器的哪个组中。然后，单击"完成"按钮，显示如图15-53所示的"映像捕获进程"对话框，开始捕获Windows XP操作系统映像。

（10）捕获完成后，单击"关闭"按钮，Windows XP计算机自动重新启动，并启动Windows XP设置向导，用于设置系统安装和配置信息。

（11）配置完成后，进入Windows XP系统，所捕获的映像文件保存在本地磁盘中，将该映像文件利用网络共享等方式，复制到Windows部署服务器上，并运行"添加映像向导"添加到"安装映像"的Windows XP映像组中，如图15-54所示。

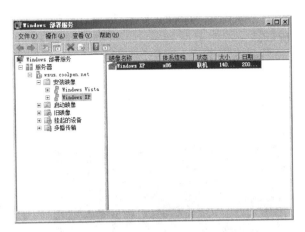

图 15-53　映像捕获完成　　　　　　图 15-54　Windows XP 映像添加成功

　　至此,Windows XP 安装映像添加成功。当在客户端远程启动并选择操作系统映像时,就可以选择 Windows XP 的安装映像进行安装了。

15.3.3　知识链接：安装映像与启动映像

　　在 Windows 部署服务器中,需要添加安装映像和启动映像两种,这两者的作用各有不同。安装映像相当于 Windows 系统的安装光盘,包含了操作系统安装时所需的所有文件,用来安装一个全新的操作系统。因此,在"Windows 部署服务"控制台中可以添加多个安装映像,用于安装不同的 Windows 操作系统。

　　而启动映像实际上是一个 Windows PE 系统,即 Windows 预安装环境,该系统只包含了计算机运行的基本服务,如运行 Windows 安装程序及脚本、连接网络共享、自动化基本过程以及执行硬件验证所需的最小功能,仅仅是用于启动计算机并连接到 Windows 部署服务,启动操作系统安装程序。通常,在 Windows 部署服务器上只配置一个启动映像即可。

15.4　客户端设置与安装

　　当 Windows 操作系统映像添加完成以后,就可以为网络中的计算机提供操作系统的远程部署了。安装操作十分简单,只要客户端计算机使用网卡的 PXE 模式启动,就会从 DHCP 服务器获取 IP 地址。然后,根据提示按 F12 键后,即可开始操作系统的安装。

15.4.1　安装 Windows Vista

　　安装 Windows Vista 的步骤如下。

　　(1) 启动客户端计算机,进入 BIOS 设置,将第一启动设备设置为网卡。

　　(2) 保存 BIOS 设置并重新启动计算机,系统开始从 DHCP 服务器获取 IP 地址,并加载启动程序,提示用户需要按 F12 键从网卡启动。

　　(3) 按 F12 键后,系统开始从 Windows 部署服务器加载文件。加载完成以后,进入

Windows Boot Manager 界面,选择启动映像 Microsoft Windows Setup（86）选项,如图 15-55 所示。

提示:Windows Vista 系统要求计算机的内存最小要为 512MB,否则无法安装。

（4）按 Enter 键,从 Windows 部署服务器上加载文件并启动,显示如图 15-56 所示的 "安装 Windows"界面。首先,要求选择区域设置、键盘和输入方法。

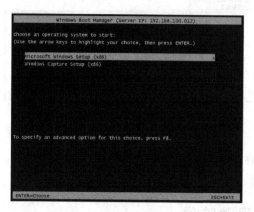
图 15-55　启动菜单项

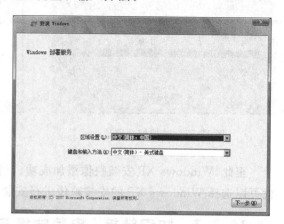
图 15-56　安装 Windows

（5）单击"下一步"按钮,显示如图 15-57 所示的登录框,提示需要使用域用户账户和密码登录,格式为:域名\用户名,或者为:用户名@域名。

（6）单击"确定"按钮,显示如图 15-58 所示的"选择要安装的操作系统"对话框。如果在制作 Windows Vista 安装映像时选择了多个版本,在此处就需要选择。

图 15-57　登录域

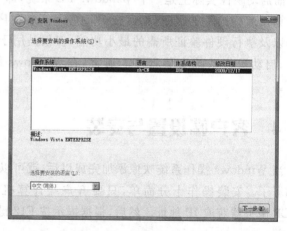
图 15-58　"选择要安装的操作系统"对话框

（7）单击"下一步"按钮,显示如图 15-59 所示的"您想将 Windows 安装在何处"对话框。可以为当前计算机上的磁盘进行分区格式化,并选择一个作为系统分区,用来安装 Windows Vista 系统。

（8）单击"下一步"按钮,即可开始复制文件并安装操作系统了,如图 15-60 所示。后面的操作与正常安装 Windows Vista 完全相同,可参阅相关资料,这里不再赘述。

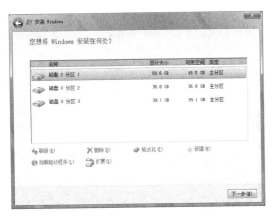

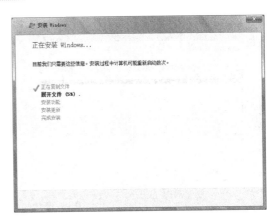

图 15-59　"您想将 Windows 安装在何处"对话框　　　图 15-60　安装 Windows Vista

15.4.2　安装 Windows XP

当 Windows XP 系统的映像捕获完并添加到 Windows 部署服务器中以后,网络中的客户端计算机就可以远程安装 Windows XP 系统了。而且启动远程安装的步骤和 Windows Vista 类似,都是利用网卡启动并按 F12 键开始安装。

（1）客户端计算机的 BIOS 设置为从网卡启动,通过按 F12 键启动到 Windows Boot Manager 界面,选择 Windows XP 映像选项,如图 15-61 所示。

（2）按 Enter 键,启动程序开始从服务器端读取 boot.wim 映像。读取完毕后,显示 Windows 安装界面,设置"区域设置"和"键盘和输入方法"选项,如图 15-62 所示。

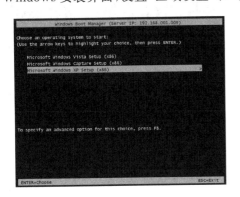

图 15-61　选择启动项

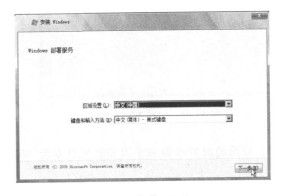

图 15-62　安装 Windows

（3）单击"下一步"按钮,显示如图 15-63 所示的登录框,同样需要使用域用户账户登录域。

（4）单击"确定"按钮,验证通过,显示如图 15-64 所示的"选择要安装的操作系统"对话框。在"操作系统"列表中选择 Windows XP 操作系统。

（5）单击"下一步"按钮,显示如图 15-65 所示的"您想将 Windows 安装在何处"对话框,可以对硬盘进行分区格式化等操作。

图 15-63　登录域

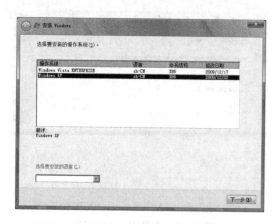
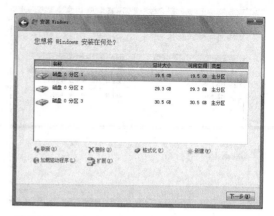

图 15-64　"选择要安装的操作系统"对话框　　　　图 15-65　"您想将 Windows 安装在何处"对话框

（6）单击"下一步"按钮，即可开始复制文件并安装 Windows XP，如图 15-66 所示。

（7）文件复制完成后，计算机会自动重新启动，并运行如图 15-67 所示的 Windows XP 设置向导。

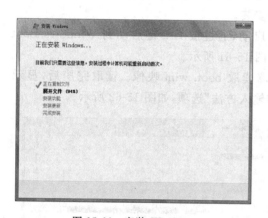

图 15-66　安装 Windows　　　　　　　　图 15-67　Windows XP 设置向导

后面的设置步骤和使用安装光盘安装 Windows XP 相同，这里不再赘述。

习题

1．WDS 服务有什么作用？

2．WDS 服务支持哪些操作系统？

3．简述添加 Windows XP 的步骤。

实验：WDS 服务器的安装与配置

实验目的：

掌握 WDS 服务器的安装与配置。

实验内容：

在 Windows Server 2008 服务器上安装 WDS 服务,添加 Windows Vista 和 Windows XP 映像,使客户端能够从 WDS 服务器远程安装操作系统。

实验步骤：

(1) 将 Windows Server 2008 服务器加入域并登录。

(2) 安装 WDS 服务。

(3) 配置 WDS 服务器,并添加 Windows Vista 映像。

(4) 添加一个启动映像,并创建一个捕获映像。

(5) 对 Windows XP 进行封装,并捕获系统映像添加到 WDS 服务器中。

(6) 在客户端计算机上远程安装 Windows Vista 和 Windows XP。

第 16 章 chapter 16

安装TS服务

对于一个网络来说,软件的购买费用也是非常大的,一套软件都要几百甚至上千元。如果为网络中的每台计算机都安装,将是一笔非常大的开销。而利用 Windows Server 2008 的终端服务功能,只需将软件安装在服务器上,即可在客户端计算机上远程运行,无需安装。这样,只需购买一份软件就可以在整个网络中应用,从而节省了购买多份软件的资金,也便于管理员集中维护。同时,对软件开发者来说,由于购买者不需再为节省资金而去购买盗版软件,也可避免盗版的泛滥。

16.1 TS 服务安装前提与过程

Windows 终端服务即 Terminal Services,简称 TS。Windows Server 2008 系统中的终端服务无论是在功能还是性能,以及用户体验方面都做了很大的改进。借助终端服务,不仅可以运行远程程序,还可以部署与用户的本地桌面集成的应用程序,支持应用程序的远程访问,并可保证数据中心内的应用程序和数据的安全。

16.1.1 案例情景

在该项目网络中,每个用户的计算机都需要安装 Office 等各种软件,以便运行 Word 文件、表格等。不过,这些软件的价格非常高,而且有的软件仅能安装在一台计算机上,如果每台计算机都要购买一份,那价格几乎和一台计算机相当了,但如果不安装,很多程序和文件又不能打开。

16.1.2 项目需求

为了能够在客户端计算机上打开相应的文件,而又不必为每个用户都购买昂贵的软件,就可以利用虚拟化功能,将软件只安装在服务器上,而客户端使用类似远程桌面的方式连接并运行这些软件即可,就如同安装在了客户端计算机上一样。Windows Server 2008 中的虚拟化功能是基于远程桌面的,但用户只能看到在远程服务器上运行的程序界面,而看不到系统桌面以及其他文件,既可保证用户的使用,又不影响服务器的安全。

16.1.3　解决方案

本章介绍在 Windows Server 2008 服务器上部署终端服务,并发布虚拟应用程序。在本网络中,DNS 服务的解决方案如下。

(1) 在 Windows Server 2008 服务器上安装终端服务,并为公司中的用户赋予远程访问权限。

(2) 为终端服务器授权,安装许可证并激活,使服务器可以长期使用。

(3) 在终端服务器上安装欲发布到网络中的应用程序,并发布到网络。

(4) 客户端计算机只要能连接网络,即可运行虚拟应用程序。

16.1.4　知识链接:终端服务的特点

Windows Server 2008 的终端服务又被称为"桌面虚拟化"服务,包括两种类型的虚拟技术:一是虚拟服务器桌面,即传统的终端服务,客户端直接访问服务器桌面,并在服务器端运行应用软件;二是通过终端服务定制虚拟应用程序,客户端计算机上通过 RDP 连接文件或者 Web 访问方式,访问并运行终端服务器授权访问的应用程序,而客户端计算机只是在屏幕上显示更新内容。

1. 终端服务远程程序

终端服务远程程序(Terminal Services RemoteApp)通过终端服务,就像在本地计算机上运行一样,并且可以与其本地程序一起运行 TS RemoteApp。如果用户在同一个终端服务器上运行多个 RemoteApp,则 RemoteApp 将共享同一个终端服务会话。另外,用户可以使用如下方法访问 TS RemoteApp。

(1) 使用管理员创建和分发的"开始"菜单或其桌面上的程序图标。

(2) 运行名与 TS RemoteApp 关联的文件。

(3) 使用 TS Web Access 网站上的 TS RemoteApp 链接。

终端服务远程程序发布终端服务器上运行的应用程序,并通过授权设置用户访问。终端服务远程程序提供 RDP 链接文件创建工具,管理员可以为发布的每一个应用程序单独创建 RDP 文件,使用组策略、电子邮件或者移动设备发布给授权使用的用户,用户在客户端计算机上登录后,运行 RDP 文件即可与终端服务器交互,将运行的应用程序最小化后,可以看到在应用程序名称后有"远程"标识,用户可以根据设置将本地设备(磁盘等)共享给终端服务,可以有选择地将数据保存在本地或者服务器中。

2. 终端服务网关

通过终端服务网关(Terminal Services Gateway),用户可以使用 Web 方式访问终端服务器。而数据是 HTTPS 方式加密传输的,从而保证了数据传输的安全。使用 TS 网关,不需要配置虚拟专用网(VPN)连接,就可以通过 Internet 连接到内部网络中的终端服务器,从而保证了数据的传输安全。管理员可以为不同的用户组设置不同的授权策略,从而可以控制不同用户通过终端服务网关连接终端服务器分配的权限。

3. 远程桌面 Web 连接

远程桌面 Web 连接(Remote Desktop Web Connection)是一个 ActiveX 控件,具有与

远程桌面(Mstsc.exe)版本完全相同的功能,通过 Web 提供这些功能,无需在客户端计算机上安装 Mstsc.exe,通过"http://终端服务器/TS"地址提供终端服务器功能。当在 Web 页面中访问时,该 ActiveX 客户端控件允许用户使用 TCP/IP 协议访问互联网或内部网络连接,并登录到终端服务器,在浏览器中访问服务器桌面。

4. 终端服务会话代理

TS 会话代理是 Windows Server 2008 Release Candidate 中的一个新功能,它提供一个比用于终端服务的 Microsoft 网络负载平衡更简单的方案。借助 TS 会话代理功能,可以将新的会话分发到网络内负载最少的服务器,从而可以保证网络及服务器的性能,并且用户可以重新连接到现有会话,而无需知道有关建立会话的服务器的特定信息。使用该功能,管理员可以向每个终端服务器的 Internet 协议(IP)地址添加一条 DNS 条目。

提示:当网络中的一个服务器宕机时,用户的连接将会自动连接到网络内的下一个负载最少的服务器。

5. 终端服务轻松打印

终端服务轻松打印是 Windows Server 2008 Release Candidate 中的一个新功能,它能够使用户从 TS RemoteApp 程序或远程桌面会话,安全可靠地使用客户端计算机上的本地或网络打印机。当用户想从 TS RemoteApp 程序或远程桌面会话中进行打印时,终端用户将会从本地客户端看到打印机用户界面,并且可以使用所有打印机功能。

16.2　安装和配置 TS 服务

16.2.1　安装 TS 服务

安装 TS 服务的步骤如下。

(1) 运行"添加角色向导",当显示"选择服务器角色"对话框时,选中"终端服务"复选框,如图 16-1 所示。

(2) 单击"下一步"按钮,显示如图 16-2 所示的"终端服务"对话框,列出了终端服务的简介信息。

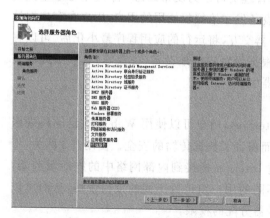

图 16-1　"选择服务器角色"对话框

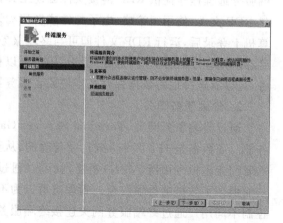

图 16-2　"终端服务"对话框

(3) 单击"下一步"按钮，显示如图16-3所示的"选择角色服务"对话框。根据需要选中所要安装的组件即可，这里选中"终端服务器"复选框。

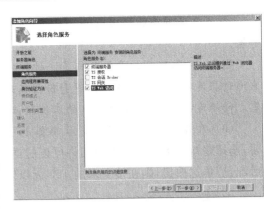

① 终端服务器：安装终端服务器，用户可以连接到终端服务器来运行程序、保存文件，以及使用该服务器上的网络资源。

② TS授权：管理连接到终端服务器所需的终端服务客户端访问许可证（TS CAL）。可以使用TS授权来安装、颁发和监视TS CAL的可用性。

图16-3 "选择角色服务"对话框

③ TS会话Broker：支持场中终端服务器间的会话负载平衡，并支持与终端服务器（负载平衡终端服务器场的成员）上的现有会话之间的重新连接。

④ TS网关：使Internet上的授权用户能够通过TS网关连接企业内部的终端服务器和远程桌面。

⑤ TS Web访问：提供通过Web浏览器访问终端服务器功能。

当选中"TS Web访问"复选框时，会显示如图16-4所示的"是否添加TS Web访问所需的角色服务和功能"对话框。单击"添加必需的角色服务"按钮，安装该功能。

(4) 单击"下一步"按钮，显示如图16-5所示的"卸载并重新安装兼容的应用程序"对话框。提示用户最好在安装终端服务器后，安装其他应用程序。

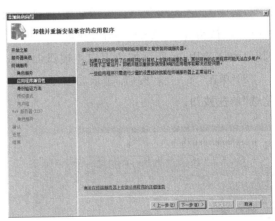

图16-4 "是否添加TS Web访问所需的角色服务和功能"对话框

图16-5 "卸载并重新安装兼容的应用程序"对话框

(5) 单击"下一步"按钮，显示如图16-6所示的"指定终端服务器的身份验证方法"对话框。根据需要，选择终端服务器的身份验证方法。出于安全考虑，建议用户选择要求使用网络级身份验证。

① 要求使用网络级身份验证：要有计算机同时运行Windows版本和支持网络级身份验证的远程桌面连接的客户端版本，才能连接到该终端服务器。

　　② 不需要网络级身份验证：任何版本的远程桌面连接客户端，都可以连接到该终端服务器。

　　提示：网络级别的身份验证是一种新的身份验证方法，当客户端连接到终端服务器时，它通过在连接进程早期提供用户身份验证来增强安全性。在建立完全远程桌面与终端服务器之间的连接前，使用网络级别的身份验证进行用户身份验证。

　　（6）单击"下一步"按钮，显示如图 16-7 所示的"指定授权模式"对话框。根据实际需要，选择终端服务器客户端访问许可证的类型，这里选择"每用户"单选按钮。如果选择"以后配置"单选按钮，则在接下来的 120 天以内，必须配置授权模式。

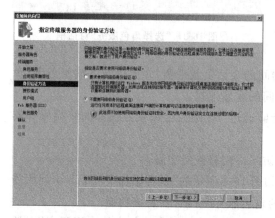
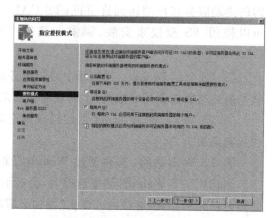

图 16-6　"指定终端服务器的身份验证方法"对话框　　图 16-7　"指定授权模式"对话框

　　（7）单击"下一步"按钮，显示如图 16-8 所示的"选择允许访问此终端服务器的用户组"对话框，默认情况下，Administrator 账户已经具有远程访问权限。单击"添加"按钮可以添加其他允许的用户，所添加的用户将被添加到 Remote Desktop Users 用户组中。

　　（8）单击"下一步"按钮，显示如图 16-9 所示的"为 TS 授权配置搜索范围"对话框，选择"此域"单选按钮。

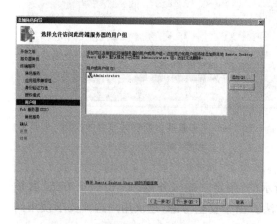
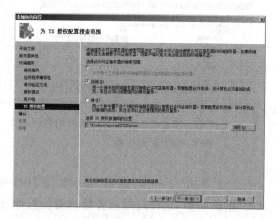

图 16-8　"选择允许访问此终端服务器　　　　图 16-9　"为 TS 授权配置搜索范围"对话框
　　　　　　的用户组"对话框

（9）单击"下一步"按钮,在"Web 服务器(IIS)"对话框中显示了 Web 服务器的简介信息。在"选择角色服务"对话框中可以选择 Web 服务器的组件,保持默认值即可,如图 16-10 所示。

（10）单击"下一步"按钮,显示如图 16-11 所示的"确认安装选择"对话框,列出了前面所做的配置。

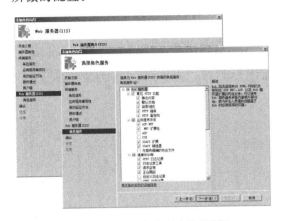

图 16-10　"选择角色服务"对话框

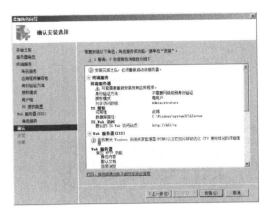

图 16-11　"确认安装选择"对话框

（11）单击"安装"按钮即可开始安装。安装完成后,单击"关闭"按钮,显示如图 16-12 所示的"是否希望立即重新启动"对话框。提示必须重新启动计算机,才能完成安装过程,如果不重新启动服务器,则无法添加或删除其他角色、角色服务或功能。

（12）单击"是"按钮,立即重新启动系统。重启后将继续安装终端服务。完成后显示如图 16-13 所示的"安装结果"对话框。

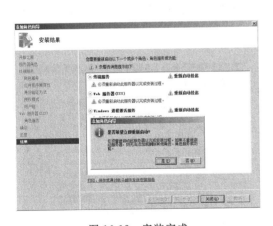

图 16-12　安装完成

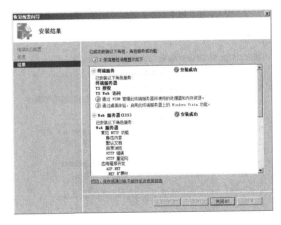

图 16-13　"安装结果"对话框

（13）单击"关闭"按钮,终端服务安装完成。

16.2.2　TS 授权

终端服务器安装完成后,默认没有授权,需要在 120 天内向终端服务许可证服务器申请许可证并激活,否则,将会在 120 天之后停止运行终端服务器,如图 16-14 所示。网络管理员需要激活授权服务器,使"终端服务"客户端第一次尝试登录终端服务器时,终端服务器会与许可证服务器联系并为该客户端请求许可证。需要注意的是,激活服务器时,必须保证当前服务器已经连接到 Internet。

激活授权服务器的步骤如下。

(1) 依次选择"开始"→"管理工具"→"终端服务"→"TS 授权管理器"选项,显示如图 16-15 所示的"TS 授权管理器"窗口。默认情况下,"TS 授权管理器"没有被激活。

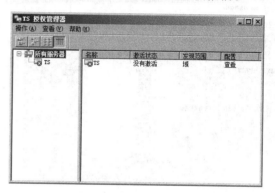

图 16-14　无法找到有效的终端服务
　　　　　许可证服务器

图 16-15　"TS 授权管理器"窗口

(2) 选择服务器名称,右击并选择快捷菜单中的"激活服务器"选项,运行"服务器激活向导"。单击"下一步"按钮,显示如图 16-16 所示的"连接方法"对话框。在"连接方法"下拉列表中,选择"自动连接(推荐)"选项即可。

(3) 单击"下一步"按钮,开始查找 Microsoft 激活服务器,完成后显示如图 16-17 所示的"公司信息"对话框。在"国家(地区)"下拉列表中选择"中国"选项,并输入公司和姓名信息即可。

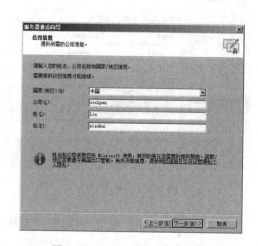

图 16-16　"连接方法"对话框

图 16-17　"公司信息"对话框一

(4) 单击"下一步"按钮,显示如图 16-18 所示的"公司信息"对话框,输入详细的公司信息。

(5)单击"下一步"按钮,开始激活许可证服务器。完成后显示如图16-19所示的"正在完成服务器激活向导"对话框。默认选中"立即启动许可证安装向导"复选框。

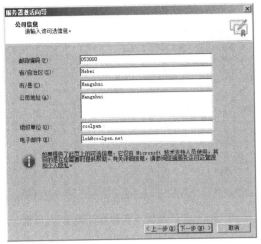

图16-18 "公司信息"对话框二

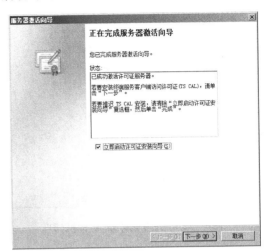

图16-19 "正在完成服务器激活向导"对话框

(6)单击"下一步"按钮,运行"许可证安装向导",如图16-20所示。

(7)单击"下一步"按钮,显示如图16-21所示的"许可证计划"对话框。在"许可证计划"下拉列表中选择一个计划。

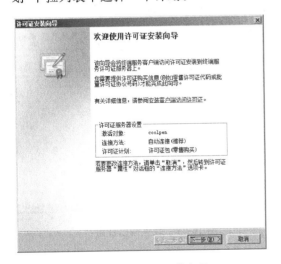

图16-20 许可证安装向导

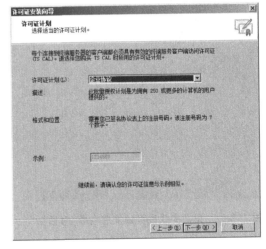

图16-21 "许可证计划"对话框(1)

(8)单击"下一步"按钮,显示如图16-22所示的"许可证计划"对话框,在"协议号码"文本框中输入一个号码。该号码可以随意输入。

(9)单击"下一步"按钮,显示如图16-23所示的"产品版本和许可证类型"对话框。在"产品版本"下拉列表中选择 Windows Server 2008 选项,在"许可证类型"下拉列表中选择"Windows Server 2008 TS 每用户 CAL"选项,在"数量"文本框中输入许可证数量。

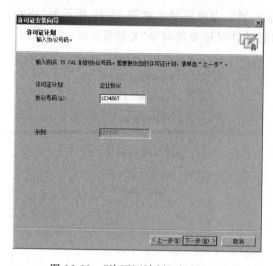

图 16-22　"许可证计划"对话框(2)

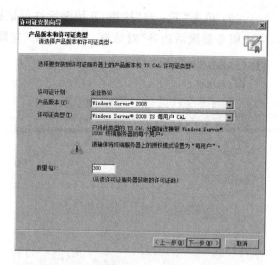

图 16-23　"产品版本和许可证类型"对话框

（10）单击"下一步"按钮,开始安装许可证。完成后显示如图 16-24 所示的"正在完成许可证安装向导"对话框,提示已成功安装了 TS CAL。

（11）单击"完成"按钮,返回"TS 授权管理器"窗口,可以看到终端服务器已被激活,如图 16-25 所示。

图 16-24　"正在完成许可证安装向导"对话框

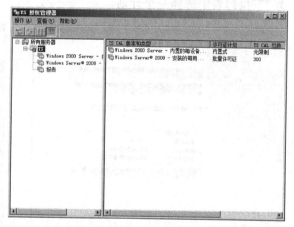

图 16-25　服务器已被激活

16.2.3　为用户授予远程访问权限

默认情况下,只有 Administrators 组的用户账户可以连接服务器的远程桌面和运行虚拟应用程序。因此,用户要运行虚拟应用程序时,不仅要添加到 Remote Desktop Users 组,还要添加到 Administrators 组。为了方便管理,先创建一个用户组,然后将所有允许访问应用程序的用户账户添加到该组,并赋予远程访问权限。

（1）创建一个用户组,将所有允许访问虚拟应用程序的用户账户添加到该组,然后,将该用户组添加到 Administrators 组。

（2）打开"服务器管理器"控制台，在主窗口中单击"配置远程桌面"链接，选择"远程"选项卡。当安装了远程桌面服务以后，默认选择"允许运行任意版本远程桌面的计算机连接（较不安全）"单选按钮，启用远程桌面功能，如图16-26所示。

（3）单击"选择用户"按钮，显示如图16-27所示的"远程桌面用户"对话框。默认情况下，域中的Administrator账户已经拥有了访问权限。

（4）单击"添加"按钮，显示如图16-28所示的"选择用户或组"对话框。在"输入对象名称来选择"文本框中输入允许访问的用户组。

（5）单击"确定"按钮保存即可。所添加的用户或用户组将都拥有访问远程桌面服务器的权限。

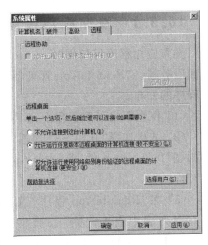

图16-26　"远程"选项卡

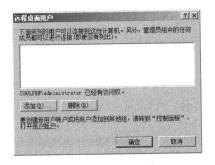

图16-27　"远程桌面用户"对话框

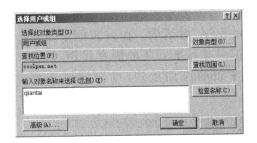

图16-28　"选择用户或组"对话框

16.2.4　知识链接：桌面虚拟化

与以前的Windows系统不同，Windows Server 2008中的终端服务器增加了虚拟化功能。以前，需要在每一台客户端计算机上都安装应用程序，才能供所有客户端使用。而利用虚拟化功能，只需将应用程序安装在终端服务器，客户端计算机不必安装即可使用，从而降低成本，提高了资源利用率。应用程序实际上是在终端服务器上运行，而在用户看来，就如同安装在本地计算机上一样。

利用桌面虚拟化应用，可以将网络中需要使用的应用程序安装在终端服务器上，而客户端计算机系统中仅需要安装操作系统即可。这样，既可提高客户端计算机的运行速度，也可以降低系统维护复杂程度，并能够减少购买多份软件的费用。

16.3　发布应用程序

Windows Server 2008系统最大的改进之一，就是提供了应用程序虚拟化功能。利用虚拟化，应用软件只需安装在远程桌面服务器上，用户就可以在客户端计算机运行。当然，显示的只是远程桌面服务器的界面，用户可利用键盘和鼠标进行操作。这样，只需安装一份应用软件，即可供整个网络中的用户使用。

16.3.1　发布应用程序

发布应用程序可使用"RemoteApp 管理器"来完成,但首先需要将应用程序安装到远程桌面服务器。"RemoteApp 管理器"提供"RemoteApp 向导",用来帮助网络管理员完成应用程序的发布。

(1) 在远程桌面服务器上,安装欲发布的应用程序,如 Office 2007 等。

(2) 依次选择"开始"→"管理工具"→"终端服务"→"TS RemoteApp 管理器"选项,显示如图 16-29 所示的"RemoteApp 管理器"窗口。

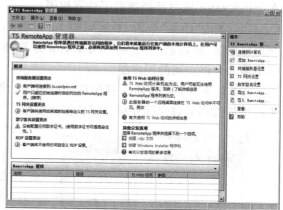

(3) 在"RemoteApp 程序"选项区域的空白列表中右击,选择快捷菜单中的"添加 RemoteApp 程序"选项,运行"RemoteApp 向导",如图 16-30 所示。

(4) 单击"下一步"按钮,显示如图 16-31 所示的"选择要添加到 RemoteApp 程序列表的程序"对话框。在列表框中显示了当前服务器上安装的所有程序,需选中要发布的应用程序,也可同时选择多个。

图 16-29　"TS RemoteApp 管理器"窗口

图 16-30　"RemoteApp 向导"对话框

图 16-31　"选择要添加到 RemoteApp 程序列表的程序"对话框

(5) 单击"下一步"按钮,显示如图 16-32 所示的"复查设置"对话框,显示了前面所做的设置。

(6) 单击"完成"按钮,应用程序发布完成,并显示在"RemoteApp 程序"列表中,如图 16-33 所示。

按照同样的操作,可继续发布其他应用程序。应用程序发布完成以后,即可在客户端计算机上使用 Web 方式连接远程桌面服务器并运行虚拟应用程序了。

图 16-32 "复查设置"对话框

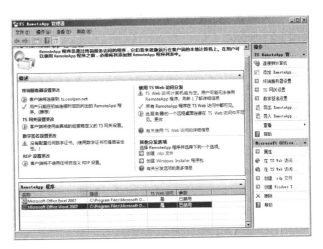

图 16-33 "RemoteApp 管理器"窗口

16.3.2 创建 RDP 文件

RDP 文件是 Windows Server 2008 桌面虚拟化应用的远程链接文件。"RemoteApp 管理器"提供了 RDP 文件创建功能,可将发布的应用程序信息封装成 RDP 文件。用户在安装了 RDP 6.0 的客户端计算机上执行 RDP 文件,即可实现对应用程序的远程访问,而应用程序其实只在远程桌面服务器中运行。

(1) 在"RemoteApp 管理器"窗口的"RemoteApp 程序"列表框中,选择要发布的应用程序,例如 Microsoft Office Word 2007,右击并选择快捷菜单中的"创建.RDP 文件"选项,运行"RemoteApp 向导",如图 16-34 所示。

(2) 单击"下一步"按钮,显示如图 16-35 所示的"指定程序包设置"对话框。可以设置 RDP 文件的保存位置、IS 网关和证书等,也可使用默认设置。

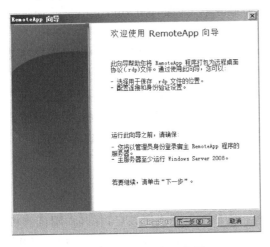

图 16-34 RemoteApp 向导

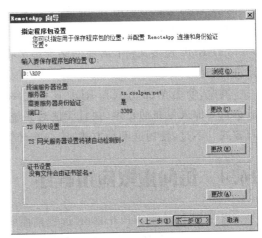

图 16-35 "指定程序包设置"对话框

(3) 单击"下一步"按钮,显示如图 16-36 所示的"复查设置"对话框,列出了前面所做的设置。

（4）单击"完成"按钮，RDP 文件创建完成，并自动打开 RDP 文件的保存文件夹，如图 16-37 所示。

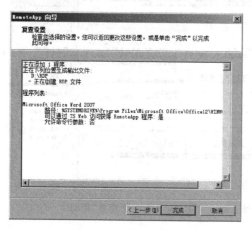

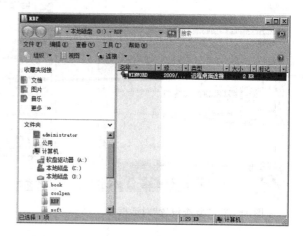

图 16-36　"复查设置"对话框　　　　　　　图 16-37　RDP 文件

RDP 文件很小，只有 2KB，网络管理员可以将此 RDP 文件通过 Mail、组策略或者共享等各种方式发布到客户端计算机中，用户使用该文件即可访问该应用程序。

16.3.3　知识链接：应用程序的发布方式

Windows Server 2008 提供了 3 种方法用来访问所发布的虚拟应用程序，分别是远程桌面、Web 方式和 RDP 远程连接文件方式。这 3 种方式的区别如下。

（1）远程桌面方式：用户使用远程桌面程序，或者 IE 浏览器连接并使用"远程桌面"功能，连接到远程桌面服务器后即可运行发布的应用程序。不过，使用这种方式时，只有具有相应的权限，用户也可运行其他程序以及更改系统配置，因此安全性较低。

（2）Web 方式：利用 IE 浏览器连接远程桌面服务器，并在"RemoteApp 程序"中运行已发布的应用程序。

（3）RDP 连接文件：需要网络管理员将 RDP 部署到客户端计算机，用户以应用程序模式进行访问。

其中，使用 Web 方式和 RDP 连接文件方式时，用户只能访问已发布的应用程序，而不能运行其他未发布的程序，并且无法对系统进行操作，因此，安全性比较高，也是最常用的访问方式。不过，使用这两种方式，客户端计算机需要安装 RDP 6.0 版本的客户端程序。

16.4　访问虚拟应用程序

当在 Windows Server 2008 远程桌面服务器上发布了应用程序以后，在客户端计算机就可以访问并运行所发布的应用程序了。用户可以使用键盘和鼠标对应用程序进行操作，而此时，应用程序实际上只是在远程桌面服务器上运行，但所编辑的文件既可以保存在远程桌面服务器上，也可以保存在客户端计算机上。

16.4.1　远程桌面连接

Windows XP/Vista/7 和 Windows 2003/2008 都集成了远程桌面功能,可以直接用来连接远程桌面服务器的桌面并进行管理。不过,登录远程桌面的用户账户必须已经加入了 Remote Desktop Users 组,并且具有管理员权限。

(1)以 Windows Vista 为例。依次选择"开始"→"所有程序"→"附件"→"远程桌面连接"选项,显示如图 16-38 所示的"远程桌面连接"对话框。在"计算机"文本框中输入远程桌面服务器的 IP 地址。

(2)单击"选项"按钮,如图 16-39 所示,可以详细地配置远程桌面连接。在"用户名"文本框中可以输入登录远程桌面服务器的用户名。

图 16-38　"远程桌面连接"对话框

图 16-39　远程桌面连接设置

(3)选择"显示"选项卡,如图 16-40 所示,可以设置远程桌面的大小及颜色质量。通常应根据自己的显示器及分辨率来选择。

(4)选择"本地资源"选项卡,如图 16-41 所示,可以设置要使用的本地资源。

图 16-40　"显示"选项卡

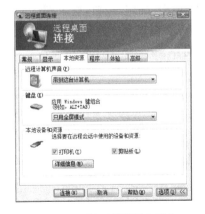

图 16-41　"本地资源"选项卡

(5)其他选项卡使用默认设置即可。设置完成后,单击"连接"按钮,显示如图 16-42 所示的"Windows 安全"对话框,分别在"用户名"和"密码"文本框中输入具有管理员权限的用户名和密码。

（6）单击"确定"按钮，即可远程连接到服务器的桌面，如图 16-43 所示。

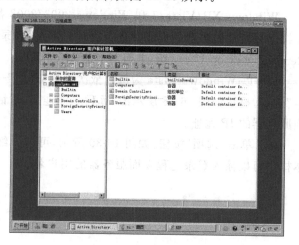

图 16-42　"Windows 安全"对话框

图 16-43　远程服务器桌面

此时，就可以像使用本地计算机一样，根据用户所拥有的权限，利用键盘和鼠标对服务器进行操作了。

16.4.2　Web 方式访问应用程序

如果使用 RDP 文件来访问虚拟化应用程序，客户端必须已经得到了相应的 RDP 文件。而且，每一种应用程序都必须创建一个 RDP 文件，这样对用户来说非常不方便。不过，如果远程桌面服务器上安装了 Web 访问功能，那么，用户就可以在 IE 浏览器中看到所有已发布的应用程序，而且不需使用 RDP 文件即可运行所需的应用程序。

（1）在客户端计算机中打开 IE 浏览器，在地址栏中输入"http://远程桌面服务器 IP 地址/ts"，按 Enter 键，显示如图 16-44 所示的登录框，输入具有访问权限的用户账户和密码。

（2）单击"确定"按钮，登录到终端服务器 Web 访问网站，如图 16-45 所示。不过，首次访问时，会在窗口上方显示一个信息栏，提示需要安装"终端服务 ActiveX 客户端"控件才能正常访问。

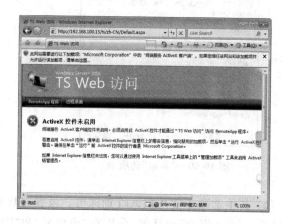

图 16-44　登录框

图 16-45　TS Web 访问网站

（3）单击信息栏，选择快捷菜单中的"运行此控件"选项，显示如图 16-46 所示的"安全警告"对话框，提示是否运行该 ActiveX 控件。

（4）单击"运行"按钮，运行 ActiveX 控件，并正确显示"RemoteApp 程序"窗口，可以看到终端服务器上发布的应用程序，如图 16-47 所示。

图 16-46　"安全警告"对话框

（5）单击欲访问的应用程序按钮，如 Microsoft Office Word 2007，显示如图 16-48 所示的 RemoteApp 对话框。

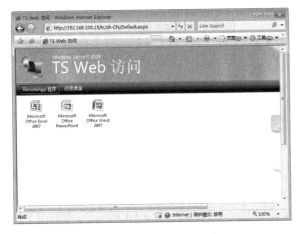

图 16-47　发布的应用程序

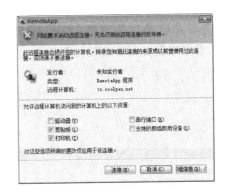

图 16-48　RemoteApp 对话框

（6）单击"连接"按钮，开始启动应用程序，显示如图 16-49 所示的"输入您的凭据"对话框。输入具有访问远程桌面服务器权限的用户名及密码。

（7）单击"确定"按钮，即可连接到远程桌面服务器，并自动启动 Microsoft Office Word 2007 程序，如图 16-50 所示。

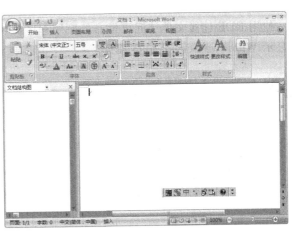

图 16-49　"输入您的凭据"对话框

图 16-50　运行 Word 2007

16.4.3　RDP 连接文件访问应用程序

在远程桌面服务器上创建了应用程序的 RDP 连接文件以后,可通过文件共享等方式发布到客户端计算机上,用户直接运行该文件即可连接远程桌面服务器并自动运行相应的虚拟应用程序。Windows SP3、Windows Vista 和 Windows Server 2008 系统均内置了 RDP 6.0 版本的客户端程序,可以直接运行 RDP 连接文件启动虚拟应用程序。

(1) 以 Windows Vista 为例。在客户端计算机上运行 RDP 连接文件,显示如图 16-51 所示的 RemoteApp 对话框。

(2) 单击"连接"按钮,显示如图 16-52 所示的"输入您的凭据"对话框,输入具有远程桌面服务访问权限的用户名及密码。

(3) 单击"确定"按钮,即可连接到远程桌面服务器并启动应用程序,如图 16-53 所示。此时,看起来就如同在本地计算机上运行一样。

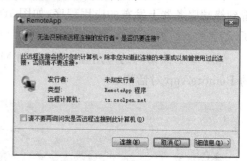

图 16-51　RemoteApp 对话框

图 16-52　"输入您的凭据"对话框

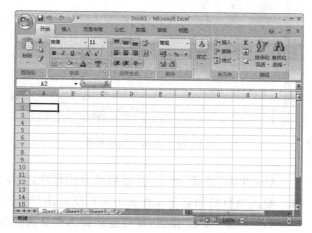

图 16-53　运行应用程序

使用 RDP 连接文件访问已发布的应用程序时,只启动相应的虚拟应用程序桌面,而不会显示 Windows Server 2008 桌面。

习题

1. 终端服务有什么作用?
2. 什么是桌面虚拟化?
3. 虚拟应用程序有哪几种发布方式?
4. 为什么要进行 TS 授权?

实验：TS 服务器的安装与配置

实验目的：

掌握 TS 服务器的安装与配置。

实验内容：

在 Windows Server 2008 服务器上安装 TS 服务及应用程序，将应用程序通过终端服务发布到网络中，使客户端能够远程访问。

实验步骤：

（1）将 Windows Server 2008 服务器加入域并登录。

（2）安装 TS 服务。

（3）运行 TS 授权，并安装许可证。

（4）为用户授予远程访问权限。

（5）在终端服务器中发布应用程序。

（6）在客户端计算机上远程访问虚拟应用程序。

安装VPN服务

远程访问是用户常用的方式,无论是出差在外,还是在家办公,都可以通过 Internet 连接公司的内部网络。不过,Internet 传输的开放性很高,安全性较低,因此,通常利用 VPN 技术来安全地连接到内部网络。但有些客户端计算机由于未能及时安装更新、启用防火墙等,就可能感染病毒,并传播到公司网络,影响网络的正常运行。而利用网络访问保护(NAP)策略,可以将影响网络安全的计算机隔离到一个受限网络,直至计算机修复,达到网络健康标准后才允许接入。

17.1 VPN 服务安装前提与过程

NAP 可以说是 Windows Server 2008 中一个相当大的改进,可以利用健康策略对远程拨入的计算机进行检查。如果计算机的状态为安全则允许接入,不符合健康策略的计算机将不允许完全接入网络。这样,在一定程度上降低了非法程序传入网络的机会,保护了网络的安全。

17.1.1 案例情景

在该项目网络中,有部分员工会经常出差或者回家办公。虽然现在网络很普遍,而且大多都使用了宽带,但是为了保护公司网络的安全,没有哪个公司会将内部计算机完全暴露于 Internet 中,因此,从 Internet 上传来的链接也无法直接连接到内部计算机上。而员工需要使用公司的资料时,就非常困难。

17.1.2 项目需求

为了使用户能够以 VPN 方式接入公司内部网络,又不会被客户端计算机上所感染的病毒传播到内部网络,就需要对客户端计算机进行健康检查。这就可以配置 VPN 强制功能,配置 NPS 服务,设置健康检查策略。不符合健康策略的计算机,将只被允许受限网络,例如计算机在受限网络可以安装系统更新,直至符合健康策略才允许接入。

17.1.3 解决方案

本章介绍在 Windows Server 2008 中部署 VPN 服务,对客户端启用 VPN 强制功能。

VPN强制的解决方案如下。

（1）VPN服务器上需要安装两块网卡，一块网卡设置Internet上有效的IP地址，用来连接Internet。另一块网卡则设置局域网IP地址，用来连接局域网，同时，将DNS服务器设置为域控制器的IP地址，用来加入域。

（2）在Windows Server 2008中部署VPN服务，并配置RAIDUS身份验证。

（3）在NPS服务器上配置网络访问策略和系统健康验证器，用于检查接入的计算机。

（4）为VPN客户端配置NAP功能和身份验证，使用户以VPN方式拨入时可以通过NPS服务器进行验证。

17.1.4 知识链接：VPN服务简介

VPN（Virtual Private Network，虚拟专网）是一种通过公共网络（比如Internet）把两个私有网络连接在一起的技术。通过利用Internet来安全地接入内部网络，保障数据传输的安全性。VPN可以分为软件VPN和硬件VPN，软件VPN可利用Windows Server 2003/2008系统集成VPN服务来实现。而一些常规网络产品如路由器、防火墙中也集成了VPN功能。VPN具有以下特点。

1．费用低廉

只要远程用户可以接入Internet，即可利用Internet作为通道，与企业内部专用网络相连，从而访问公司的局域网，不必再花钱去购买和维护诸如调制解调器和专用模拟电话线等组件，投资非常少。而搭建VPN服务器只需利用现有的Windows Server 2008服务器即可，不需购置专门的设备。

2．安全性高

VPN使用了通信协议、身份验证和数据加密技术，保证了通信的安全性。当客户端向VPN服务器发出请求时，VPN服务器响应请求并向客户机发出身份质询，然后，客户端将加密的响应信息发送到VPN服务端，VPN服务器根据数据库检查该响应。如果账户有效，VPN服务器将检查该用户是否具有远程访问的权限，如果该用户拥有远程访问的权限，VPN服务器接受此连接。在身份验证过程中产生的客户机和服务器公有密钥将用来对数据进行加密。

3．支持最常用的网络协议

VPN支持最常用的网络协议，以太网、TCP/IP和IPX等网络上的用户均可使用VPN。不仅如此，任何支持远程访问的网络协议在VPN中也同样被支持，这意味着可以远程运行依赖于特殊网络协议的程序，因此，可以减少安装和维护VPN连接的费用。

4．有利于IP地址安全

VPN在Internet中传输数据时是加密的，Internet上的用户只能看到公共的IP地址，而看不到数据包内包含的专用网络地址，因此，保护了IP地址的安全。

5．网络构架弹性大

VPN较专线式的架构更有弹性，可以轻易地扩充网络或变更网络架构（增加端口、用户端设备更换）。VPN支持通过Intranet和Extranet的任何类型的数据流，方便增加新的节点，支持多种类型的传输媒介，可以满足同时传输语音、图像和数据等新应用对高质量传输以及带宽增加的需求。

6. 管理方便灵活

构架 VPN 只须较少的网络设备及物理线路,使网络的管理变得较为轻松;不论分公司或远程访问用户,均只需通过一个公用网络端口或因特网的路径即可进入企业网络。公用网承担了网络管理的重要工作,关键任务可获得所必须的带宽。

7. 完全控制主动权

VPN 使企业可以利用 NSP(网络服务提供商)的设施和服务,同时又完全掌握着自己网络的控制权。例如,企业可以把拨号访问交给 NSP 去做,自己只负责用户的查验、访问权、网络地址、安全性和网络变化管理等重要工作。

17.2 安装和配置 VPN 服务

要实现 VPN 连接,局域网内就必须创建 VPN 服务器,并且 VPN 服务器必须拥有一个在 Internet 上有效的 IP 地址,用来连接企业内部的专用网络,以及连接到 Internet。同时,需要在网络策略服务器上配置健康策略,以验证客户端计算机的状态。

17.2.1 安装 VPN 服务

安装 VPN 服务的步骤如下。

(1) 运行"添加角色向导",当显示"选择服务器角色"对话框时,选择"网络策略和访问服务"角色,如图 17-1 所示。

(2) 单击"下一步"按钮,显示如图 17-2 所示的"网络策略和访问服务"对话框,列出了网络策略和访问服务的简介信息。

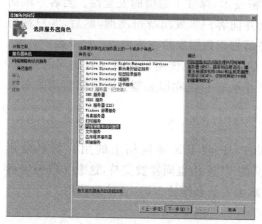

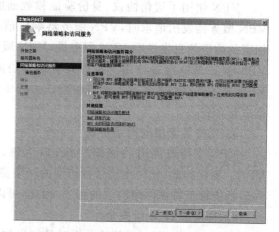

图 17-1　"选择服务器角色"对话框　　　　图 17-2　"网络策略和访问服务"对话框

(3) 单击"下一步"按钮,显示如图 17-3 所示的"选择角色服务"对话框。由于只配置 VPN 服务器,因此,选中"路由和远程访问服务"复选框即可。

(4) 单击"下一步"按钮,显示如图 17-4 所示的"确认安装选择"对话框,显示了将要安装的角色。

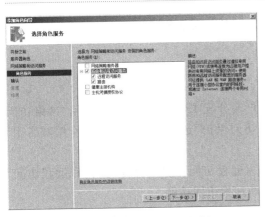

图17-3 "选择角色服务"对话框

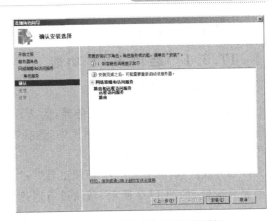

图17-4 "确认安装选择"对话框

（5）单击"安装"按钮开始安装。完成后显示如图17-5所示的"安装结果"对话框。

（6）单击"关闭"按钮,远程访问服务安装完成。

17.2.2 知识链接：VPN 强制

Windows Server 2008 中新增了 NAP 功能（Network Access Protection），即网络访问保护。NAP 可以配置网络健康策略,只允许通过安全策略的客户端计算机接入内部网络。例如,可以配置健康策略为："只有安装了最

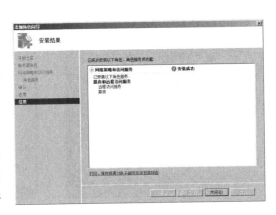

图17-5 "安装结果"对话框

新补丁、反间谍软件和防病毒软件的计算机才允许正常访问网络,而对于不符合策略的客户端,则自动将其隔离到一个受限制的网络中,或者干脆将其完全与网络断开,然后向用户发出帮助性提示。"

提示：NAP 不能取代其他网络安全机制,只是帮助保护网络,减少未安装更新、配置不当或者未加保护的计算机所带来的攻击和恶意软件。不过,可以利用组策略强制客户端计算机启用 Windows 防火墙和自动更新功能。

NAP 提供了多种控制网络访问的 VPN 强制技术,可以更好地保护网络的安全。使用 VPN 强制后,每当计算机尝试访问 VPN 网络时,健康策略都会要求进行验证,监视连接的 NAP 客户端的健康状态,并可自动启动客户端的 Windows 防火墙和自动更新功能。符合健康策略的计算机即可访问 VPN 网络中的资源,否则将会被隔离。

要使用 VPN 强制,除了配置 VPN 服务器以外,网络中还必须配置网络策略服务器（NPS）,而客户端也必须配置 NAP 客户端、安装证书、身份验证协议,以进行验证。

17.3 配置 VPN 强制

远程访问服务安装完成后,默认并没有启动,需要配置路由和远程访问,以启用 VPN 功能。同时,由于 VPN 强制需要将远程拨入的用户向 NPS 服务器进行身份验证,以检查远

程计算机是否符合策略要求,因此,还必须配置 RADIUS 服务器。

17.3.1 启用 VPN 功能

启用 VPN 功能的步骤如下。

(1) 在网络中的 DHCP 服务器,为 VPN 客户端分配 IP 地址的作用域启用"网络访问保护"功能。在作用域属性对话框中,选择"网络访问保护"选项卡,选择"对此作用域启用"单选按钮,如图 17-6 所示。

(2) 依次选择"开始"→"管理工具"→"路由和远程访问"选项,打开"路由和远程访问"控制台窗口,如图 17-7 所示,默认没有启用路由和远程访问功能。

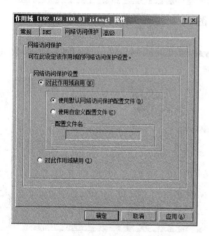

图 17-6 "网络访问保护"选项卡

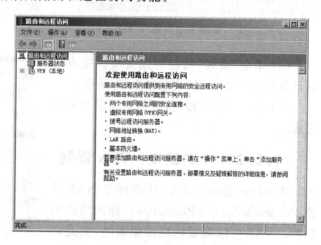

图 17-7 "路由和远程访问"窗口

(3) 右击服务器名并选择快捷菜单中的"配置并启用路由和远程访问"选项,启动"路由和远程访问服务器安装向导",如图 17-8 所示。

(4) 单击"下一步"按钮,显示如图 17-9 所示的"配置"对话框,提供了多种方式来实现远程访问。这里选择"远程访问(拨号或 VPN)"单选按钮。

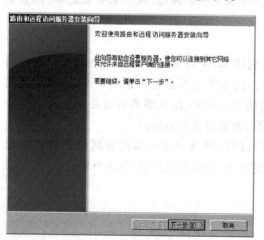

图 17-8 路由和远程访问服务器安装向导

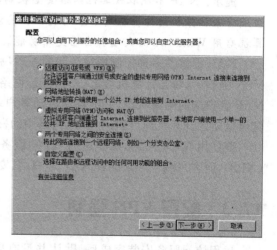

图 17-9 "配置"对话框

（5）单击"下一步"按钮，显示如图 17-10 所示的"远程访问"对话框。由于现在使用 VPN 连接，因此，选中 VPN 复选框，使远程客户端可以通过 Internet 利用 VPN 拨号连接到此服务器。

（6）单击"下一步"按钮，显示如图 17-11 所示的"VPN 连接"对话框。配置 VPN 远程访问服务器至少需提供两块网卡，即一块连接 Internet，响应远程用户的访问；另一块用于连接内网。在"网络接口"列表框中选择此服务连接到 Internet 的连接即可。

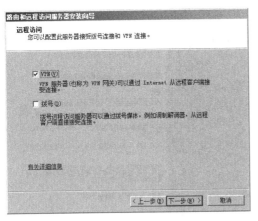

图 17-10　"远程访问"对话框

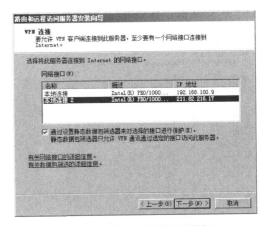

图 17-11　"VPN 连接"对话框

提示：默认选中"通过设置静态数据包筛选器来对选择的接口进行保护"复选框，只有使用 VPN 方式时，才能与所选择的本地连接通信，其他任何方式都不能通过该本地连接。如果 VPN 服务器不需要通过该连接来连接 Internet 或其他服务器，则可取消选中该复选框。

（7）单击"下一步"按钮，显示如图 17-12 所示的"IP 地址分配"对话框，指定远程客户端获得 IP 地址的方式。由于网络中已经配置了 DHCP 服务器，因此，选择"自动"单选按钮，使客户端自动从 DHCP 服务器获得 IP 地址即可。否则，需要选择"来自一个指定的地址范围"单选按钮并设置欲分配的 IP 范围。

（8）单击"下一步"按钮，显示如图 17-13 所示的"管理多个远程访问服务器"对话框。由于配置 VPN 强制需要设置 RADIUS 服务器，因此，选择"是，设置此服务器与 RADIUS 服务器一起工作"单选按钮。

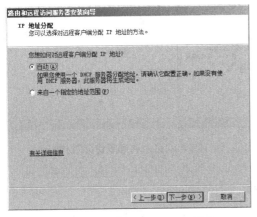

图 17-12　"IP 地址分配"对话框

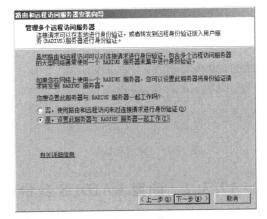

图 17-13　"管理多个远程访问服务器"对话框

提示：如果仅仅提供 VPN 功能，而不使用网络访问保护功能，可选择"否，使用路由和远程访问来对连接请求进行身份验证"单选按钮。

（9）单击"下一步"按钮，显示如图 17-14 所示的"RADIUS 服务器选择"对话框。在"主 RADIUS 服务器"文本框中输入要为远程用户进行身份验证的 RAIUS 服务器地址。由于 NPS 服务器即是 RADIUS 服务器，因此，输入 NPS 服务器地址即可。

（10）单击"下一步"按钮，显示如图 17-15 所示的"正在完成路由和远程访问服务器安装向导"对话框，"摘要"信息框中显示了当前所作的设置，单击"上一步"可返回修改。

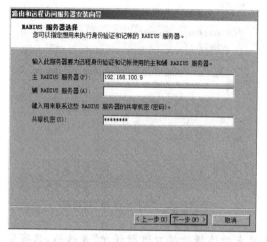

图 17-14　"RADIUS 服务器选择"对话框

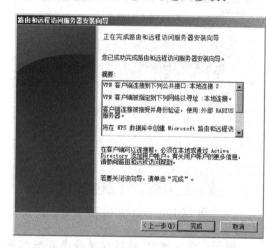

图 17-15　"正在完成路由和远程访问服务器
安装向导"对话框

（11）单击"确定"按钮，显示如图 17-16 所示的"路由和远程访问"对话框。提示用户在设置远程访问服务器以后，需要再指定 DHCP 服务器的 IP 地址。

（12）单击"确定"按钮，启动路由和远程访问功能，并返回"路由和远程访问"控制台，如图 17-17 所示。

图 17-16　提示对话框

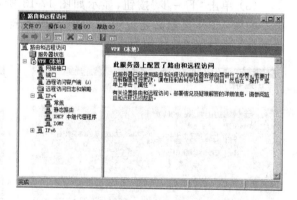

图 17-17　"路由和远程访问"控制台

17.3.2　配置 RAIDUS 身份验证

VPN 服务器配置完毕之后，应确保其使用的身份验证方法为可扩展的身份验证协议或

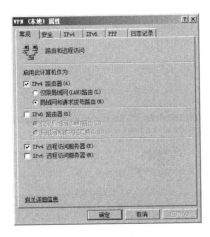

图 17-18 服务器属性

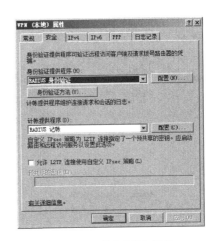

图 17-19 "安全"选项卡

Microsoft 加密身份验证版本 2。

（1）在"路由和远程访问"控制台中，右击 VPN 服务器名，选择快捷菜单中的"属性"选项，打开如图 17-18 所示的服务器属性对话框。

（2）选择"安全"选项卡，确认在"身份验证提供程序"下拉列表中选择"RADIUS 身份验证"选项，如图 17-19所示。

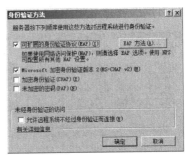

（3）单击"身份验证方法"按钮，显示如图 17-20 所示的"身份验证方法"对话框，确保已选中"可扩展的身份验证协议（EAP）"或"Microsoft 加密身份验证版本 2（MS-CHAP v2）"复选框。

（4）依次单击"确定"按钮，保存并返回"路由和远程访问"窗口。

图 17-20 "身份验证方法"对话框

17.3.3 配置 NPS 服务器

对 VPN 客户端的验证需要利用网络策略服务器来实现。网络访问策略（NPS）服务器负责制定健康策略，对远程拨入的计算机进行检查，如果符合策略要求则允许访问，否则就会访问受限。需要注意的是，NPS 不能与 VPN 服务安装在同一台服务器上。

1. 安装 NPS 服务器

安装 NPS 服务器的步骤如下。

（1）将 NPS 服务器加入域以后，使用域管理员账户登录，运行"添加角色向导"，开始安装 NPS 服务。

（2）当显示"选择角色服务"对话框时，选中"网络策略服务器"、"健康注册机构"和"主机凭据授权协议"复选框，如图 17-21 所示。

在选中"健康注册机构"和"主机凭据授权协议"复选框时，会提示需要同时安装 Web 服务，如图 17-22 所示。单击"添加必需的角色服务"按钮即可。

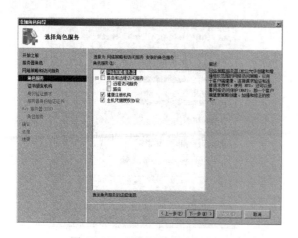

图 17-21　安装网络策略服务器　　　　　　　图 17-22　添加所需的角色服务和功能

（3）单击"下一步"按钮，显示如图 17-23 所示的"选择要与健康注册机构一同使用的证书颁发机构"对话框，选择"使用现有远程 CA"单选按钮。

（4）单击"选择"按钮，显示如图 17-24 所示的"选择证书颁发机构"对话框，选择当前网络已有的安装证书服务器，单击"确定"按钮。

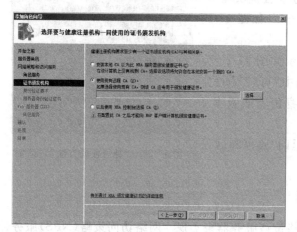

图 17-23　选择要与健康注册机构一同使用的证书颁发机构　　图 17-24　"选择证书颁发机构"对话框

（5）单击"下一步"按钮，显示如图 17-25 所示的"选择健康注册机构的身份验证要求"对话框。选择默认的"是，要求请求者通过域成员身份验证"单选按钮即可。

（6）单击"下一步"按钮，显示如图 17-26 所示的"选择 SSL 加密的服务器身份验证证书"对话框。选择"不使用 SSL 或稍后选择 SSL 加密的证书"单选按钮，以免由于无法建立连接，而导致客户端无法进行健康程度判断。

（7）单击"下一步"按钮，选择欲安装的 Web 服务组件，如图 17-27 所示，使用默认设置即可。

（8）单击"下一步"按钮，直至安装完成，显示如图 17-28 所示的"安装结果"对话框。

（9）单击"关闭"按钮，NPS 服务安装完成。

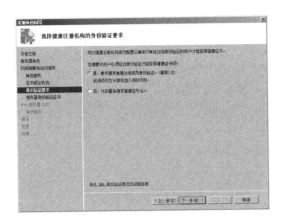

图 17-25 "选择健康注册机构的身份
验证要求"对话框

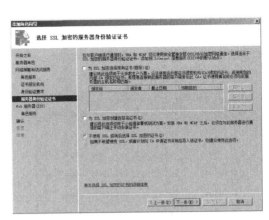

图 17-26 "选择 SSL 加密的服务器身份
验证证书"对话框

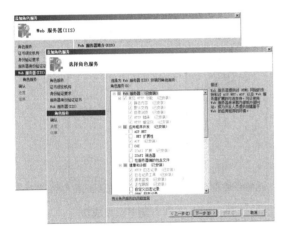

图 17-27 选择 Web 组件

图 17-28 "安装结果"对话框

2. 申请验证证书

NPS 服务器在检查 VPN 客户端时,需要利用证书进行验证,因此,必须为 NPS 服务器申请并安装证书。其中,证书服务器可以安装在域控制器上,也可以安装在单独的服务器上。

(1) 在 NPS 服务器上,运行 mmc 命令打开控制台窗口,添加"证书"管理单元。在选择账户时,应选择"计算机账户"单选按钮,如图 17-29 所示。

(2) 将证书管理单元添加到控制台中以后,展开"证书"选项,右击"个人"并选择快捷菜单中的"所有任务"→"申请新证书"选项,启动"证书注册"向导,用来申请验证证书。

(3) 单击"下一步"按钮,显示如图 17-30 所示的"申请证书"对话框,选中"计算机"复选框。

(4) 单击"注册"按钮,开始向证书服务器注册新证书并安装。完成后显示如图 17-31 所示的"证书安装结果"对话框。

(5) 单击"完成"按钮,证书安装成功,并显示在"证书"管理单元中,如图 17-32 所示。

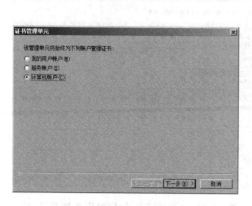

图 17-29　"证书管理单元"对话框

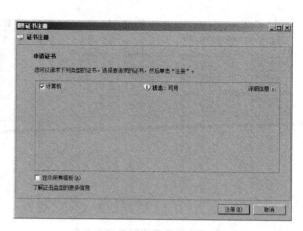

图 17-30　"申请证书"对话框

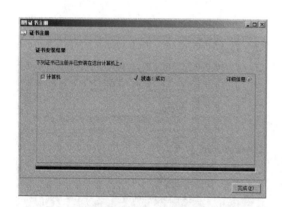

图 17-31　证书注册成功

图 17-32　证书添加成功

提示：如果证书服务器上安装了"证书服务 Web 注册"功能，也可以通过 IE 浏览器来申请证书。

3. 为 VPN 强制配置网络访问策略

为 VPN 强制配置网络访问策略可通过"配置 NAP"向导来完成。

（1）依次选择"开始"→"管理工具"→"网络策略服务器"选项，打开"网络策略服务器"窗口，如图 17-33 所示。

（2）在右侧窗口的"标准配置"下拉列表中，选择"网络访问保护（NAP）"选项，单击"配置 NAP"链接，启动配置 NAP 向导。在"选择与 NAP 一起使用的网络连接方法"对话框中，从下拉列表中选择"虚拟专用网络（VPN）"选项，并在"策略名称"文本框中为该策略输入一个名称，如图 17-34 所示。

（3）单击"下一步"按钮，显示如图 17-35 所示的"指定 NAP 强制服务器运行 VPN 服务器"对话框，需要添加 RADIUS 客户端。在这里，RADIUS 服务器就是当前的 NPS 服务器，而 RADIUS 客户端则是 VPN 服务器。必须将 RADIUS 客户端添加到当前服务器，双方才能建立连接。

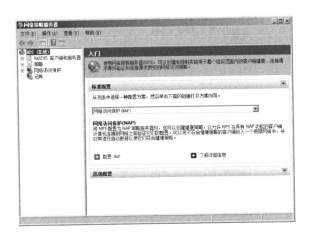

图 17-33 "网络策略服务器"窗口

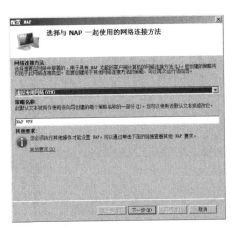

图 17-34 "选择与 NAP 一起使用的网络连接
方法"对话框

（4）单击"添加"按钮，显示如图 17-36 所示的"新建 RADIUS 客户端"对话框。在"友好
名称"文本框中输入一个名称，在"地址（IP 或 DNS）"文本框中输入 VPN 服务器的 IP 地址，
如果输入的是计算机名，应单击"验证"按钮进行验证。在"共享机密"文本框中输入在 VPN
服务器上设置的密码。

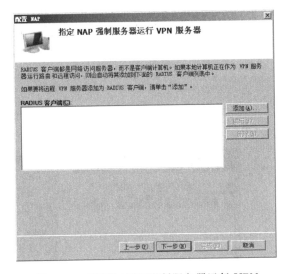

图 17-35 "指定 NAP 强制服务器运行 VPN
服务器"对话框

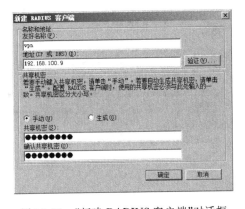

图 17-36 "新建 RADIUS 客户端"对话框

（5）单击"确定"按钮，RADIUS 客户端添加完成。单击"下一步"按钮，显示如图 17-37
所示的"配置用户组和计算机组"对话框，根据需要添加要允许或拒绝访问的计算机组或用
户组。

（6）单击"下一步"按钮，显示如图 17-38 所示的"配置身份验证方法"对话框，为受保护
的可扩展身份验证协议（PEAP）选择 NPS 服务器证书，即前面所申请的证书。根据需要选
择"安全密码（PEAP-MS-CHAP v2）"或"智能卡或其他证书（EAP-TLS）"复选框。

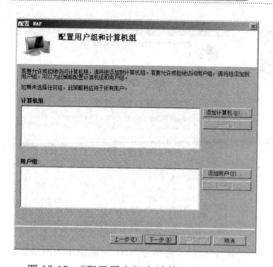

图 17-37　"配置用户组和计算机组"对话框　　图 17-38　"配置身份验证方法"对话框

　　提示：VPN 服务器、NPS 服务器和客户端必须设置为完全相同的身份验证方式，否则无法建立连接。

　　（7）单击"下一步"按钮，显示如图 17-39 所示的"指定 NAP 更新服务器组和 URL"对话框。当客户端计算机未通过健康策略审查时，可以通过更新服务器组中的服务器进行"补救"，通常为 WSUS 服务器、网络防病毒服务器等，可使客户端安装系统更新或杀毒软件。

　　单击"新建组"按钮，显示如图 17-40 所示的"新建更新服务器组"对话框，可以新建组并添加相应的服务器。

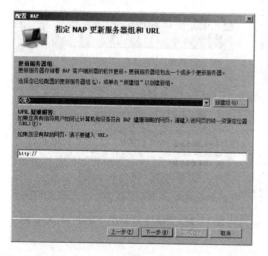

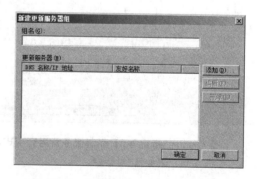

图 17-39　"指定 NAP 更新服务器组和 URL"对话框　　图 17-40　"新建更新服务器组"对话框

　　（8）单击"下一步"按钮，显示如图 17-41 所示的"定义 NAP 健康策略"对话框，选择 VPN 强制需要的系统健康验证器。默认选中"启用客户端计算机的自动更新"复选框，如果客户端计算机没有启用自动更新，则会强制启用。由于客户端计算机安装的可能是不具有 NAP 功能的操作系统，因此，可选择"拒绝对不具有 NAP 功能的客户端计算机的完全网络访问权限。只允许访问受限网络"单选按钮，使其只能访问受限网络。

（9）单击"下一步"按钮，显示如图 17-42 所示的"正在完成 NAP 增强策略和 RADIUS 客户端配置"对话框，列出了前面所做的配置。如果需要更改，可单击"上一步"按钮返回。

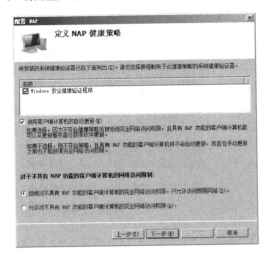

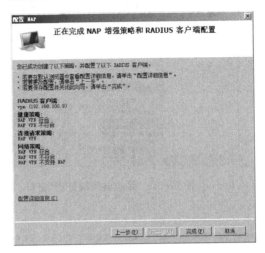

图 17-41 "定义 NAP 健康策略"对话框   图 17-42 "正在完成 NAP 增强策略和 RADIUS 客户端配置"对话框

（10）单击"完成"按钮配置完成，并返回"网络策略服务器"窗口。

提示：为了确保"配置 NAP"向导所配置的策略正确无误，还应再逐一检查每条策略的执行顺序、条件、约束和设置等。

4. 配置系统健康验证器

在 NPS 服务器中，要根据客户端计算机的健康要求，配置系统健康验证器（SHV）来对客户端计算机进行验证。Windows 安全健康验证程序中包括防火墙、自动更新、防病毒程序、防间谍软件等审核对象。

（1）在"网络策略服务器"窗口中，依次选择"网络访问保护"→"系统健康验证器"选项，默认已创建了一个系统健康验证器，如图 17-43 所示。

（2）选择"Windows 安全健康验证程序"选项，右击并选择快捷菜单中的"属性"选项，显示如图 17-44 所示的"Windows 安全健康验证程序 属性"对话框，可以根据系统健康要求配置每个 SHV。

（3）单击"配置"按钮，显示如图 17-45 所示的"Windows 安全健康验证程序"对话框。在 Windows Vista 选项卡中，可以设置 Windows Vista 系统的安全健康验证程序策略。如果同时要验证客户端系统的安全更新程序，可选中"限制对未安装所有可用安全更新的客户端的访问权限"复选框，并设置客户端接收安全更新的方式。

（4）在 Windows XP 选项卡中，用来配置 Windows XP SP3 的系统安全健康验证，如图 17-46 所示。

（5）设置完成后单击"确定"按钮保存即可。

5. 为 RADIUS 客户端配置 NAP 支持

在安装 VPN 服务器时，设置了 RAIUS 服务器。因此，在 NPS 服务器中也应启用 RADIUS 客户端，该客户端就是 VPN 服务器，使 VPN 服务器与 RADIUS 服务器能够连接。

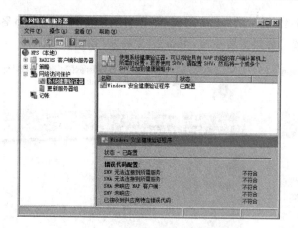

图 17-43 "系统健康验证器"窗口

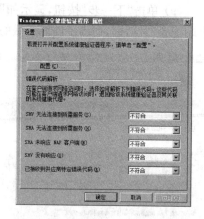

图 17-44 "Windows 安全健康验证程序 属性"对话框

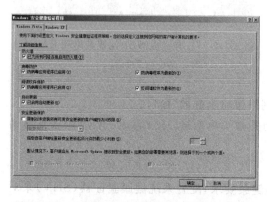

图 17-45 "Windows 安全健康验证程序"对话框

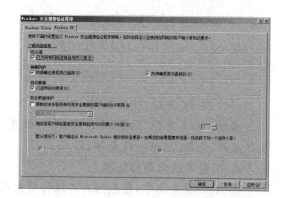

图 17-46 Windows XP 系统安全健康验证

(1) 在"网络策略服务器"窗口中,依次选择"RADIUS 客户端和服务器"→"RADIUS 客户端"选项,在右侧窗口列出了已配置的 RADIUS 客户端,如图 17-47 所示。

(2) 右击名称为 vpn 的 RADIUS 客户端,选择快捷菜单中的"属性"选项,显示如图 17-48 所示的"vpn 属性"对话框,选中"RADIUS 客户端支持 NAP"复选框。

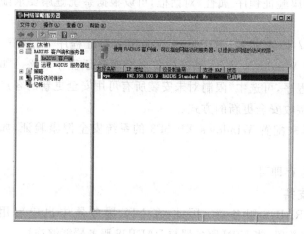

图 17-47 RADIUS 客户端

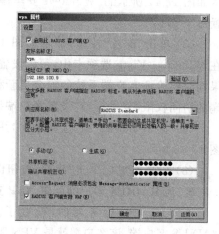

图 17-48 RADIUS 客户端支持 NAP

（3）单击"确定"按钮保存即可。

17.3.4 利用组策略配置 VPN 客户端

在 VPN 客户端计算机上，需要启用安全中心、NAP 客户端和代理服务，才能通过网络策略的验证，实现网络访问保护。不过，如果每台计算机拨入 VPN 时都要进行配置，就会非常麻烦，而且用户也容易配置错误。因此，通常利用组策略集中配置，当用户登录客户端计算机时就会自动应用策略，实现 NAP 保护功能。

1. 创建组策略

创建组策略的步骤如下。

（1）以域管理员身份登录到域控制器，打开"Active Directory 用户和计算机"控制台，创建一个组织单位，并将 VPN 用户账户移动到该组织单位中。

（2）依次选择"开始"→"管理工具"→"组策略管理"选项，打开"组策略管理"控制台，依次展开"林：coolpen. net"→"域"→coolpen. net 选项，选择 VPN 组织单位，右击并选择快捷菜单中的"在这个域中创建 GPO 并在此处链接"选项，显示如图 17-49 所示的"新建 GPO"对话框。在"名称"文本框中为该策略输入一个名称。

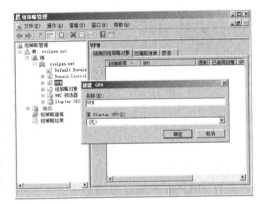
图 17-49 "新建 GPO"对话框

（3）单击"确定"按钮，一个组策略创建完成，如图 17-50 所示。

（4）右击该组策略并选择快捷菜单中的"编辑"选项，打开如图 17-51 所示的"组策略管理编辑器"窗口。

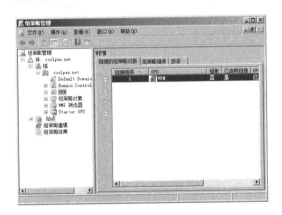
图 17-50 "组策略管理"窗口

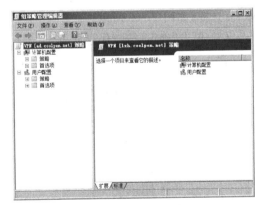
图 17-51 "组策略管理编辑器"窗口

2. 启用安全中心

启用安全中心的步骤如下。

（1）在"组策略管理编辑器"窗口中，依次选择"计算机配置"→"策略"→"管理模板"→

"Windows 组件"→"安全中心"选项,如图 17-52 所示。

（2）选择"启用安全中心（仅限域 PC）"策略,右击并选择快捷菜单中的"属性"选项,打开"启用安全中心（仅限域 PC）属性"对话框。选择"已启用"单选按钮,如图 17-53 所示。

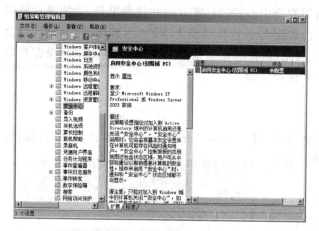

图 17-52　"安全中心"窗口

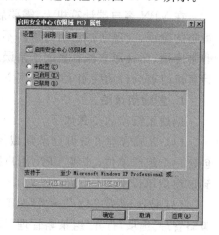

图 17-53　"启用安全中心（仅限域 PC）属性"对话框

（3）单击"确定"按钮保存即可。

3. 配置 NAP 客户端

配置 NAP 客户端的步骤如下。

（1）在"组策略管理编辑器"窗口中,依次选择"计算机配置"→"策略"→"Windows 设置"→"安全设置"→"Network Access Protection"→"NAP 客户端配置"→"强制客户端"选项,如图 17-54 所示。

（2）在"强制客户端"窗口中,选择"远程访问隔离强制客户端"选项,右击并选择快捷菜单中的"属性"选项,打开"远程访问隔离强制客户端 属性"对话框。选中"启用此强制客户端"复选框,如图 17-55 所示。

（3）单击"确定"按钮保存即可。

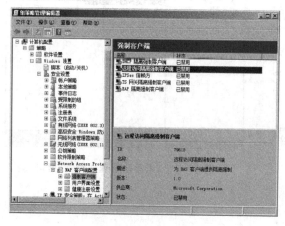

图 17-54　强制客户端

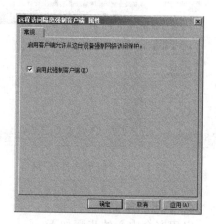

图 17-55　"远程访问隔离强制客户端 属性"对话框

4. 配置 NAP 代理服务

配置 NAP 代理服务的步骤如下。

(1) 在"组策略管理编辑器"窗口中,依次选择"计算机配置"→"策略"→"Windows 设置"→"安全设置"→"系统服务"选项,如图 17-56 所示。

(2) 选择 Network Access Protection Agent 选项,右击并选择快捷菜单中的"属性"选项,显示"Network Access Protection Agent 属性"对话框。选中"定义这个策略设置"复选框,并选择"自动"单选按钮,如图 17-57 所示。

(3) 单击"确定"按钮保存即可。

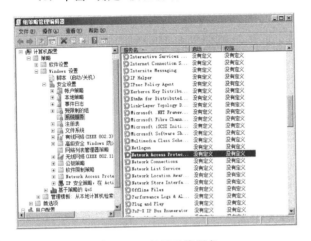

图 17-56 显示系统服务

图 17-57 "Network Access Protection Agent 属性"对话框

17.4 VPN 客户端的配置与访问

VPN 客户端要远程拨入 VPN 服务器并通过网络访问策略,必须先配置证书信任、创建 VPN 连接、配置身份验证协议。如果通过网络访问策略验证,即可正常访问内部网络,否则,将无法访问或者访问受到限制。

17.4.1 设置证书信任

VPN 客户端必须从内部网络的证书服务器上下载证书并安装到"受信任的证书颁发机构"中,使其信任证书服务器,才可以连接 VPN 服务器。

(1) 以 Windows Vista 操作系统为例。打开 IE 浏览器,在地址栏中输入证书服务器的地址"http://证书服务器地址/certsrv",并登录到证书服务器主页。

(2) 单击"下载 CA 证书、证书链或 CRL"超链接,显示如图 17-58 所示的"下

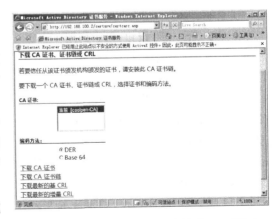

图 17-58 "下载 CA 证书、证书链或 CRL"窗口

载 CA 证书、证书链或 CRL"窗口。

（3）单击"下载 CA 证书"超链接,显示如图 17-59 所示的"文件下载-安全警告"对话框。单击"保存"按钮,将证书下载到本地计算机。

（4）然后,右击所下载的证书并选择快捷菜单中的"安装证书"选项,启动"证书导入向导"。在"证书存储"对话框中,需选择"将所有的证书放入下列存储"单选按钮,并单击"浏览"按钮,选择"受信任的根证书颁发机构",如图 17-60 所示。

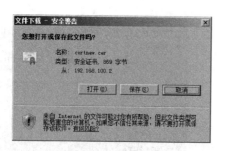

图 17-59　下载 CA 证书

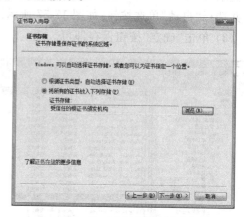

图 17-60　"证书存储"对话框

（5）继续单击"下一步"按钮,直至证书导入完成。

17.4.2　设置 VPN 连接

客户端连接远程访问服务器时,可以先连接 Internet,然后利用 VPN 方式连接到 VPN 服务器。使用这种方式时,虽然访问速度受 Internet 接入速度的影响,但现在普通的 ADSL 即可达到 2MB 的接入速度,所以不用担心速度问题。

（1）登录到 Windows Vista 系统以后,首先使用 ADSL 或其他接入方式连接到 Internet。

（2）打开"网络和共享中心"窗口,单击"设置连接或网络"链接,显示"选择一个连接选项"对话框,选择"连接到工作区"选项,如图 17-61 所示。

（3）单击"下一步"按钮,显示如图 17-62 所示的"您想如何连接"对话框,选择建立 VPN 连接的方式。

（4）单击"使用我的 Internet 连接 （VPN)"选项,显示如图 17-63 所示的"输入要连接的 Internet 地址"对话框,在 "Internet 地址"文本框中输入 VPN 服务器的域名或公网 IP 地址,既可以是 IPv4 地址,也可以是 IPv6 地址。在"目标名称"文本框中输入进行 VPN 连接时显示的名称。

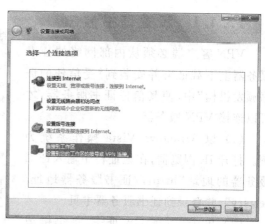

图 17-61　"选择一个连接选项"对话框

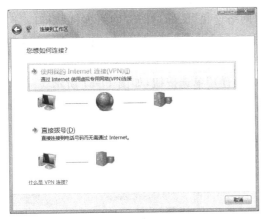

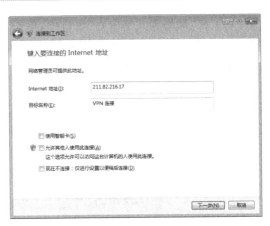

图 17-62 "您想如何连接"对话框　　　　图 17-63 "输入要连接的 Internet 地址"对话框

提示：智能卡是包含用户账户重要信息的芯片,使用时将个人专用智能卡插入计算机的读卡器即可。使用智能卡可以提供比密码更高的安全级别,当然成本也较高。

（5）单击"下一步"按钮,显示如图 17-64 所示的"输入您的用户名和密码"对话框。分别在"用户名"和"密码"文本框中输入用于 VPN 拨入的用户账户和密码,为了便于下次使用,可选中"记住此密码"复选框。在"域"文本框中输入域名。

（6）单击"连接"按钮,开始尝试连接到远程 VPN 服务器。不过,此时并不能连接到VPN 服务器,显示如图 17-65 所示的"向导无法连接"对话框。单击"仍然设置连接"按钮,保存该 VPN 连接。

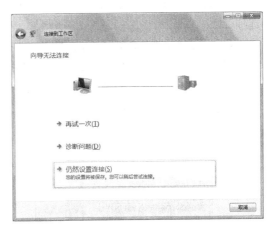

图 17-64 "输入您的用户名和密码"对话框　　　图 17-65 "向导无法连接"对话框

提示：如果网络中没有配置 NPS 服务器,而仅仅使用 VPN 拨入功能,则在为用户赋予拨入权限时,必须选择"允许访问"选项,否则无法拨入内部网络。当使用 VPN 连接到内部网络以后,就如同位于局域网一样,在浏览网页、运行各种应用程序时都是使用通过 VPN网络的 Internet 连接接入的。

17.4.3 配置身份验证协议

配置身份验证协议的步骤如下。

（1）在"网络和共享中心"窗口中，单击"管理网络连接"图标，打开"网络连接"窗口。选择已创建的 VPN 链接，右击并选择快捷菜单中的"属性"选项，显示如图 17-66 所示的"VPN 连接 属性"对话框。

（2）切换到"安全"选项卡，选择"高级（自定义设置）"单选按钮，如图 17-67 所示。

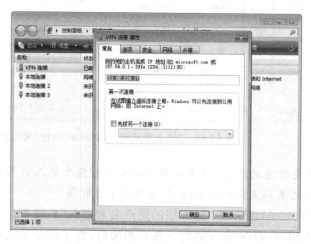

图 17-66　"VPN 连接 属性"对话框

图 17-67　"安全"选项卡

（3）单击"设置"按钮，显示如图 17-68 所示的"高级安全设置"对话框，在"数据加密"下拉列表中选择"需要加密（如果服务器拒绝将断开连接）"选项。选择"使用可扩展的身份验证协议（EAP）"单选按钮，并在下拉列表中选择"受保护的 EAP（PEAP）（启用加密）"选项。

（4）单击"属性"按钮，显示如图 17-69 所示的"受保护的 EAP 属性"对话框，确认选中"验证服务器证书"复选框，并取消选中"连接到这些服务器"复选框。在"受信任的根证书颁发机构"列表框中，可以看到已经安装的证书颁发机构。在"选择身份验证方法"下拉列表中选择"安全密码（EAP-MSCHAP v2）"选项，并选中"启用隔离检查"复选框。

图 17-68　"高级安全设置"对话框

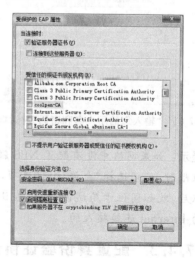

图 17-69　"受保护的 EAP 属性"对话框

（5）依次单击"确定"按钮保存即可。

17.4.4　使用 VPN 连接到内部网络

VPN 连接配置好以后，用户就可以使用 VPN 方式连接到内部网络，和连接局域网一样访问各个计算机了。当然，VPN 客户端必须要通过网络健康策略检查。

（1）在"网络连接"窗口中，双击 VPN 连接，显示如图 17-70 所示的"连接 VPN 连接"对话框。

（2）单击"连接"按钮，显示如图 17-71 所示的"输入凭据"对话框，可以设置要拨入 VPN服务器的账户和密码。

图 17-70　"连接 VPN 连接"对话框

图 17-71　"输入凭据"对话框

（3）单击"确定"按钮，开始连接 VPN 服务器，并验证用户名和密码。验证通过以后，显示如图 17-72 所示的"验证服务器证书"对话框，要求确认服务器证书是否正确。

（4）单击"确定"按钮，连接 VPN 网络。如果客户端计算机的配置不符合网络访问保护策略的要求，就会在桌面右下角的托盘区域中显示如图 17-73 所示的"此计算机不符合该网络的要求"的提示。

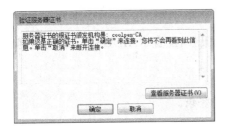

图 17-72　"验证服务器证书"对话框

图 17-73　此计算机不符合该网络的要求

（5）此时，VPN 强制会根据网络访问保护策略，自动修正客户端计算机的设置，如启动Windows 防火墙、自动更新等，如图 17-74 所示。

（6）当客户端计算机的配置被启用以后，符合网络要求，则会显示如图 17-75 所示的"此计算机符合该网络的要求"的提示。此时，计算机即拥有访问 VPN 网络的完全权限了。

图 17-74　计算机正在被更新

图 17-75　此计算机符合该网络的要求

不过,如果经过 VPN 强制以后,仍然不符合网络访问保护策略,那么,该计算机的访问仍然受限,不能正常访问内部网络,而是只能访问 WSUS 服务器。例如,VPN 强制可以启用系统的 Windows 防火墙和自动更新,但不能强制安装杀毒软件。因此,单击提示信息会显示如图 17-76 所示的"网络访问保护"对话框,提示没有检测到防病毒程序,该计算机的网络访问权限也受到限制。

此时,根据提示信息,安装杀毒软件,即可正常访问内部网络了。

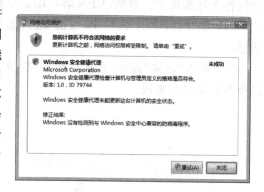

图 17-76　"网络访问保护"对话框

习题

1. 什么是 VPN 服务?
2. VPN 服务有哪些特点?
3. VPN 强制有什么作用?
4. NAP 有什么作用?

实验：VPN 服务器的安装与配置

实验目的：

掌握 VPN 服务器的安装与配置。

实验内容：

在 Windows Server 2008 服务器上安装 VPN 服务,配置 RAIDUS 认证,创建网络访问策略和健康验证器,并配置 VPN 客户端。

实验步骤：

(1) 将 Windows Server 2008 服务器加入域并登录。

(2) 安装 VPN 服务。

(3) 配置路由和远程访问,启用 VPN 功能。

(4) 配置 RAIDUS 身份验证。

(5) 配置 NPS 服务器,申请验证证书、配置网络访问策略和系统健康验证器。

(6) 利用组策略配置 VPN 客户端。

(7) 在客户端计算机上配置证书信任。

(8) 创建 VPN 链接,并配置身份验证协议。

(9) 使用 VPN 拨入内部网络。

参 考 文 献

1. 刘晓辉.网络服务搭建、配置与管理大全(Windows 版)[M].北京:电子工业出版社,2009
2. 张栋,刘晓辉.Windows Server 2008 组网技术详解(服务器搭建与升级篇)[M].北京:电子工业出版社,2010
3. 刘晓辉,郑凯.网络服务器搭建与管理(第 2 版)[M].北京:电子工业出版社,2009
4. 刘淑梅,郭腾,李莹.Windows Server 2008 组网技术与应用详解[M].北京:人民邮电出版社,2009
5. 王淑江,李文俊,石长征.精通 Windows Server 2008 网络服务器[M].北京:中国铁道出版社,2009
6. 刘晓辉,李书满.Windows Server 2008 服务器架设与配置实战指南[M].北京:清华大学出版社,2010
7. John Savill(美).The Complete Guide To Windows Server 2008[M].Redmond Washington:Addison-Wesley,2008
8. Joseph Davies and Tony Northrup with thd Microsoft Networking Team(美).Windows Server 2008 Networking And Network Access Protection (NAP)[M].Redmond Washington:Microsoft Press,2008